3ds Max +VRay

室内设计效果图表现实例教程

邱锐 郭艳云 温宏岩 编著

人民邮电出版社
北京

图书在版编目（CIP）数据

3ds Max+VRay室内设计效果图表现实例教程 / 邸锐，郭艳云，温宏岩编著. -- 北京 : 人民邮电出版社，2017.6（2019.6重印）
现代创意新思维·十三五高等院校艺术设计规划教材
ISBN 978-7-115-44526-1

Ⅰ. ①3… Ⅱ. ①邸… ②郭… ③温… Ⅲ. ①室内装饰设计－计算机辅助设计－三维动画软件－高等学校－教材 Ⅳ. ①TU238-39

中国版本图书馆CIP数据核字(2016)第316305号

内 容 提 要

本书以 3ds Max 和 VRay 插件为基本工具进行内容的制作，共分为两篇：第 1 篇为 3dsMax＋VRay 理论基础篇，包括效果图制作基础、初识 3ds Max、二维图形建模、放样（Loft）建模、复合建模与修改器建模、VRay 简介与渲染参数解析、VRay 材质与灯光表现；第 2 篇为 3ds Max＋VRay 项目实训篇，包括室内空间场景建模、现代简约风格客厅空间效果图表现、办公大堂空间效果图表现、现代风格酒店大堂空间效果图表现等内容。

本书内容丰富、结构清晰，技术参考性强。为方便教师和学生使用，本书在网盘里提供了书中全部案例的场景文件、材质贴图、光域网等教学资源。

本书可作为室内设计、建筑设计、景观设计、家具设计等专业设计师的学习参考书，更可作为众多院校设计类专业学生的入门参考书。

◆ 编　　著　邸　锐　郭艳云　温宏岩
责任编辑　桑　珊
责任印制　焦志炜
◆ 人民邮电出版社出版发行　　北京市丰台区成寿寺路 11 号
邮编　100164　　电子邮件　315@ptpress.com.cn
网址　http://www.ptpress.com.cn
北京鑫丰华彩印有限公司印刷
◆ 开本：787×1092　1/16
印张：13.75　　　2017 年 6 月第 1 版
字数：290 千字　　　2019 年 6 月北京第 3 次印刷

定价：69.80 元

读者服务热线：(010)81055256　印装质量热线：(010)81055316
反盗版热线：(010)81055315
广告经营许可证：京东工商广登字 20170147 号

前言 Preface

3ds Max是Discreet公司（后被Autodesk公司合并）开发的基于PC系统的三维动画渲染和制作软件，其前身是基于DOS操作系统的3D Studio系列软件。3ds Max软件基于PC系统的低配置要求，安装插件可提供自身没有的功能及增强原本的功能，具有可堆叠的建模步骤，使模型制作有非常大的弹性，广泛应用于广告、影视、工业设计、建筑设计、三维动画、多媒体制作、游戏、辅助教学及工程可视化等领域。VRay是由Chaos Group和ASGVIS公司出品，在中国由曼恒公司负责推广的一款高质量渲染软件，是目前业界最受欢迎的渲染引擎之一。基于VRay内核开发的有VRay for 3ds Max、Maya、SketchUp、Rhino等诸多版本，为不同领域的建模软件提供了高质量渲染效果。VRay渲染器提供了一种特殊的材质——VRayMtl，在场景中使用该材质能够获得更加准确的物理照明，更快的渲染速度，反射和折射参数调节也更方便。在不远的未来，3ds Max和VRay插件都将向着智能化与多元化的方向发展。

本书是介绍使用3ds Max + VRay制作室内效果图的基础入门教材。本书尽量减少理论介绍，尽可能通过不同的项目实例来介绍软件的强大功能，编写思路清晰，注重循序渐进、图文并茂、简繁得当、训练充分，符合教育教学规律。

计算机效果图课程作为空间设计类专业的必修课程，需考虑到设计理论课与专业设计课程的衔接。该课程建议安排在一年级第一学期和第二学期，分两个阶段实施教学。第一阶段为SketchUp + VRay教学，第二阶段为3ds Max + VRay教学，总学时控制在120~150学时为宜，课时数可根据学生和教育部门的实际情况适当调整。本书总课时计90学时，教学周计6~9周，分为3ds Max + VRay理论基础篇和3ds Max + VRay项目实训篇。其中，3ds Max + VRay理论基础篇为36学时，项目实训占18课时；3ds Max + VRay项目实训篇为54学时，项目实训占36课时。

本书由广州番禺职业技术学院邸锐策划、制定编写提纲并承担了第1章至第8章的编写工作，广州番禺职业技术学院郭艳云承担了本书第9章和第10章的编写工作，温宏岩承担了本书第11章的编写工作。广东新粤建材有限公司设计总监王磊对本书提供了宝贵的建议，在此一并表示衷心感谢。

本书配套资源可登录云盘下载，素材与效果文件下载链接为pan.baidu.com/s/1sltuQMp，操作视频下载链接为pan.baidu.com/s/1c1SHaa0，附赠素材下载链接为pan.baidu.com/s/1pLJhvTL，也可登录人邮教育社区（www.ryjiaoyu.com）下载。

本书编者长期从事计算机效果图教学和专业项目实践，有丰富的教学和实践经验，为本书的编写尽了很大的努力，但由于水平有限，书中难免会有疏漏之处，欢迎广大读者提出宝贵意见。

编者

2017年3月于广州

目录 Contents

第1篇 3ds Max＋VRay理论基础篇

目录 Contents

第2篇 3ds Max + VRay项目实训篇

第1篇

3ds Max + VRay理论基础篇

第1章 计算机效果图制作基础

计算机效果图表现是目前设计行业中的重要分支，也是设计专业学生需要掌握的核心技能之一。本章主要对计算机效果图进行简要概述，内容包括计算机效果图的制作流程、计算机效果图的风格分类与时间分类、计算机效果图制作的常用软件等。

课堂学习目标

- 了解效果图的制作流程。
- 了解效果图的常见分类。
- 了解效果图的常用制图软件。

1.1 计算机效果图简介

计算机效果图是借助计算机专业软件制作的设计表现图。它具有无可比拟的真实感和灵活性，不仅需要掌握相应的建筑及室内设计等方面的知识，更需要熟练运用相关软件。它是设计师表现其灵感创意的必备工具，也是设计师需要掌握的一项基本专业技能，图1-1、图1-2所示就是计算机绘制出的效果图。

● 图1-1 中餐厅效果图

● 图1-2 咖啡吧效果图

目前，空间设计行业常用的计算机效果图表现工具包括3ds Max、VRay、Photoshop、SketchUp等软件，常见应用组合为3ds Max + VRay + Photoshop和SketchUp + VRay + Photoshop。前者常用于小型空间设计方案演示、项目方案深化与最终表现等，渲染时间偏长。后者常用于设计方案的空间分析与推导、大中型空间设计方案演示等。在计算机效果图制作过程中，3ds Max和SketchUp常用于场景空间的建模工作，VRay作为效果图渲染插件常被应用于材质、灯光等参数的设置，Photoshop常用于效果图的后期制作。

1.2 计算机效果图制作流程

计算机效果图的制作流程通常包括以下几个步骤，如图1-3所示。

（1）分析场景的设计风格与灯光构成，对最终效果有一定的成图意向。

（2）运用3ds Max或SketchUp进行模型制作，并运用模型导入与合并丰富场景模型。

（3）分析场景材质构成与属性，运用VRay插件进行材质铺贴。

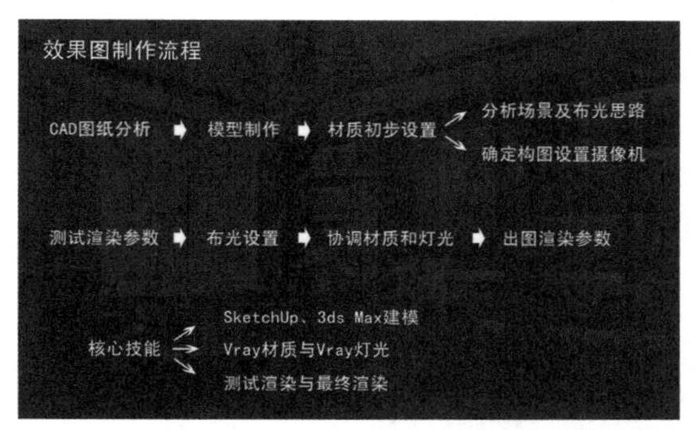

● 图1-3 计算机效果图制作流程图解

（4）分析场景灯光构成，运用制图软件进行灯光设定，完成效果图氛围的塑造。

（5）调整VRay插件的渲染设置面板，进行测试渲染，并反复调整材质与灯光属性。

（6）调整VRay渲染器中相应的渲染设置面板，并进行成图渲染。

（7）运用Photoshop进行效果图后期处理，完成方案最终效果图。

1.3 计算机效果图的分类

（1）按设计风格分类，可分为欧式、中式、现代简约及其他。

欧式风格包括古典欧式、现代欧式、田园欧式等，如图1-4、图1-5所示。

● 图1-4 欧式风格卧室效果图表现

● 图1-5 欧式风格客厅效果图表现

中式风格包括传统中式、现代中式等，如图1-6、图1-7所示。

● 图1-6 中式大堂接待处效果图表现

● 图1-7 中式风格客厅效果图表现

现代风格，如图1-8、图1-9所示。

● 图1-8 现代风格客厅效果图表现（1）

● 图1-9 现代风格客厅效果图表现（2）

其他还有地中海风格、西班牙风格、东南亚风格、非洲风格、伊斯兰风格、法式乡村风格、美式风格等。

（2）按模拟环境描述，将一天中24小时的日照情况分为日景、黄昏、夜景。

日景效果图主要模拟太阳光进行室内照明，如图1-10所示。

● 图1-10 客厅日景氛围效果图表现

黄昏氛围效果图环境光色调偏暖，烘托场景氛围，如图1-11、图1-12所示。

● 图1-11 酒店包房黄昏氛围效果图

● 图1-12 休闲吧黄昏氛围效果图

夜景氛围效果图环境光偏暗，主体灯光成为整个场景的重点，如图1-13、图1-14所示。

● 图1-13 酒店走廊夜景氛围效果图

● 图1-14 酒店包房夜景氛围效果图

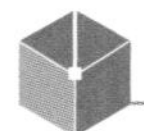

1.4 常用软件简介

1.多功能三维制作平台3ds Max

3ds Max软件是目前世界上最为流行的三维图像处理软件，由美国Discreet公司推出，一直是世界CG、影视动画的领军者。3ds Max犹如一个大的容器，将建模、渲染、动画、影视后期融为一体，为客户提供了一个多功能的操作平台，其最优秀、最神奇的功

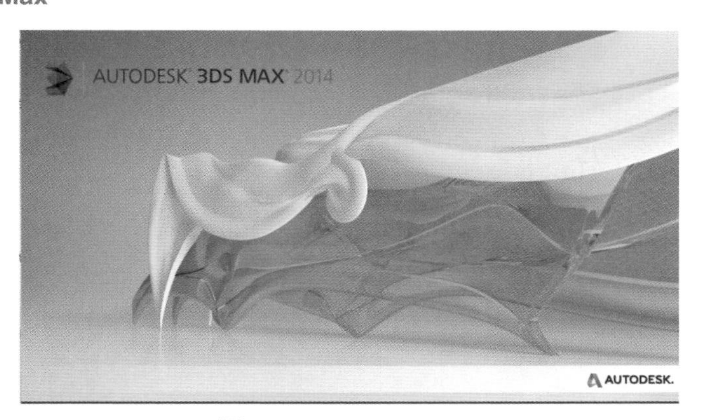

● 图1-15 3ds Max 2014

能之一是其所支持的外挂模块，图1-15为3ds Max 2014版本。

2.草图大师SketchUp

SketchUp软件又称草图大师，是一套直接面向空间设计方案创作的设计工具。它既可以快速利用草图生成概念模型，也能基于图纸创造出尺寸精准的设计模型，并且还可以流畅地与AutoCAD、ArchiCAD、3ds Max、VRay、Piranesi等制图软件进行衔接。SketchUp已经成为建筑设计、景观设计、室内设计等空间设计行业不可缺少的得力助手。

3.图像处理软件Photoshop

Adobe Photoshop是Adobe公司旗下最为出名的图像处理软件之一，也是目前全球最受欢迎的图像处理软件之一，它集图像扫描、编辑修改、图像制作、广告创意、图像输入与输出于一体，深受广大平面设计人员和计算机美术爱好者的喜爱。

4.渲染插件VRay

VRay是一款能够运行在多种三维程序环境中的强大渲染插件，于2001年由挪威的ChaosGroup公司开发。虽然在该软件发布时，三维渲染市场中已经有了Lightscape、Mentalray、FinalRender、Maxwell等渲染器，但VRay仍然凭借其良好的兼容性、易用性和逼真的渲染效果成为渲染界的后起之秀。

VRay插件有如下优点。①渲染真实。通过简单的操作及参数设置，能得到阴影、材质表现真实的照片级效果图。②适用全面。作为插件，VRay目前针对不同的三维制作软件有不同的版本，包括SketchUp、3ds Max、Maya、Cinema 4D、Rhion、Truespace等，可运用于室内设计、建筑设计、景观规划设计、工业设计和动画设计等各种不同设计领域。③渲染灵活。由于参数设定灵活，可根据设计要求有效控制渲染质量与速度，针对不同的设计阶段及要求进行渲染出图。

5.其他渲染器简介

（1）Lightscape。

Lightscape是一种先进的光照模拟和可视化设计系统，用于对三维模型进行精确的光照模拟和灵活方便的可视化设计。Lightscape在推出之时是世界上唯一同时拥有光影跟踪、光能传递和全息技术的渲染软件。它能精确模拟漫反射光线在环境中的传递，获得直接和间接的漫反射光线。使用者不需要积累丰富的实践经验就能得到真实自然的设计效果。其渲染效果如图1-16、图1-17所示。

● 图1-16 Lightscape渲染效果（1）

● 图1-17 Lightscape渲染效果（2）

（2）Mentalray。

Mentalray是德国MentalImage公司（NVIDIA公司的全资子公司）的王牌产品，是一个将光线追踪算法推向极致的产品。利用这一渲染器可以实现反射、折射、焦散、全局光照明等效果。Mentalray在电影领域得到了广泛的应用和认可，被认为是市场上最高级的三维渲染解决方案之一。《绿巨人》《终结者2》《黑客帝国2》等特效大片中都可以看到它的影子，其渲染效果如图1-18、图1-19所示。

● 图1-18 Mentalray渲染效果（1）

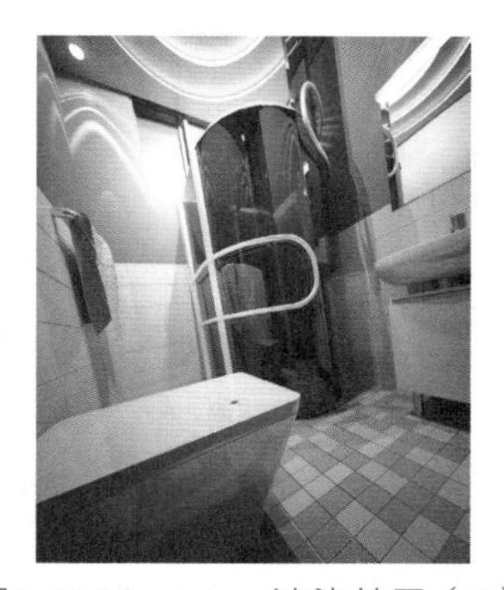

● 图1-19 Mentalray渲染效果（2）

（3）Brazil。

Brazil（俗称"巴西"）渲染器是由SplutterFish公司在2001年发布的，其前身为大名鼎鼎的Ghost渲染器。其优秀的全局照明、强大的光线追踪反射和折射效果、逼真的材质和细节处理能力创造了一个渲染器的奇迹。但是，Brazil渲染器的弊端在于速度太慢，对于一般的用户（动画、CG角色、室内设计和建筑设计等领域）来说工作效率不高。目前，Brazil渲染器常被用于工业设计中的产品渲染，产品渲染更强调质感的表达。Brazil的渲染效果如图1-20、图1-21所示。

● 图1-20 Brazil渲染效果（1）

● 图1-21 Brazil渲染效果（2）

（4）Finalrender。

Finalrender是著名的插件公司Cebas推出的旗舰产品，又被称为中级渲染器，它在3ds Max中以独立插件的形式存在。Finalrender同样也是主流渲染器之一，拥有接近真实的全局渲染能力、优秀的光能传递、真实的衰减模式、优秀的反真实渲染能力、饱和度特别高的色彩系统，以及多重真实材质。Finalrender在影视方面的巨作有大家熟悉的《冰河世纪》。Finalrender渲染效果如图1-22所示。

● 图1-22 Finalrender渲染效果

（5）Renderman。

Renderman是好莱坞著名的动画公司Pixar所开发的，用于电影及视频领域的最强渲染器。它具有强大的shader功能和抗模糊功能，能够让设计师创造出复杂多变的动作片。Pixar的主管Ed Catmull曾说：“所有看过《玩具总动员》的人都会惊讶于Pixar的动画师用Renderman所创造出的神奇效果。”Renderman渲染的效果如图1-23、图1-24所示。

● 图1-23 Renderman渲染效果（1）

● 图1-24 Renderman渲染效果（2）

（6）Maxwell。

Maxwell渲染器是Next Limit公司推出的产品。《机器人历险记》中的流体效果就是用Maxwell渲染器制作出来的。Maxwell按照完全精确的算法和公式来重现光线的行为，拥有先进的Caustics算法，完全真实的运动模糊，渲染效果也是相当不错，是渲染插件的生力军。其渲染效果如图1-25、图1-26所示。

● 图1-25 Maxwell渲染效果（1）

● 图1-26 Maxwell渲染效果（2）

本章小结

本章主要对计算机效果图进行了简要概述，内容包括计算机效果图的制作流程、计算机效果图的风格分类与时间分类、计算机效果图制作的常用制图软件等内容。

知识点：制作流程、常见分类、常用软件。

拓展实训

1.搜集计算机效果图优秀作品并进行分类；充分理解效果图常见分类的特点，为后面的效果图制作课程奠定审美基础。

2.安装3ds Max软件和VRay渲染插件（提示：VRay渲染插件的系统文件必须安装在3ds Max系统文件子目录下）。

第2章 初识3ds Max

目前，3ds Max已经成为建筑设计、景观设计、室内设计等空间设计行业和影视动画行业不可缺少的得力助手，其创造出来的崭新工作模式正在影响并解放每一名设计人员。本章主要介绍了3ds Max的启动方法、基本绘图环境、基础建模方法，并对绘图过程中常用到的系统属性设置及模型信息设置等基本操作技能进行讲解，本书以3ds Max 2014版本为例，其他版本操作类似。

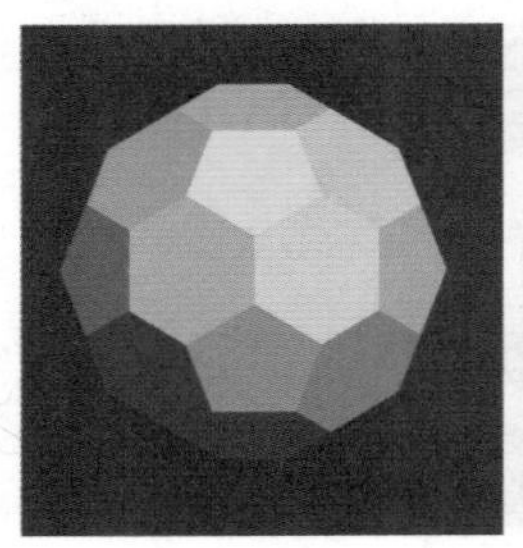
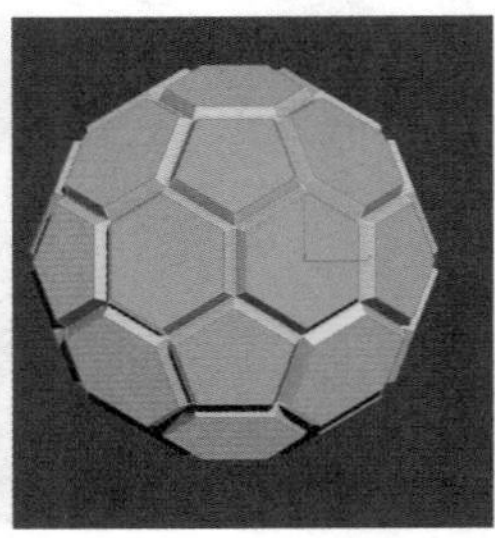
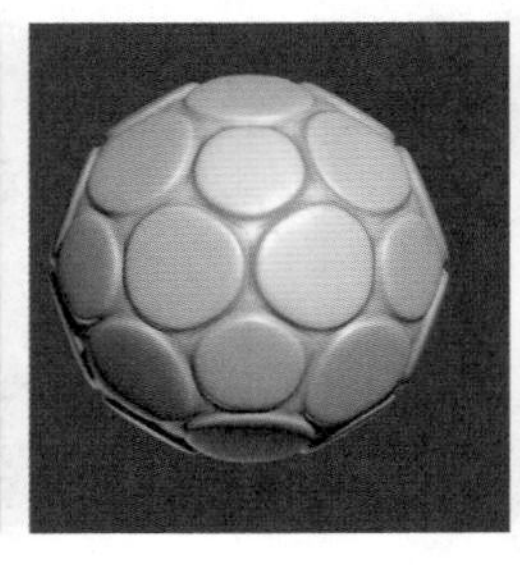

课堂学习目标

- 掌握3ds Max的启动方法。
- 了解3ds Max操作界面的构成。
- 掌握3ds Max常用的基础建模方法。
- 掌握3ds Max常用的修改编辑命令。

2.1 启动3ds Max 2014

在桌面上双击“Autodesk 3ds Max 2014”图标，在初始化启动过程中出现图2-1所示的启动画面。第一次启动进入3ds Max 2014，将出现Autodesk公司通过互联网提供软件学习的视频，去除左下角“在启动时显示该对话框”的勾选，关闭对话框，下次启动将不再出现此对话框。

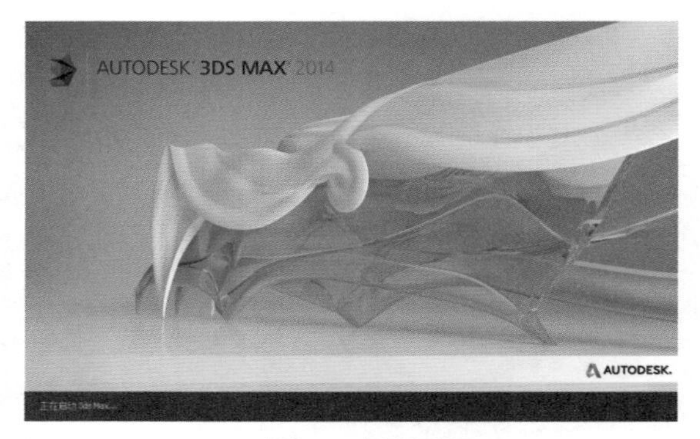

● 图2-1 启动画面

2.2 认识3ds Max 2014操作界面

进入3ds Max 2014后，出现图2-2所示的操作界面，主要包括菜单栏、工具栏、视图区、命令面板、定制面板、卷展栏等6个部分，用户可以根据个人习惯改变界面布局。

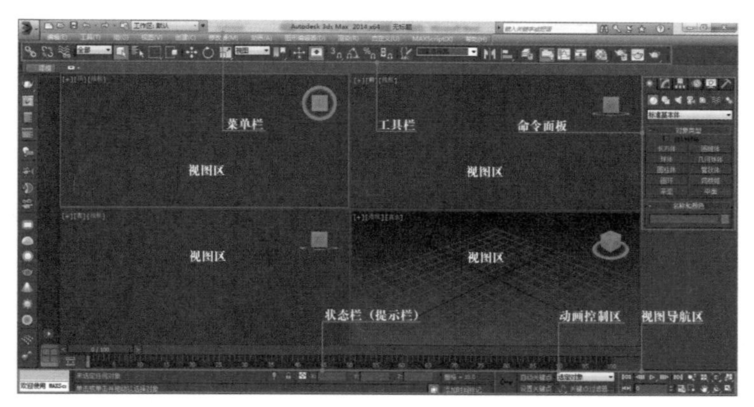

图2-2 3ds Max 2014操作界面

1.菜单栏

菜单栏位于操作界面的最上方，包括【文件】（下拉列表图标）【编辑】【工具】【组】【视图】【创建】【修改器】【动画】【图形编辑器】【渲染】【工具】【自定义】【MAX Script（X）】【帮助】这13项菜单。将鼠标移到菜单项并单击鼠标左键，都会弹出下一级下拉菜单，如图2-3所示。

图2-3 3ds Max 2014菜单栏

2.工具栏

工具栏位于菜单栏下方，包括各种常用工具的快捷按钮。在1280像素×1024像素显示分辨率下，工具栏可以完整显示，如图2-4所示。如果显示器低于上述分辨率，则工具栏显示不完整，部分隐藏于屏幕外，将鼠标移到工具栏空白处，当鼠标呈手形标记时，按住鼠标左右滑动，可将隐藏部分显示出来。

图2-4 3ds Max 2014工具栏

工具栏的按钮及下拉列表的功能，如表2-1所示。

表2-1 3ds Max 2014工具栏

按钮	工具名称	功能说明
	选择并链接	将两个对象链接起来，产生从属的层次关系
	断开当前选择链接	取消对象的链接关系，使子对象独立
	绑定到空间扭曲	将选定的对象绑定到空间扭曲物体上，使其受扭曲物体的影响
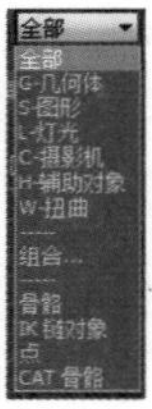	选择过滤器	通过分类设置以限定可被选中对象的类型。 在视口中对象重叠、场景复杂时，可以快速选中所需对象
	选择对象	直接选择对象，被选中的对象显示为白色
	按名称选择	单击此按钮可弹出列表框，场景中全部对象的名称列于表中，可按对象名进行选择
	区域选择工具	矩形框选工具：使用鼠标在视图中拉出矩形框选择对象 圆形框选工具：使用鼠标在视图中拉出圆形选框选择对象 多边形框选工具：使用鼠标在视图中连续单击画出多边形选框选择对象 曲线围选工具：按住鼠标左键在屏幕画出任意曲线选框选择对象 连续选择工具：在屏幕上出现一个圆，按住鼠标左键移动可不断增加选中的对象 各类选框与对象的关系由“窗口/交叉”两种方式控制（见下一栏）
	窗口/交叉	窗口：全部位于框内的对象才被选中 交叉：与边框相交的对象都被选中
	选择并移动	在视图中选择并移动对象
	选择并旋转	在视图中选择并旋转对象
	旋转并均匀缩放	在视口中缩放对象，包括等比缩放、单向缩放和双向等体积缩放
	参考坐标系列表	选择各种变换工具使用的参考坐标系

续表

按钮	工具名称	功能说明
	选择变换坐标中心	选择对象进行变换时的坐标中心，包括对象中心、选择集中心和坐标系中心
	选择并操纵	使用操纵器这一特殊的辅助对象对物体进行参数修改和变换操作
	键盘快捷键覆盖切换	快捷键覆盖作用，指定给功能的快捷键与指定给主 UI 的快捷键之间存在冲突，则启用“键盘快捷键覆盖切换”时，以功能快捷键为先
	捕捉开关	作图时捕捉到特定的点，包括2D捕捉、2.5D捕捉和3D捕捉，单击鼠标右键可打开捕捉设置的对话框进行相应设置
	角度捕捉切换	旋转变换时按设定的增量递进。单击鼠标右键可打开角度捕捉对话框进行设置
	百分比捕捉切换	进行缩放变换时按设定的百分比递进。单击鼠标右键可打开对话框进行设置
	微调器捕捉切换	打开该按钮后，单击微调器箭头时，参数值按设置的增量递进。单击鼠标右键可打开对话框设置微调增量
	编辑命名选择	单击按钮打开命名选择集对话框，可编辑已命名的选择集。利用该按钮右侧的列表框进行选择集的命名
	镜像	使选择的对象产生对称变换，在弹出的对话框中确定镜像的方向轴或坐标面，同时选择复制、不复制、关联复制、参考复制等镜像模式，还可设置偏移量
	对齐工具	将选定的对象与另一对象按指定的方式对齐 快速对齐：沿三个方向对齐 法线对齐：将选定对象与另一对象沿法线方向对齐 放置高光：将自由聚光灯对齐对象的指定点，使其在该处产生高光 对齐摄像机：将自由摄像机对齐选定的对象 对齐到视图：将所选择对象的轴线对齐指定视图
	层管理器	打开图层管理对话框进行图层操作。可将不同类别的对象设在同一图层，对每一层单独进行隐藏、冻结、渲染等操作
	曲线编辑器（打开）	打开曲线编辑器，在轨迹视窗内编辑动画设置的相关曲线
	图解识图（打开）	打开图解视窗，进行动画设置
	材质编辑器	打开材质编辑器，进行材质编辑和贴图设置。快捷键为M
	渲染设置	打开渲染场景对话框，进行渲染参数的设置

续表

按钮	工具名称	功能说明
	渲染帧窗口	打开渲染窗口
	渲染产品	按渲染设置参数和选定的类别进行快速渲染（产品级）

3.视图区

视图区是3ds Max的工作区域，位于屏幕中部，标准设置为平均分布的4个视图，如图2-5所示。顶视图，显示物体从上往下看到的形态（称为俯视图或水平投影、平面图）；前视图，显示物体从前向后看到的形态（称为主视图、正面投影或立面图）；左视图，显示物体从左向右看到的形态（称为左视图、侧面投影或左立面图）。以上3种视图中，对象的轴线平行或垂直于坐标面，一般称为正交视图。第4种是透视图，为系统默认的摄像机视图，具有较强的立体感（属于中心投影）。

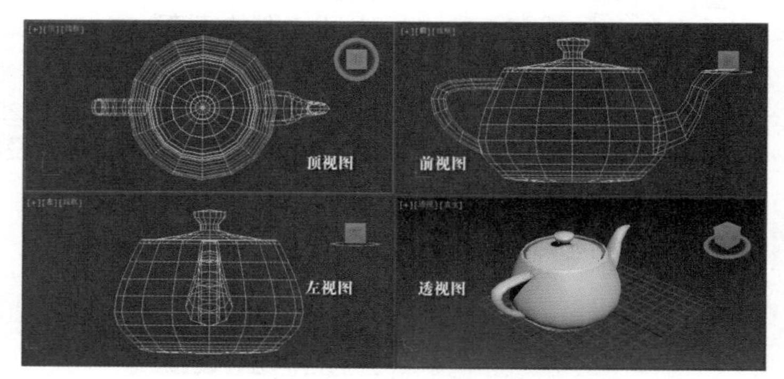

● 图2-5 标准视图配置

（1）视图的配置。

视图的位置和数量可以根据需要进行重新配置，具体步骤如下。

①选择视图区左上角的【+】/【视口配置】命令。②在弹出的视口配置对话框中单击【布局】标签，打开图2-6所示的布局选项卡。③从中可以看到有14种视口布局方式，可根据需要选择视图及不同的位置搭配方案，图2-7为不同的布局实例。

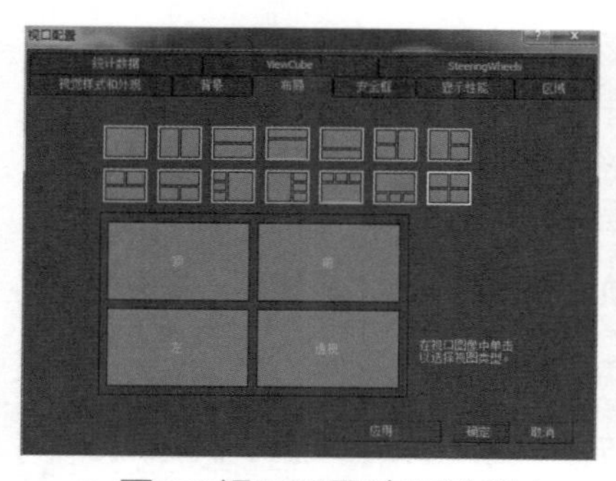

● 图2-6 视口配置/布局选项卡

● 图2-7 两种视图布局方案

（2）视图区的大小变化。

将鼠标放在视图边线相交点或边界处，光标变为4个方向或双向的箭头形状，此时按住鼠标移动改变视图的大小，如图2-8所示。恢复标准配置，单击右键选择“重置布局”即可。

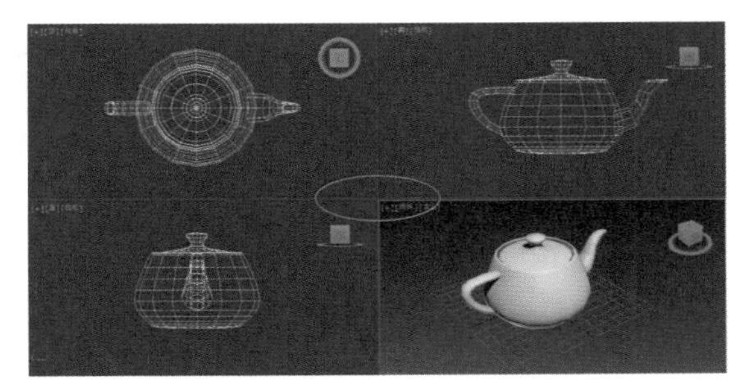

● 图2-8 改变视图区大小

除了上述的4种视口外，还有以下视口：底视图（Bottom），从下往上投影；右视图（Right），从右往左投影；后视图（Back），从后往前投影；摄像机视图（Camera），建立摄像机后产生的透视图；灯光视图（Spot），当创建了灯光后，可以产生具体的灯光视图。

（3）快速转换视图的方法。

激活要转换的视图（边框以黄色显示），在键盘上按相应的快捷键（视图英文名称的首字母）。各视图转换快捷键如下。

顶视图（Top）：T。

前视图（Front）：F。

底视图（Bottom）:B。

后视图（Back）：K。

左视图（Left）：L。

右视图（Right）：R。

摄像机视口（Camera）：C。

透视图（Perspective）P。

另外一种方法：选择视图区左上角的【透视】，在下一级菜单中点取要转换的视图名称，即可完成转换，如图2-9所示。

● 图2-9 视口转换

4.命令面板

命令面板的位置在屏幕的右侧，它为我们提供了绝大部分创建对象和编辑修改的命令工具，是操作过程中使用最频繁的工作面板，它包括以下6个项目。

（1）创建（Create）命令面板，包括以下7个子面板。

① 三维物体（Geometry）命令面板，创建三维几何体。除了在面板上列出的8种几何体外，还可以展开下拉列表框，包括扩展基本体、复合对象、粒子系统、面片栅格、NURBS曲面、AEC扩展、动力学对象、楼梯、门、窗等。

② 二维形（Shapes）命令面板，创建二维平面图形。在下拉列表中可以看到包括样条曲线（Splines）、NURBS曲线、扩展样条线三类。

③ 灯光（Lights）命令面板，创建灯光。在下拉列表中可以看到标准灯光、光度学灯光及VRay等。

④ 摄像机（Cameras）命令面板，创建摄像机，包括目标摄像机和自由摄像机。

⑤ 辅助物体（Helpers）命令面板，创建辅助物体。

⑥ 空间扭曲（Space Warps）命令面板，用于创建空间扭曲物体。

⑦ 系统（Systems）命令面板，用于创建系统物体。

（2） 修改（Modify）命令面板，该命令面板包括了大量的编辑修改器，在面板的下拉列表框中可以找到，用于对二维、三维对象进行编辑修改和深层次的加工。

（3） 层级（Hierarchy）命令面板，其命令主要用于动画层次链接。

（4） 运动（Motion）命令面板，其命令主要用于对动画的设置、修改和调整。

（5） 显示（Display）命令面板，其命令用于控制视图中对象的隐藏、显示、冻结、解冻。

（6） 程序（Utilities）命令面板，其命令用于运行公共程序和外挂程序。

5.定制面板

编辑命令面板的列表中包含了大量的修改器（图中未全部列出），如图2-10所示。为了迅速找到自己需要的修改器，用户可以自由定制常用的修改器命令，具体设置方法如下。

（1）单击命令面板上的“配置修改器集”按钮，在弹出菜单中选择“配置修改器集”，打开对话框，如图2-10所示。

（2）设置按钮总数，如在数字框内输入10。

（3）在左边修改器列表中选择需要设置的修改器并按住鼠标将其拖拽到右边的按钮上。

（4）设置好后，可在“集”的列表框中输入集名，如“集A”。

（5）可单击“保存”，将修改器集保存。

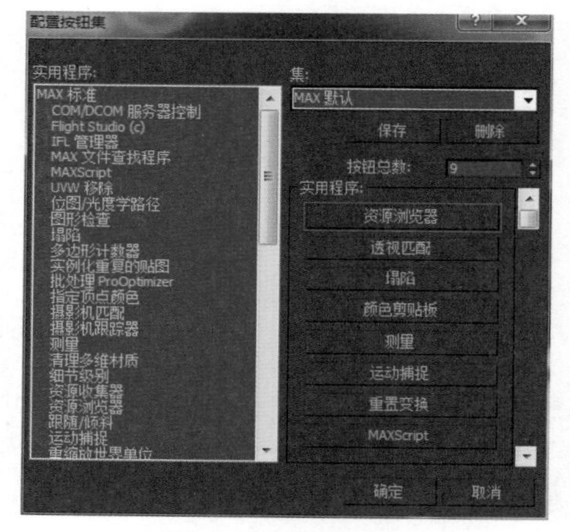

● 图2-10 配置修改器集

6.卷展栏

在命令面板上，有许多命令的参数和选项，按性质分布在不同的卷展栏内，以带黑色的线框显示。单击黑框左侧的“＋”号可展开卷展栏，此时“＋”号变为“－”号；单击“－”号，卷展栏便卷起来。除了命令面板，在材质编辑器等处，也应用了卷展栏功能。

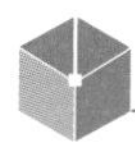

2.3 了解基础建模流程

2.3.1 创建标准几何体

在创建命令面板 上选择几何体 ，下拉列表中选择“标准基本体”，在面板上列出了3ds Max提供的10种标准基本体，如图2-11所示。

图2-11 标准几何体

1.对象创建的一般方法

在视口中单击确定对象位置，拖拽鼠标确定一个参数，再次移动鼠标确定第二参数，直到完成。紧接着可以在对象的参数栏内调整各参数，并在“名称和颜色”卷展栏（见图2-12）中输入对象名并改变对象颜色，也可以默认系统对名称和颜色的设置（如Box01、Box02等）。

图2-12 名称和颜色

2.标准基本体的参数

【形状参数】中各类基本体的形状参数各不相同，如长方体有长、宽、高3个参数，圆柱体有半径和高度2个参数等；【对象的分段数】决定了对象表面的细腻和光滑程度。分段数小，物体相对简单，面数和顶点数少，渲染时占用的时间短，反之则相反。图2-13所示为同样大小而分段数不同的长方体经过弯曲90°变形后的不同效果。

图2-13 对象分段数对变形的影响

3.切片参数

圆柱、圆环、球、管状体等回转体对象都有切片参数（用切片起始角度和终止角度表示），设置切片参数作为可创建对象的一部分，如图2-14所示。

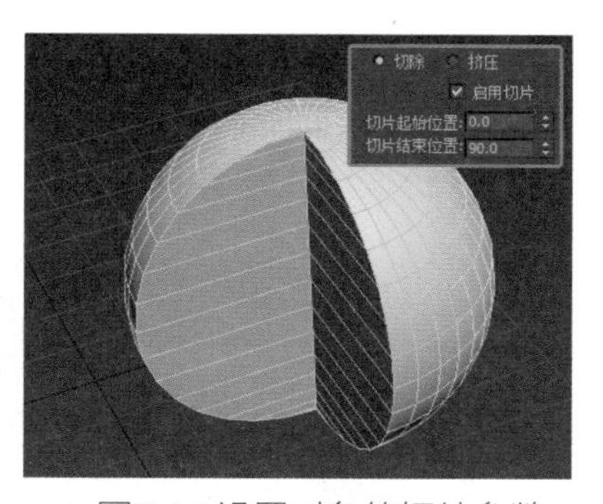

图2-14 设置对象的切片参数

4.平滑参数

在曲面对象的参数栏中有“平滑”选项。如果勾选该项，对象呈光滑表面，不勾选该项则对象显示按分段设置的小平面形状。

2.3.2 创建扩展基本体

在创建命令面板 上选择几何体 ，在下拉列表中选择“扩展基本体”。面板上列出了13种扩展基本体，其创建方法与标准基本体类似，其中切角长方体和切角圆柱体是最常用的几何体。

1.切角长方体（Chamfer Box）

切角长方体的参数与长方体基本相同，多了“圆角”项。当圆角的分段数为1时，倒角部分为平面；当圆角的分段数增加时，倒角趋向圆角，如图2-15所示。

● 图2-15 切角长方体及参数设置

2.切角圆柱体（Chamfcicyl）

切角圆柱体与圆柱体的参数类似，切角部分分段数为1，呈直线倒角；增加分段数，倒角变圆，如图2-16所示。

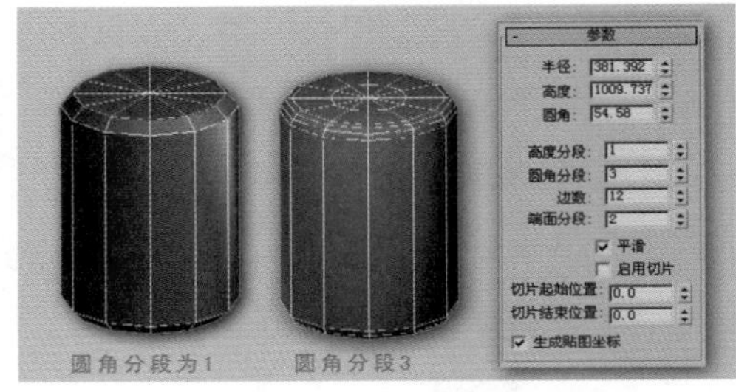

● 图2-16 切角圆柱体参数

2.4 运用修改编辑面板

2.4.1 设置网格和捕捉

3ds Max的捕捉功能帮助使用户通过设置适当的网格间距和打开捕捉开关快速而精确地建模。

1.设置捕捉方式

在工具栏的捕捉工具按钮上单击鼠标右键，弹出“栅格和捕捉设置”对话框。第一个选项卡捕捉（Snaps）列出了12种捕捉方式（与AutoCAD类似），如图2-17所示。

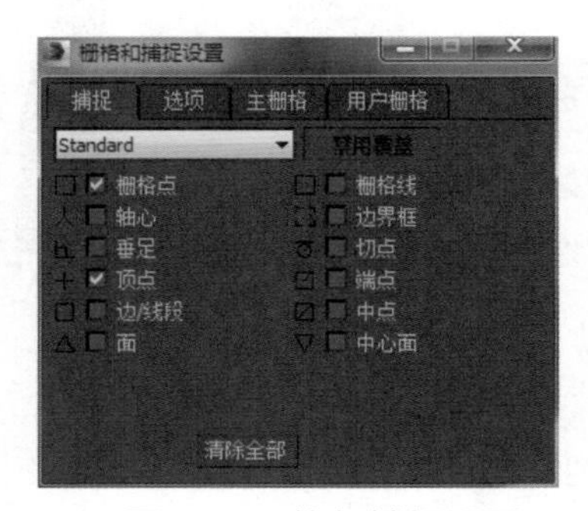

● 图2-17 网格与捕捉设置

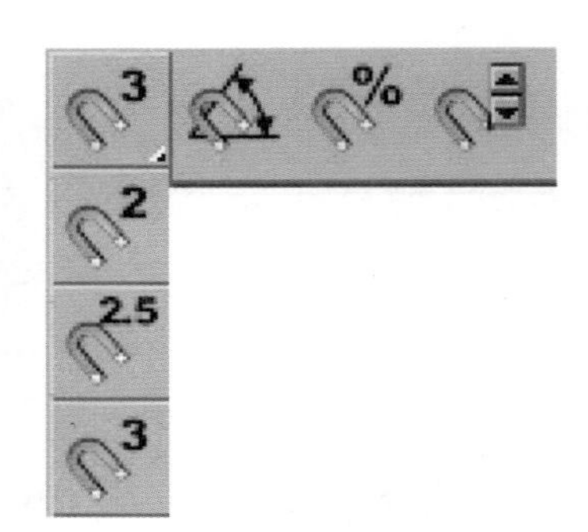

● 图2-18 捕捉开关

勾选我们所需的捕捉项目后，关闭对话框，在工具栏上选择相应的捕捉按钮开关（如3维、2维、2.5维及角度、百分比等）后，即可在作图时使用捕捉功能，如图2-18所示。

2.设置捕捉参数

选择第二个选项卡选项（Option），可以设置各类捕捉参数，如捕捉标记大小、捕捉预览半径、角度、百分比等，如图2-19所示。

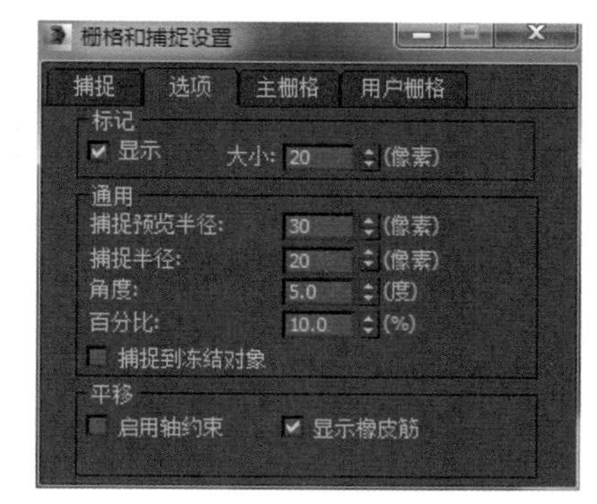

● 图2-19 设置选项

3.捕捉功能的使用方法

设置了捕捉参数，使用时要先按下捕捉按钮开关，捕捉功能才生效。例如设置捕捉角度为10°，按下角度捕捉开关，在视图中旋转物体时将按10°的倍数旋转；设置位置捕捉点为网格点和端点，按下位置捕捉开关，在视图中画线时将从最近的网格点或线段端点开始；设置了捕捉百分比为10%，按下百分比捕捉开关，在缩放物体时将按10%的比例缩放。在按下捕捉开关时，单击鼠标右键也可弹出选项设置对话框，设置捕捉参数。

2.4.2 变换对象

在3ds Max的建模过程中，经常需要对物体进行变换和修改，如移动、旋转、缩放、阵列等。这些变换都涉及坐标轴的选择，不同的坐标系具有不同的表现形式，在不同坐标系里进行相同的操作，可能得到完全不同的结果。

1.变换坐标系

在主工具栏上打开“参考坐标系”的列表框，表中列出了所有的坐标系，如图2-20所示。

● 图2-20 参考坐标系（红色描边处）

下面对各种坐标系做简单介绍。

（1）世界坐标系。

世界坐标系——X轴水平向右，Z轴垂直向上，Y轴指屏幕内。这个坐标系在任何视图区内都保持不变，与视图无关。在每个视图的左下角显示的红（X轴）、蓝（Z轴）、绿（Y轴）三色图标就是世界坐标系的标记。在三维视图（摄像机视图、用户视图、透视图、灯光视图）中所有对象都使用世界坐标。

（2）视图坐标系。

视图坐标系是3ds Max缺省的坐标系，它是屏幕坐标系与世界坐标系的结合。在正交视图（前视图、顶视图、左视图）中，视图坐标系与屏幕坐标系一致，在透视视口或其他三维视图与世界坐标系一致。

（3）屏幕坐标系。

当设置为屏幕坐标系时，激活任何视口，X轴总是水平向右，Y轴总是垂直向上，变换的XY平面总是面向用户。

（4）局部坐标系。

局部坐标系指创建一个对象时被赋予的坐标系，它随着对象的变换而改变方向。

（5）父对象坐标系。

父对象坐标系在具有链接关系的对象中起作用，如果设置为该坐标系，变换子对象时将使用父对象的坐标系。

（6）栅格坐标系。

设置为栅格坐标系时，变换对象将使用激活视口的栅格原点为变换中心。

（7）万向坐标系。

与局部坐标系类似，但3个旋转轴可以不互相正交。

（8）拾取坐标系。

由用户指定一个物体，把物体的坐标系作为当前坐标系。例如在进行环形阵列时，需要指定阵列中心，就可以采用拾取坐标系，选择一个参照物体的中心为阵列中心。

2.变换中心

对象进行旋转或缩放变换时都是相对于轴心进行的，在主工具栏参考坐标系右边有3个用于控制坐标轴心的工具按钮。

：使用被选择物体自身的轴心作为变换中心。

：使用所有被选择物体（选择集）的公共轴心作为变换的中心。

：使用当前坐标系的轴心作为变换中心。

坐标轴心是可以根据需要进行改变的，改变方法为：进入层级命令面板 ，选择该命令面板中“轴”命令下的“仅影响轴”选项，使用移动工具可以改变轴心的位置，如图2-21所示。

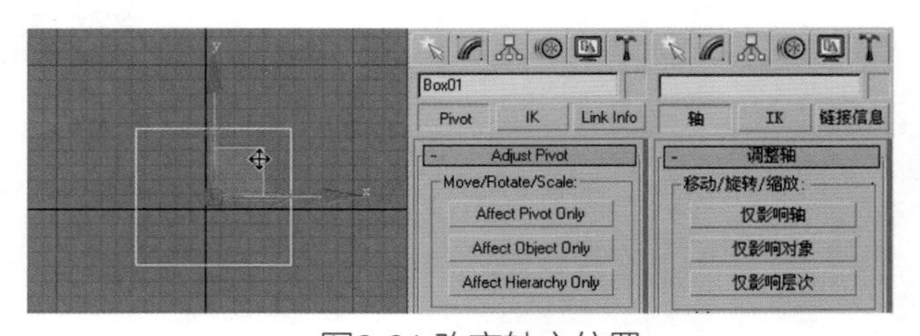

● 图2-21 改变轴心位置

3.移动对象

（1）直接使用选择并移动工具 ，在视口中移动对象。当出现黄色正方形标记时，可在屏幕范围内任意移动（XY平面），将移动工具置于X、Y轴上可分别沿X、Y轴移动，如图2-22所示。

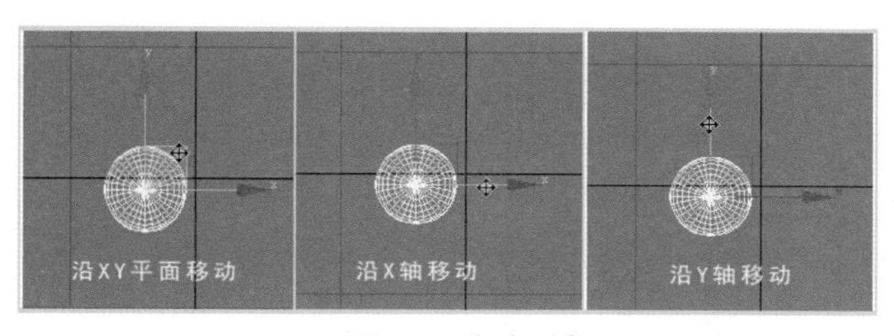

● 图2-22 移动对象

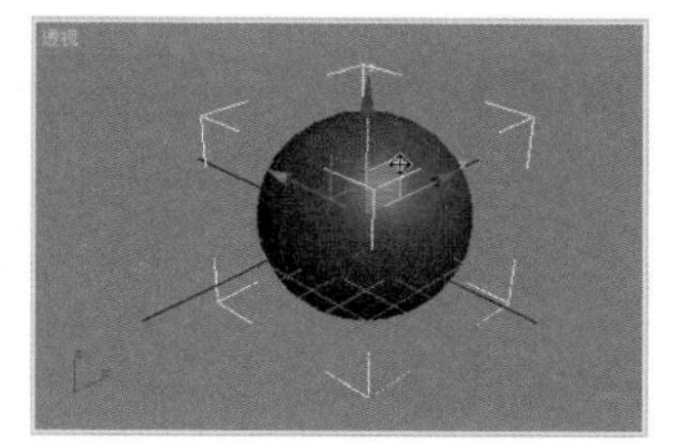

● 图2-23 在透视图中移动对象

在透视图或其他三维视口中也可选择不同坐标面或坐标轴进行移动变换，当黄色标记出现时，移动变换将限定在该平面内，鼠标置于某坐标轴上可沿该轴向移动，如图2-23所示。

（2）选择变换对象后，右键单击按钮 ，会弹出图2-24所示的对话框，可输入移动距离实现精确移动变换。左边为世界坐标系绝对坐标，右边为屏幕坐标系相对移动距离。

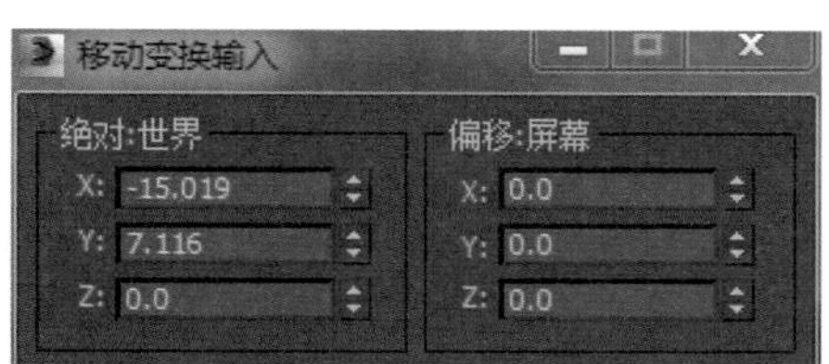

● 图2-24 精确移动对象

4.旋转对象

选定需要旋转的对象后，按下选择并旋转工具 ，在视口中出现图2-25所示的旋转图标，把鼠标移到最外面的灰色圆上，便可在屏幕的平面上旋转对象（鼠标接触时变为黄色）。一个黄色箭头指出旋转方向，如图2-26所示。鼠标移到蓝色圆上变为黄色可显示旋转角度，如图2-27所示。鼠标移到红色轴线上可前后旋转对象，如图2-28所示。在绿色轴线上可左右旋转对象，如图2-29所示。在透视视口中坐标轴的显示如图2-30所示，选择不同的坐标圆也可以沿不同方向旋转对象。

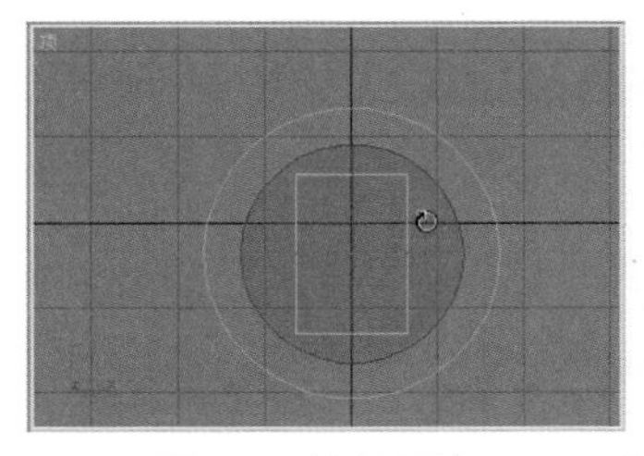

● 图2-25 旋转图标

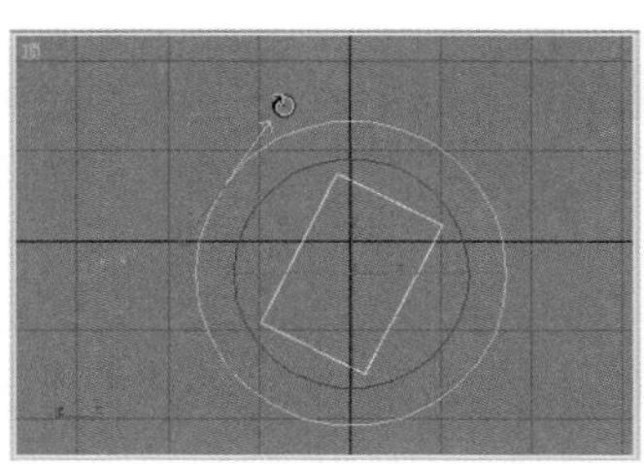

● 图2-26 在屏幕平面（XY平面）旋转

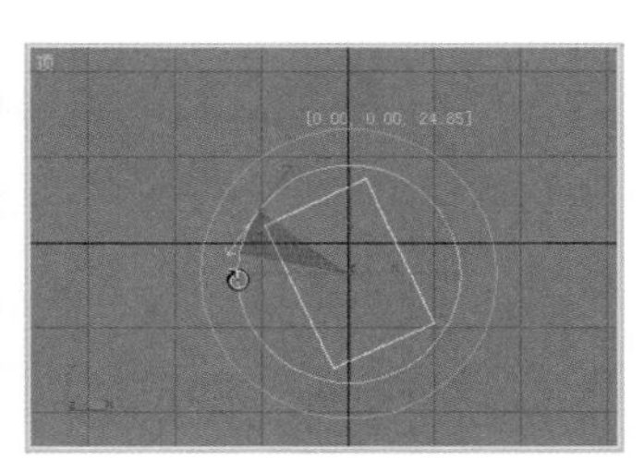

● 图2-27 显示旋转角度

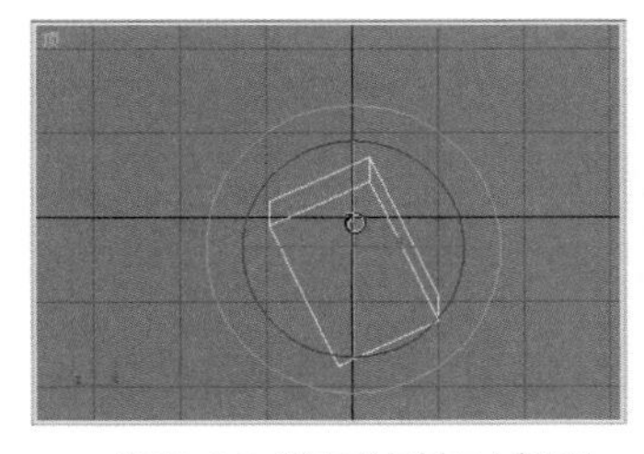

● 图2-28 前后旋转对象图

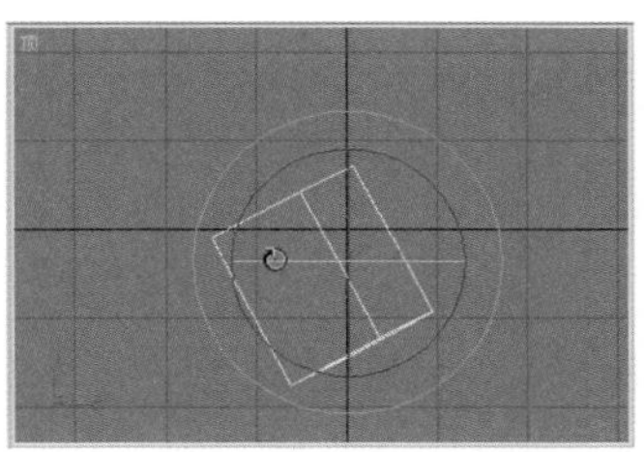

● 图2-29 左右旋转对象

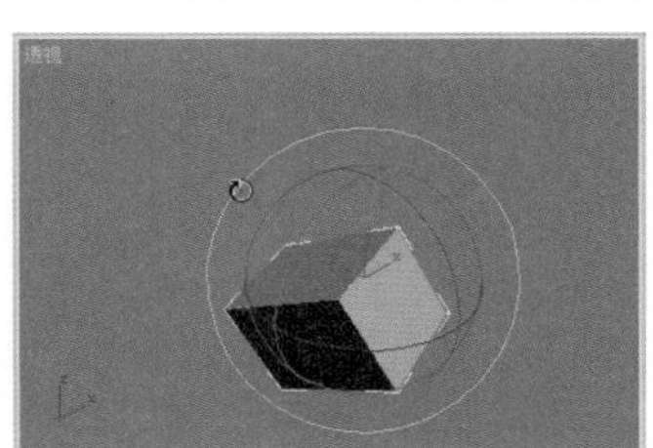

● 图2-30 在透视图中旋转象

选择变换对象后，右键单击旋转按钮，弹出图2-31所示的对话框，可精确输入旋转角度实现精确旋转变换。

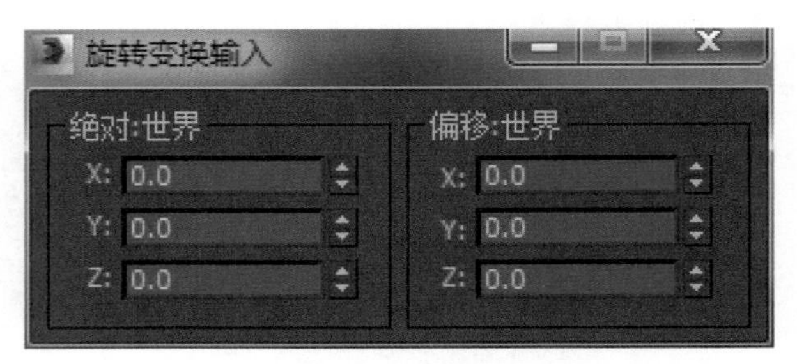

● 图2-31 精确旋转对象

5.缩放对象

选择对象后单击缩放按钮，出现三角形标记，按住鼠标左键在三角形区域拖曳可整体缩放对象（即X、Y、Z3个方向），如图2-32所示。如果按住鼠标在黄色梯形范围拖曳，可以缩放XY方向，保持Z方向（高度）不变，如图2-33所示。如果将鼠标移至相应的坐标轴上可分别沿X、Y方向缩放对象，如图2-34、图2-35所示。

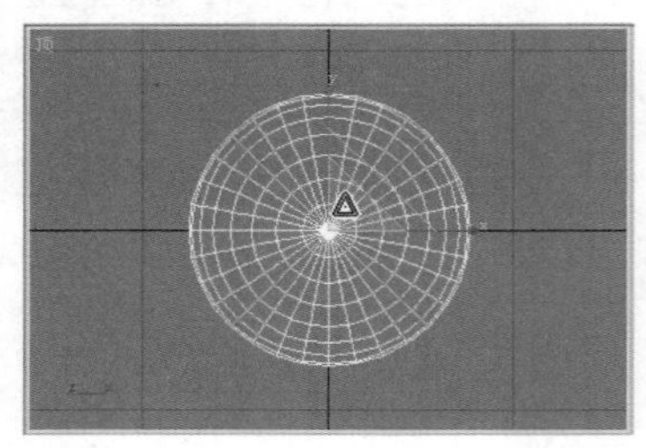

● 图2-32 沿三个方向同时缩放

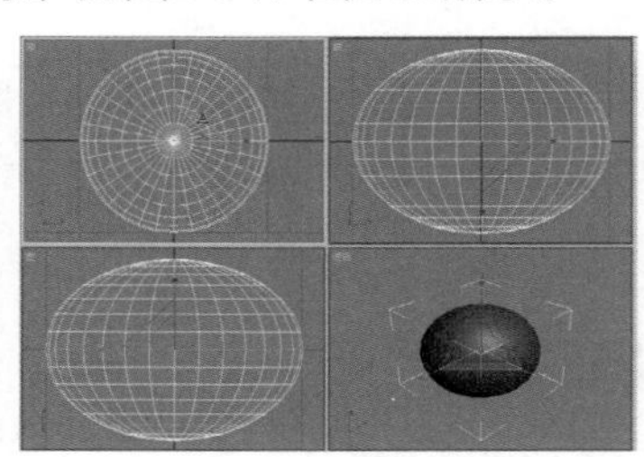

● 图2-33 缩放XY方向

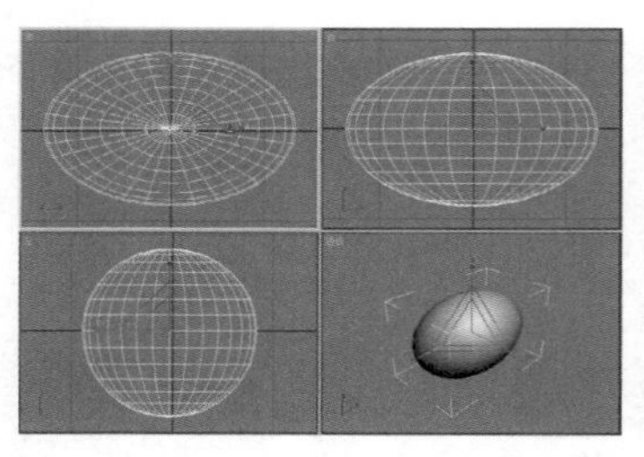

● 图2-34 沿X方向缩放

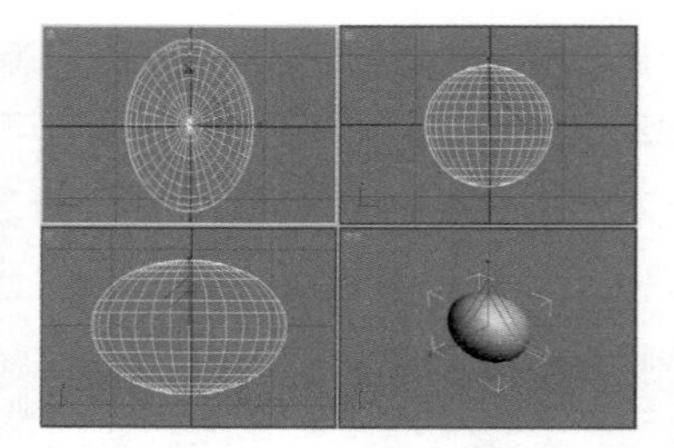

● 图2-35 沿Y方向缩放

在透视图中也可以实现以上各种缩放操作，如图2-36所示。当光标在黄色三角形内移动，可整体缩放对象；当光标在三角形边的三个黄色梯形范围内移动，可以分别沿3个坐标面缩放，图2-37所示为沿水平面（世界坐标XY平面）缩放；当光标移动到坐标轴上，可以进行单向缩放，图2-38所示为沿Y轴缩放。

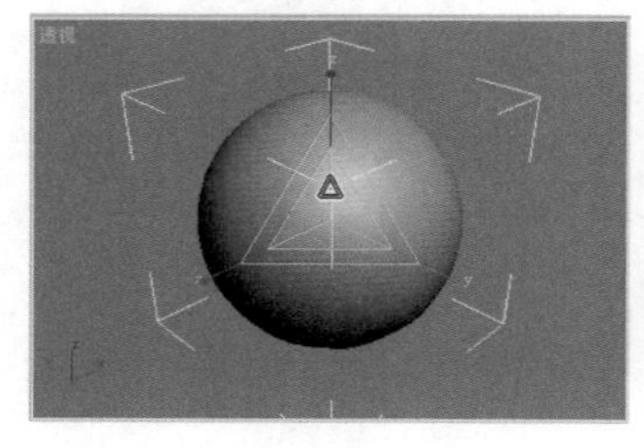

● 图2-36 在透视图整体缩放

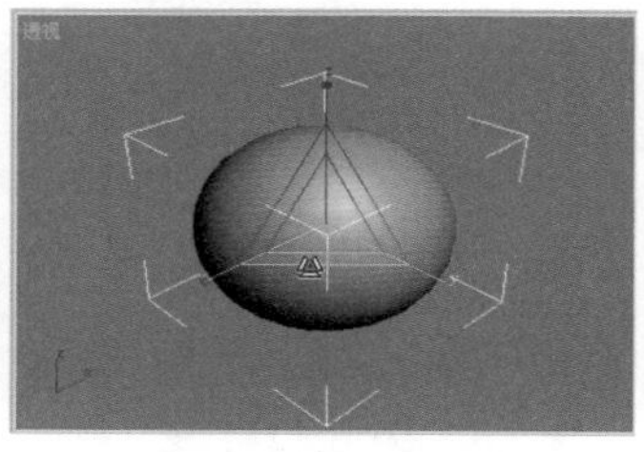

● 图2-37 在XY平面缩放

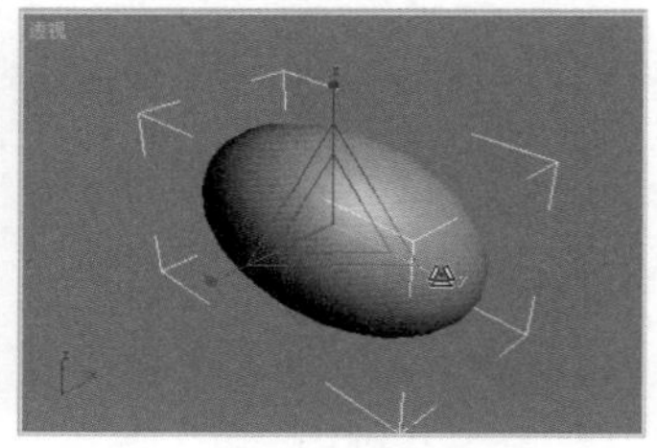

● 图2-38 沿Y轴缩放

选择变换对象后，右键单击缩放按钮，弹出图2-39所示的对话框，可精确输入缩放比例（百分比）实现精确缩放变换。

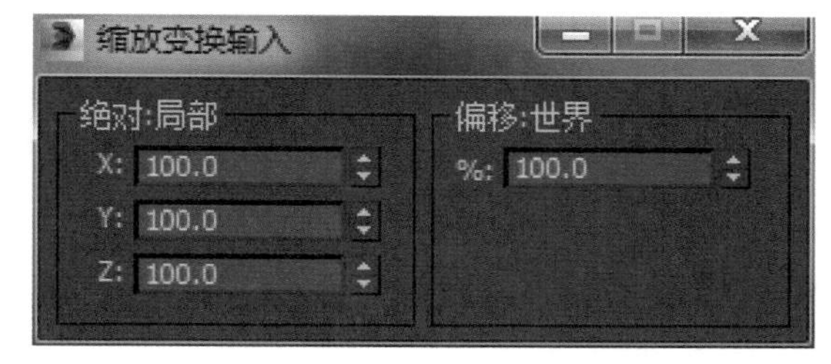

● 图2-39 精确缩放对话框

2.4.3 对象复制

在3ds Max中，用创建（Creat）命令生成的任何东西，都被称为对象（Objects）。复制对象是建模过程中经常要使用的操作。下面具体介绍几种复制方法。

1.选择过滤器

选择过滤器是位于工具栏上的一个下拉列表框。在制作效果图时，场景对象不断增加，视图内线框纵横交错，图面十分复杂，要准确选中预期的对象是很困难的，选择过滤器可以帮助我们较快地完成选择操作。在下拉列表中选中对象类别，其他对象将被过滤。

2.用快捷键复制对象

复制对象最简单的方法就是使用快捷键“Shift”。按下移动工具按钮（也可以用旋转或缩放工具），按住“Shift”键并拖曳对象到需要的位置后，松开鼠标，弹出复制对话框，如图2-40所示。选择一种复制方法，输入复制数量，需要时可以输入复制对象的名字，单击确定按钮完成复制。

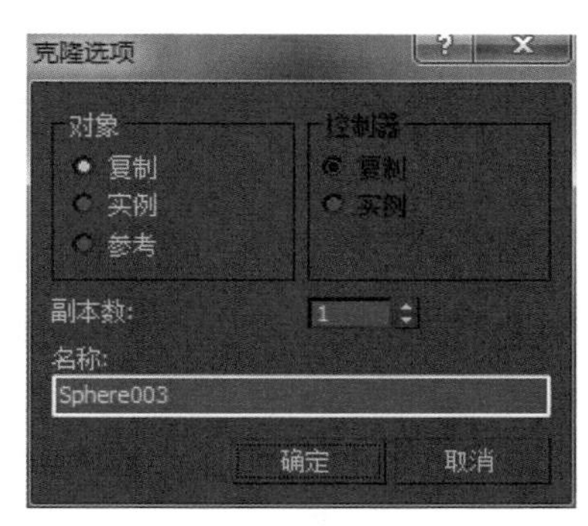

● 图2-40 复制选项

3.复制、关联复制和参考复制

在进行拷贝、镜像、阵列等涉及复制物体操作的命令时，其对话框里都会出现3种复制方法的选项。下面介绍这3种复制方法的不同之处。

（1）复制（Copy）——从原始对象复制出一个新对象。复制出的对象具有独立的参数和属性，当对原始对象进行编辑修改时，不会影响复制对象，对新的复制对象进行编辑修改时，也不会影响原始对象。

（2）实例（Instance）——关联复制，对原始对象和复制出的新对象各自进行的编辑修改都会影响到对方，二者是相互关联的。

（3）参考（Reference）——复制出的新对象受原始物体的影响，但对新的复制对象所做的编辑修改不会影响到原始对象，是一种单向关联的关系。

2.4.4 组（Group）

在建模的过程中，常常碰到需要多个物体同时操作的情况，此时我们可以选择这些物体，建立一个组，同时对组内的物体进行统一的编辑。

选择菜单区的【组】（Group）菜单可以实施群组的操作。

（1）成组（Group）——当选择了多个对象后单击Group命令，会弹出图2-41所示的命名对话框，输入组名或使用默认名“组02”后，单击确定按钮，所选的物体即成为一个群组，可以对它们进行整体编辑。

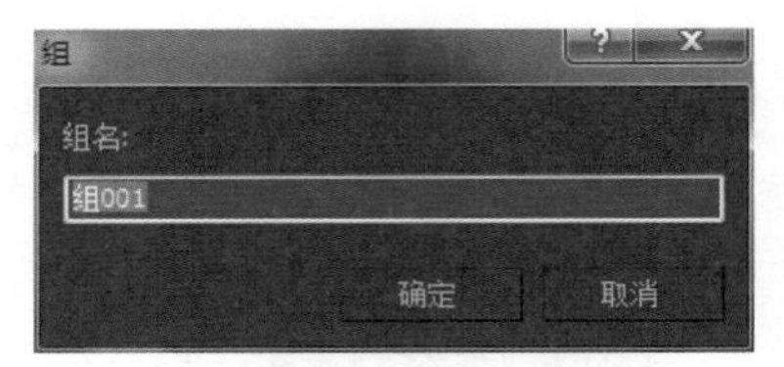

● 图2-41 给组命名

（2）解组（Ungroup）——选择一个群组，单击该命令，可以完全解除群组关系。

（3）打开（Open）——打开群组，对每个对象可以进行单独编辑，但群组关系仍然存在。注意理解解组和打开的区别。

（4）关闭（Close）——将打开的群组关闭，以再次进行整体编辑。

（5）附加（Attach）——把其他对象合并到当前群组中。

（6）分离（Detach）——将群组里的某个对象从群组中分离出去。

（7）炸开（Explode）——将群组分开，成为单独的物体，该选项与解组（Ungroup）的区别在于可将多层的组一次取消，而解组只能取消一层组的关系。

2.4.5 对齐（Align）工具

工具栏上的对齐工具 是精确调整两个物体相对位置的有效工具，在建模过程中经常用到，适用于二维、三维对象。选择对象，按下对齐工具 ，将鼠标移动到目标物体上，出现十字光标时，单击左键弹出对齐参数对话框，如图2-42所示。

框中参数选项的意义如下。

（1）X位置、Y位置、Z位置分别选择对齐的方向。

（2）当前对象（Current Object）：首先选择的物体。

（3）目标对象（Target Object）：要对齐的目标物体。

（4）最小（Minimum）：X方向指的是左边（面），Y方向指的是下边（面），如图2-43所示。

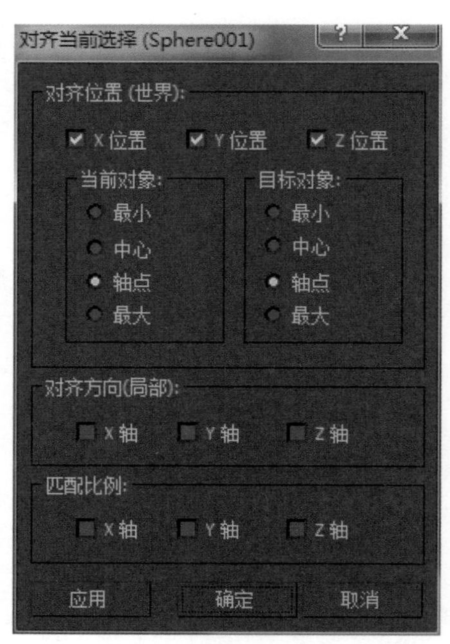

● 图2-42 对齐参数设置对话框

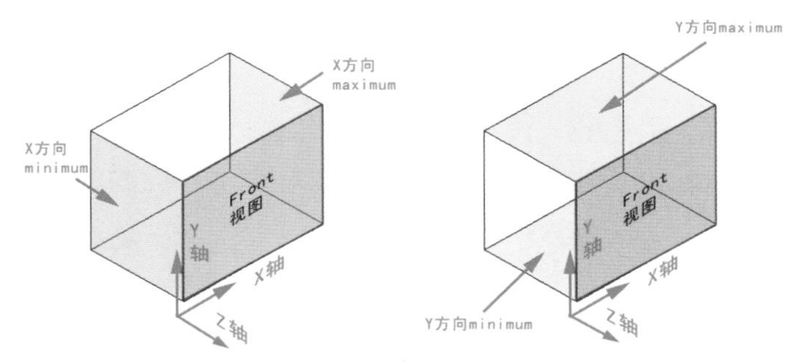

● 图2-43 对齐的方向轴和最大最小边

（5）最大（Maximum）X方向指的是右边（面），Y方向指的是上边（面），如图2-43所示。

（6）中心（Center）：指物体的几何中心。

（7）轴点（Pivot Point）：指物体自身坐标系的变换中心。

对于立方体等规则的物体来说，最大最小边就是它们的侧面，对于不规则的对象来说，最大最小边是按它们的“边界盒（Bounding Box）”来计算的。

对齐工具同样适用于二维图形，一般只使用X、Y两个方向，其对齐参数与三维物体是类似的。

2.4.6 阵列（Array）工具

阵列（Array）是按一定规律进行多重复制的工具，在建模时也是经常要用到的工具，阵列命令对二维形和三维对象都是适用的。阵列的方法可以分为一维阵列（沿X方向、沿Y方向、倾斜方向）、二维阵列（多行多列）、环形阵列（围绕中心）和三维阵列。选择要阵列复制的对象，选择菜单【工具】/【阵列】命令，弹出图2-44所示的阵列对话框。

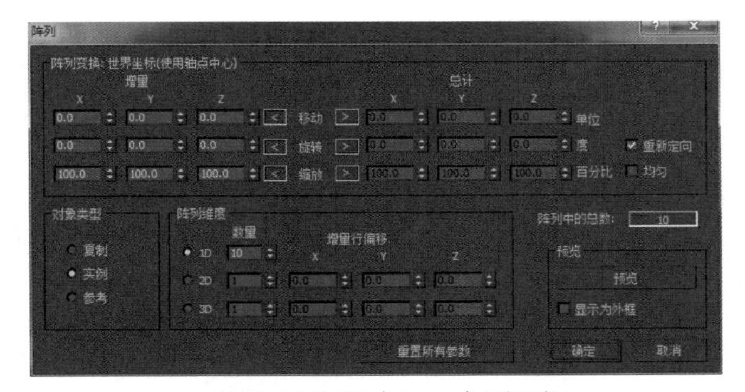

● 图2-44 阵列（Array）对话框

1.阵列对话框的使用

在对话框中，各选项的意义如下。

（1）增量（Incremental）：每两个阵列对象之间的距离（环形阵列为角度）。

（2）总计（Total）：阵列的总计长度。增量方式或总计方式只能选择其一，单击对话框中部的箭头进行转换。

（3）移动（Move）：设置X、Y、Z方向的坐标增量或总长度。

（4）旋转（Rotate）：设置环形阵列每两个复制对象的夹角或总的阵列角度。

（5）缩放（Scale）：设置阵列对象的缩放比例。

（6）1D、2D、3D：分别设置一维、二维、三维阵列的参数。

（7）数量（Count）：阵列的数量。

（8）增量行偏移量（Incremental Row Offset）：二维、三维阵列的行距。

（9）复制、实例、参考（Copy、Instance、Reference）：设置复制的类别。

（10）X、Y、Z：分别设置三个坐标轴向的参数。

（11）预览：打开预览可以观察阵列效果。

2.一维阵列实例

一维阵列指沿一个方向的线性阵列。

在顶视图中创建球体，半径为10，选择菜单【工具】/【阵列】（Tools/Array）命令，在对话框中输入X方向的移动距离为50，激活1D（一维阵列），复制数为4，其他参数不变，选择预览，看到阵列结果正确，单击确定按钮，阵列结果如图2-45所示。球体沿X方向复制了4个，每两个之间的距离为50。

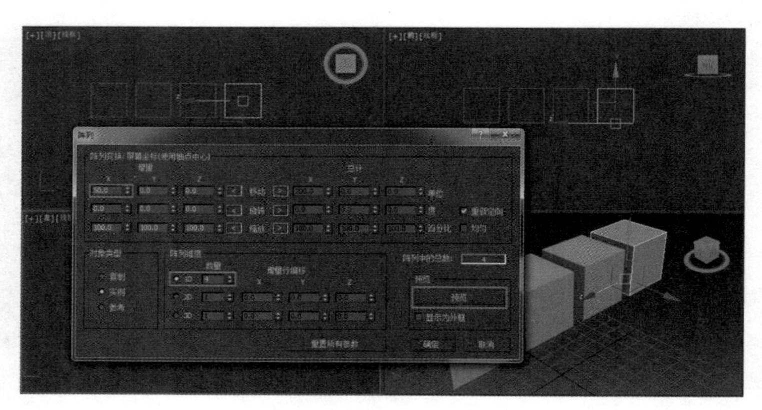

● 图2-45 沿X方向一维阵列

3.二维阵列实例

二维阵列指在一维阵列的基础上，增加一个方向阵列，如矩形阵列。

在顶视图中创建圆环，半径1为15，半径2为5。在对话框中先单击重置所有参数（Reset All Parameters）按钮，在增量第一行（移动）X方向增量框内输入50，激活1D并输入数量4（X方向阵列4个，相距50），激活2D，输入行数2并在右侧Y栏输入行距-60（将第一行沿Y轴负方向阵列为2行），激活实例（Instance），单击预览按钮，观察结果正确后，单击确定按钮，阵列结果如图2-46所示。

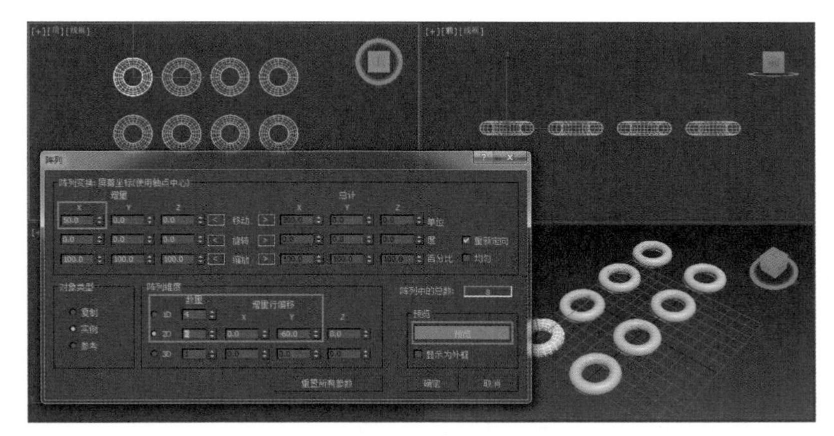

● 图2-46 二维（矩形）阵列

4.三维阵列实例

三维阵列指在二维阵列的基础上，增加Z方向的阵列。

沿用上述例子，在单击确定之前，激活3D，输入数量3，并在右侧Z栏数字框输入50（阵列三层，每层距离50），单击确定按钮。

5.环形阵列

环形阵列指沿圆周复制对象，下面以二维图形的环形阵列为例。

（1）在顶视图中创建一个椭圆和一个圆，大小比例和相对位置如图2-47所示。椭圆是阵列的对象，圆作为设置阵列中心的参照物体。

（2）在工具栏上的坐标系列表中选择拾取（Pick），单击视图中的圆，此时，坐标系列表中的坐标名称变为Circle01，并在右侧的轴心控制按钮中选择 表示以圆的坐标轴心作为变换的中心。

（3）选中椭圆，此时可以看到变换中心位于圆心，如图2-48所示。

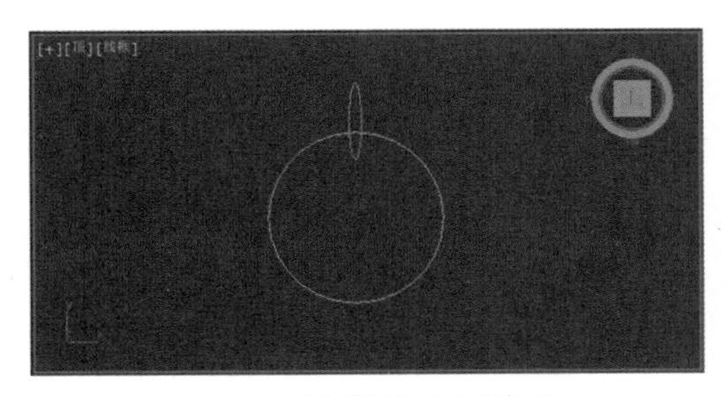

● 图2-47 创建圆和椭圆

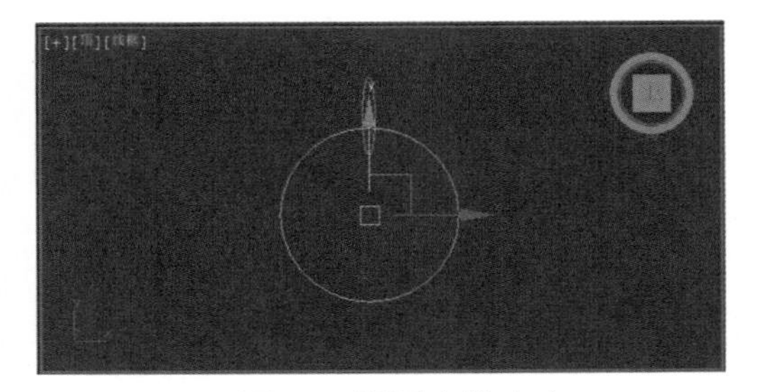

● 图2-48 设置变换中心

（4）选择菜单【工具】/【阵列】（Tools/Array）命令，在对话框中先单击“重置所有参数”（Reset All Parameters）按钮，在第二行（旋转）Z方向角度增量框中输入36，激活1D并输入数量10（沿圆周阵列10个椭圆，每两个椭圆之间的夹角为36°），单击确定按钮，结果如图2-49所示。

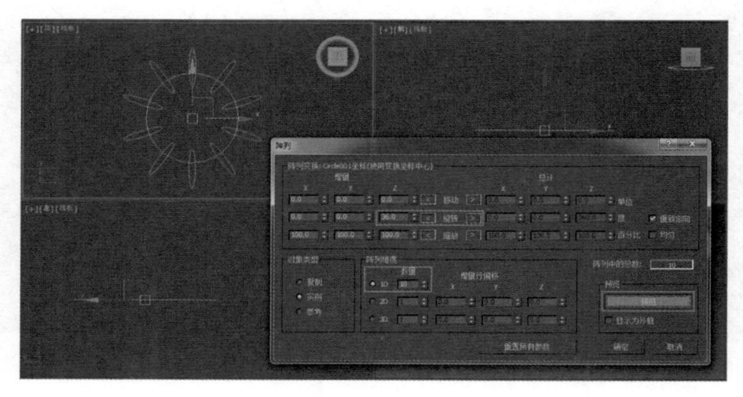

● 图2-49 环形阵列

本章小结

本章主要介绍了3ds Max的启动方法、操作界面、基础建模及常用的修改编辑命令。

知识点：启动方法、操作界面、基础建模、修改编辑。

拓展实训

运用3ds Max软件基本的建模工具扩展基本体进行足球模型创建，如图2-50所示（提示：异面体、十二面体、修改编辑、网格平滑、球形化）。

● 图2-50 足球效果图

第3章 二维图形建模

本章通过创建圆凳、窗框、墙体、花边柱、酒杯、三维倒角字、六角花盆、装饰脚线等模型实例，讲解画线设置渲染参数直接建模的方法，以及通过运用挤出、车削、倒角、倒角剖面这4种方法实现从二维到三维的建模。

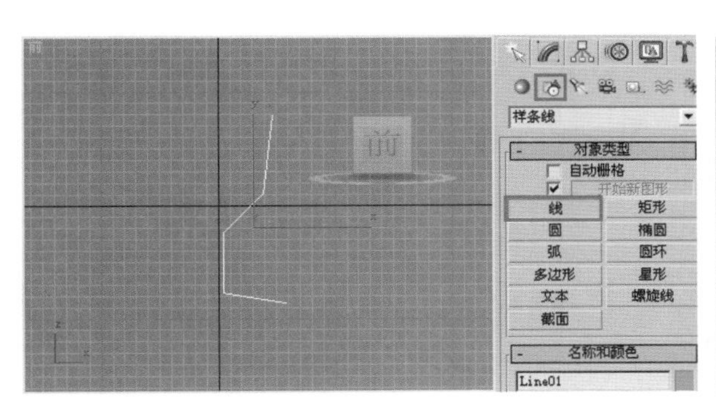

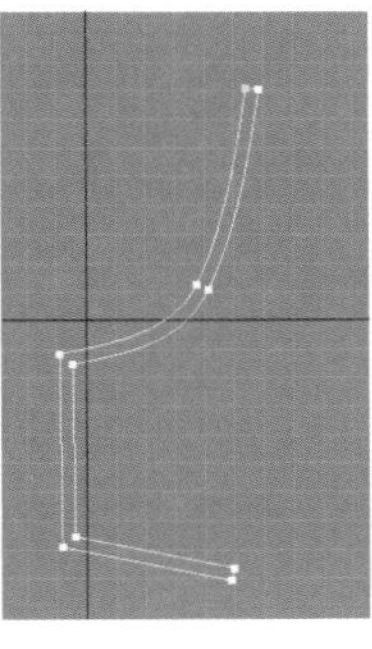

课堂学习目标

- 掌握画线设置渲染参数直接建模的方法。
- 学习通过编辑修改样条线创建复杂二维图形的方法。
- 掌握挤出、车削、倒角、倒角剖面4种方法，实现从二维到三维的建模。

3.1 用二维线制作圆凳和窗框建模

二维线建模是一种方便快速的从二维到三维的建模方法，大部分物体都可以通过画线的形式来进行二维线建模。

1.创建圆凳

图3-1所示是一张钢管凳子的效果图，除了凳面是切角圆柱体外，其余部分（3条凳腿、3个支撑圆圈）均由圆形截面钢管构成，我们可以直接画线完成。二维线渲染时不可见，但只要设置了线的可

● 图3-1 钢管凳

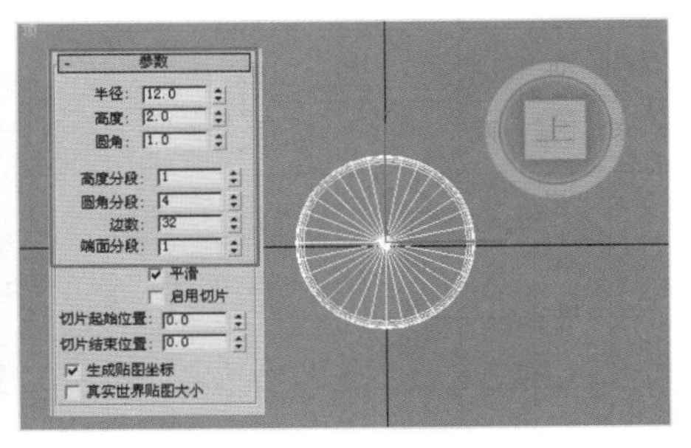

● 图3-2 创建倒角圆柱体

渲染特性，画出的二维线就有粗度，渲染时可以看到。制作步骤简述如下。

（1）在顶视图（Top）中创建切角圆柱体（半径12，高度2，圆角半径1）作为凳子面板，如图3-2所示。

（2）单击【创建】 /【图形】 ，在顶视图创建圆，半径为10。

（3）在【渲染】展卷栏中，勾选【在渲染中启用】和【在视口中启用】，并设置径向厚度（实际上就是线条圆形截面的直径）为1，如图3-3所示。

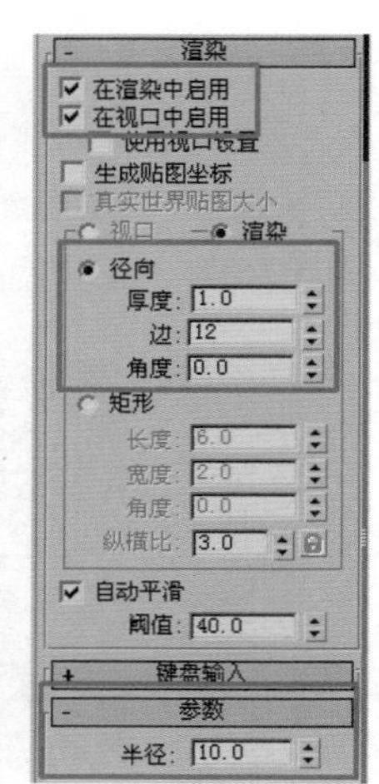

● 图3-3 绘制圆的参数

（4）将圆与切角圆柱体用对齐工具 沿X、Y轴方向中心对齐，沿Z轴方向上下对齐，如图3-4所示。

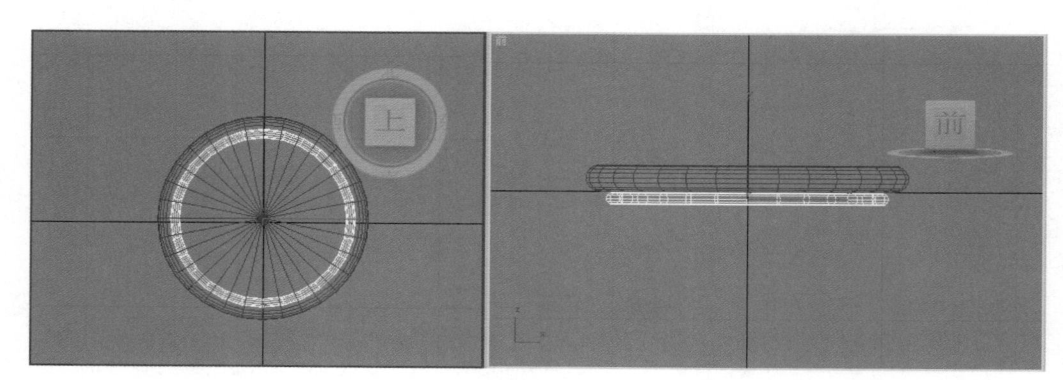

● 图3-4 对齐圆

（5）将圆向下复制一个，与第一个圆上下对齐，如图3-5所示。

（6）再次向下复制圆，下移一段距离，修改半径为42，如图3-6所示。

● 图3-5 复制并对齐圆

● 图3-6 再次复制圆

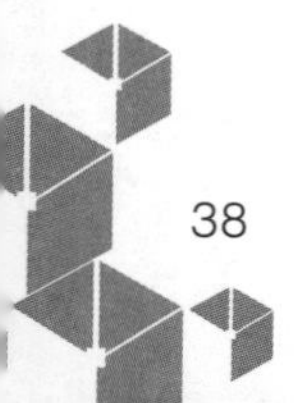

（7）绘制凳腿。单击【创建】 /【图形】，选择“线”，在【创建方法】卷展栏中设置“初始类型”和“拖动类型”为“平滑”，在前视图中创建曲线，如图3-7所示。

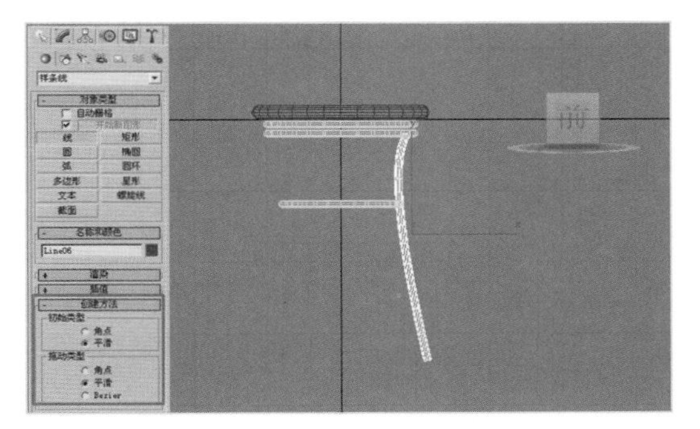

● 图3-7 绘制曲线

（8）在顶视图中复制凳腿。选择曲线，设置拾取坐标系指定切角圆柱体为坐标系参照物，进行环形阵列，由此产生了3条凳腿，完成了凳子造型，如图3-8所示。

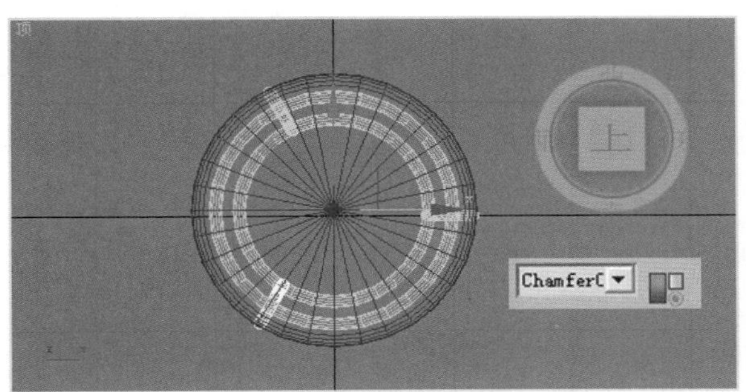

● 图3-8 阵列凳腿

2.创建窗框

画线可以设置圆形截面，还可以设置矩形截面，图3-9为用画线方式完成的窗框造型，其制作步骤简述如下。

（1）右键单击二维捕捉工具，在对话框中勾选“栅格点”，如图3-10所示，能使画线的起点和终点都落在栅格点上。

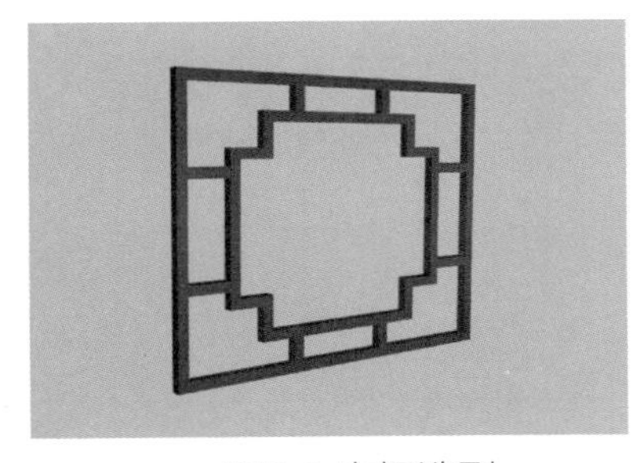

● 图3-9 窗框造型

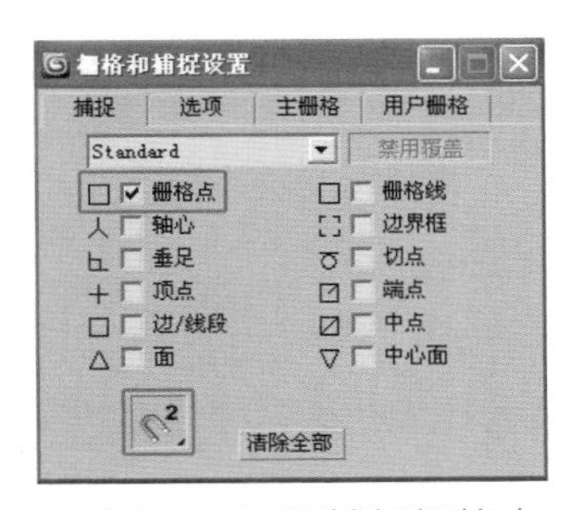

● 图3-10 设置捕捉栅格点

（2）单击【创建】 /【图形】，选择“线”，设置线的渲染参数为矩形截面，长度和宽度为6.0，如图3-11所示。

（3）在前视图中沿栅格点绘制折线，如图3-12所示，注意线段的对称。

（4）继续绘制矩形，如图3-13所示，注意上下左右对称。

（5）绘制窗框四周的8条直线，完成窗框造型，如图3-14所示。

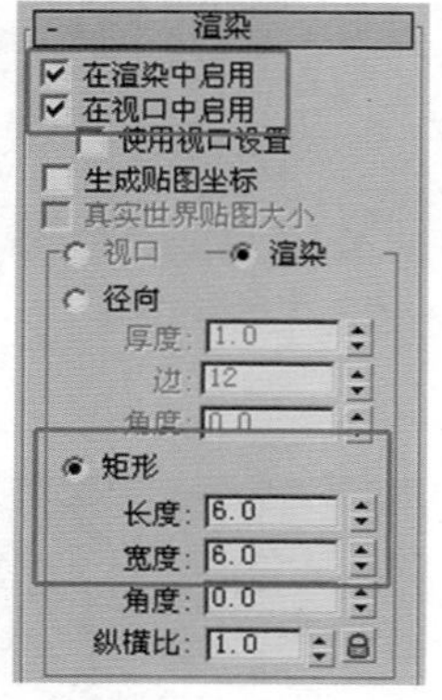

● 图3-11 渲染参数

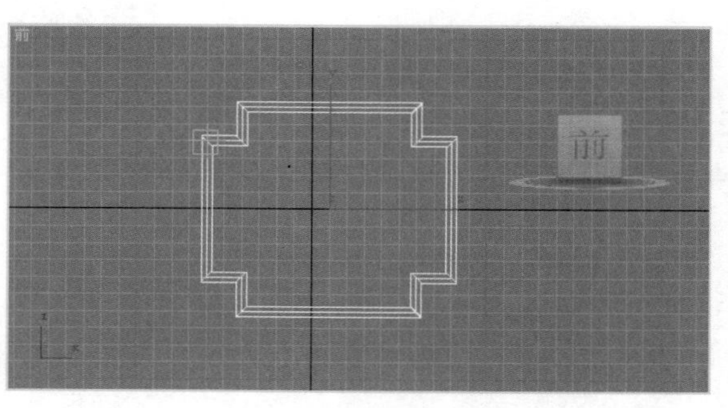

● 图3-12 绘制折线

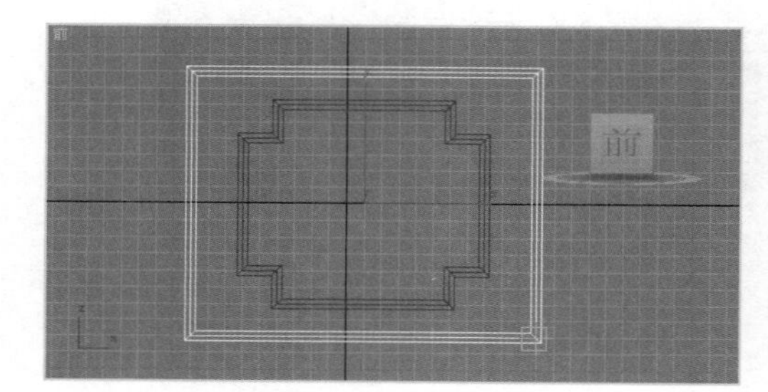

● 图3-13 绘制矩形

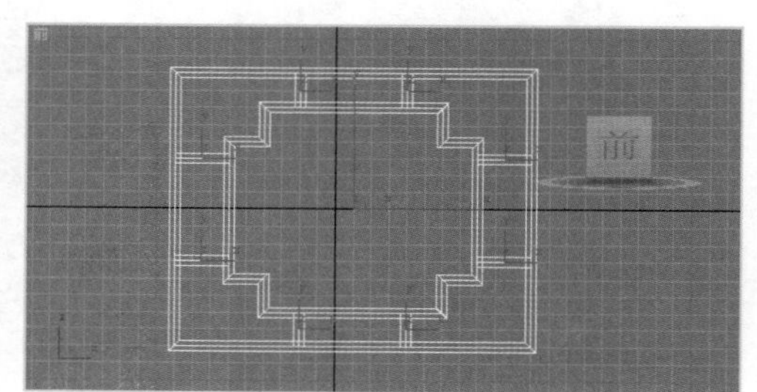

● 图3-14 绘制直线

3.2 墙体和花边柱建模（挤出）

1.创建墙体

我们先通过一个简单的工作任务——创建简易房屋的墙体，来熟悉二维画线和挤出建模。

（1）绘制墙线。单击【创建】/【图形】，选择“线”，打开二维捕捉开关，并设置捕捉对象为栅格点，保证所绘线段的顶点落在栅格点上，在顶视图绘制图3-15所示的墙线平面图。

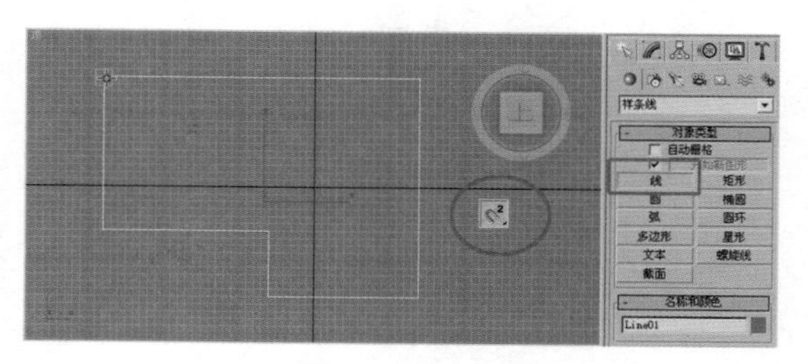

● 图3-15 绘制墙线

（2）定制修改命令面板。为了操作

方便，我们将本章常用的修改器设置在修改命令面板上。

单击命令面板上的配置修改器集按钮并选择菜单“配置修改器集”，如图3-16所示，弹出对话框，如图3-17所示。

设置需要的按钮总数（如6），在对话框左侧列表中选择二维建模的相关修改器“编辑样条线”“编辑网格”“挤出”“车削”“倒角”“倒角剖面”，用鼠标拖曳到右侧空白按钮上，输入“二维建模”的集名保存并确定。需要时单击配置修改器按钮并选择“显示按钮”即可在命令面板上显示相应的修改器集。

● 图3-16 配置修改器　　● 图3-17 配置修改器对话框

（3）单击“编辑样条线”修改器，选择样条线子对象，如图3-18所示，再选择绘制的墙线（呈红色），在面板下方找到“轮廓”命令，可输入偏移量16，单击“轮廓”后墙线出现间隔为16的双线，如图3-19所示。

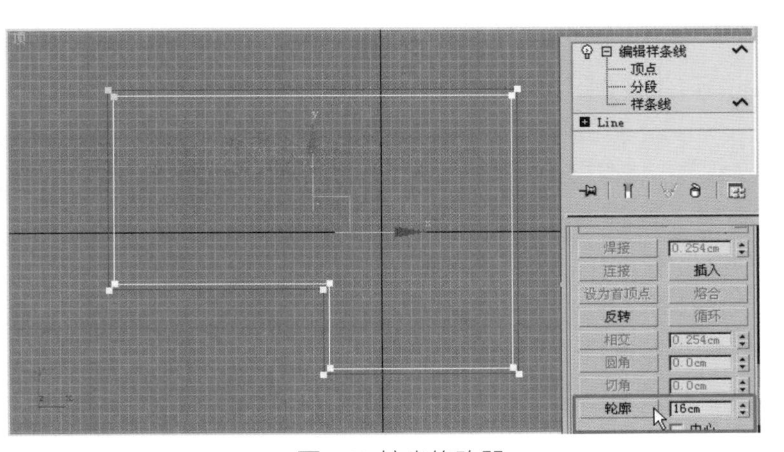

● 图3-18 编辑样条线　　● 图3-19 挤出修改器

（4）通过编辑样条线的“轮廓”命令使墙线成为双线，单击“挤出”修改器，设置适当的挤出高度，完成墙体的造型，如图3-20所示。

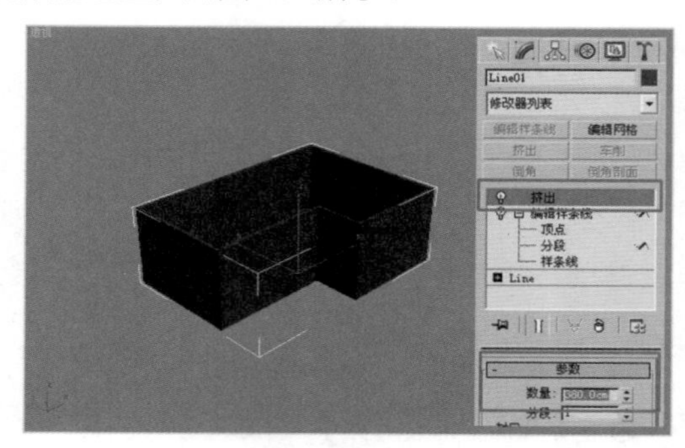

● 图3-20 挤出墙体

2.创建花边柱

本例通过二维线的编辑和挤出来创建花边柱。

（1）单击【创建】/【图形】，选择“圆”，在顶视图中创建2个圆，半径分别为100和15，位置如图3-21所示。

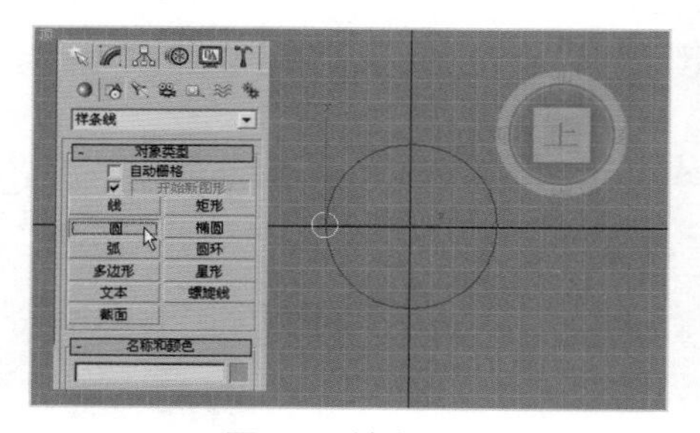

● 图3-21 绘制2个圆

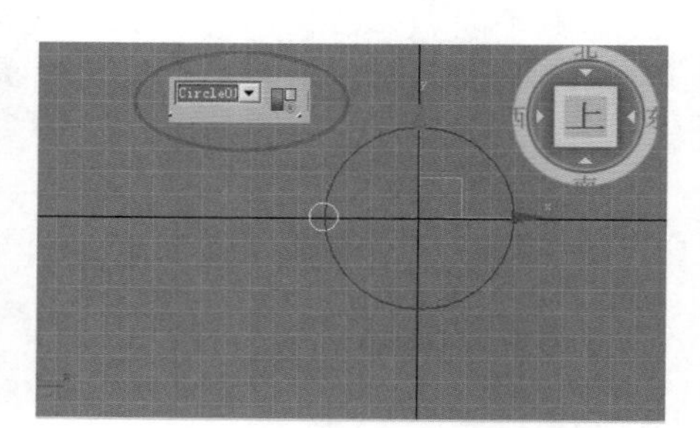

● 图3-22 设置变换中心

（2）选择“拾取”坐标系，指定大圆为变换中心，单击使用变换中心按钮，选择小圆时变换中心位于大圆的圆心，如图3-22所示。

（3）选择菜单【工具】/【阵列】，在对话框中设置环形阵列参数，旋转方式，总计360°，数量16，对象类型为实例，打开预览，单击确定按钮，完成小圆的阵列，如图3-23所示。

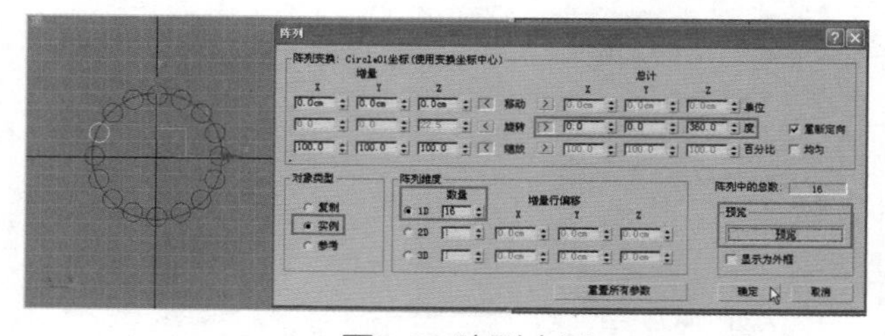

● 图3-23 阵列小圆

（4）选择大圆，在命令面板上选择“编辑样条线”修改器（前面已经将它设置在面板上了），在面板下方单击“附加多个”命令，如图3-24所示。在弹出的对话框中选择所有小圆（见图3-25，circle03~circle17），将16个小圆与大圆附加为一个样条线，如图3-26所示。

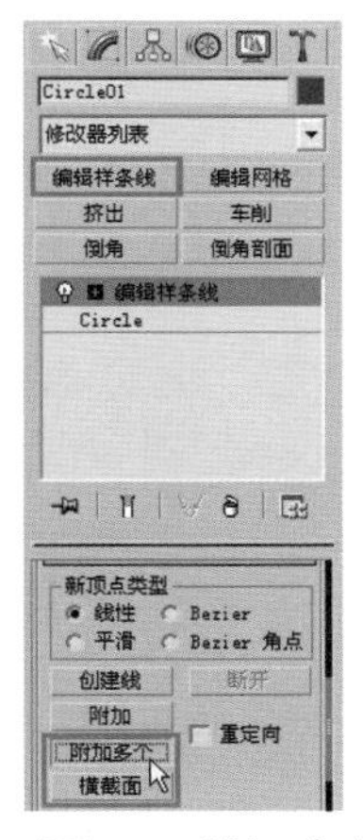

● 图3-24 附加命令

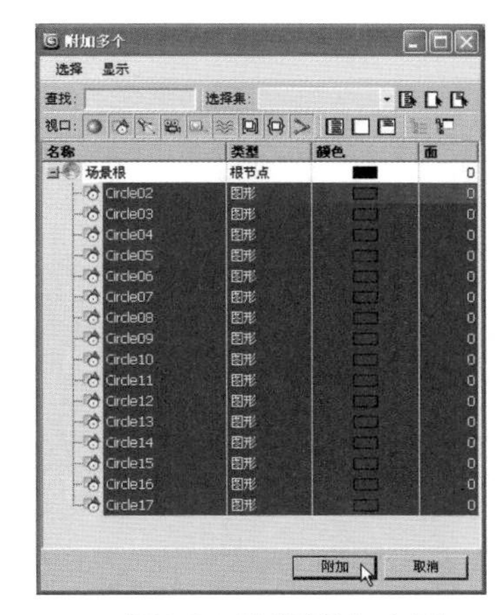

● 图3-25 选择所有小圆

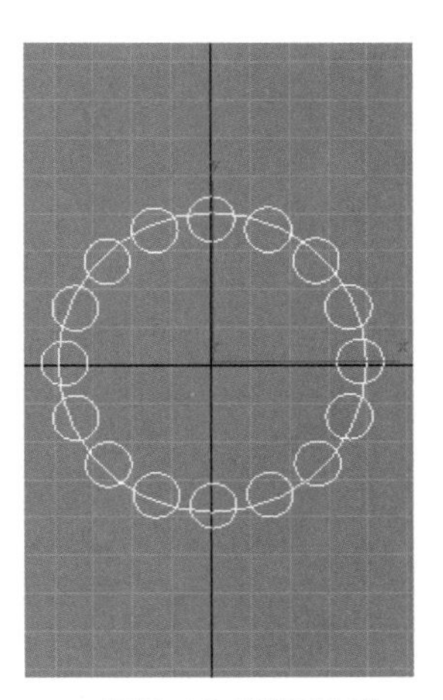

● 图3-26 附加结果

（5）展开“编辑样条线”前的“＋”，选择样条线（也可以单击下方子对象样条线的图标，如图3-27所示），选择大圆（呈现红色）。

（6）布尔运算。在面板下方单击布尔运算命令按钮，选择并集，在视图中顺序拾取小圆，如图3-28所示，运算结果大圆和小圆合成一个封闭的花边圆，如图3-29所示。

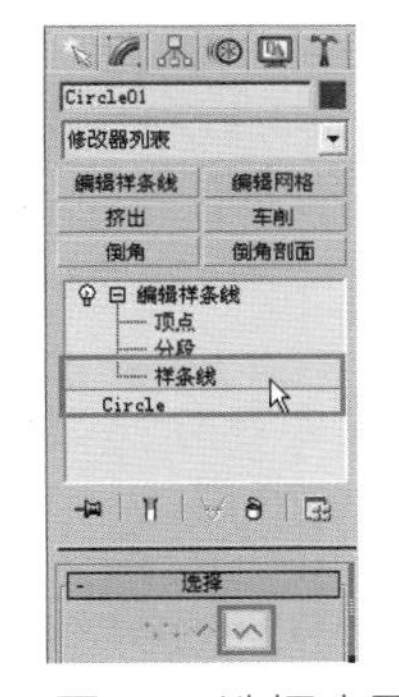

● 图3-27 选择大圆

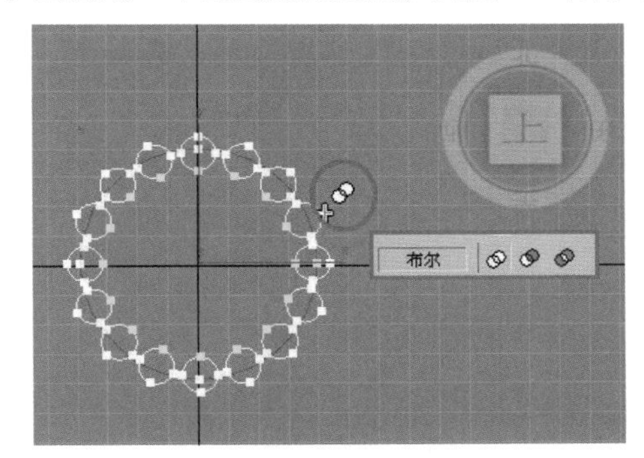

● 图3-28 布尔运算（并集）

（7）挤出柱体。在命令面板上选择挤出修改器，设置挤出数量（即高度）为800，完成花边柱，如图3-30所示。

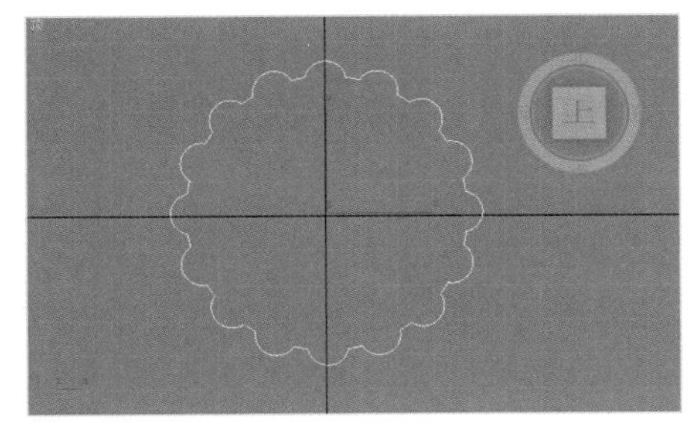

● 图3-29 运算结果

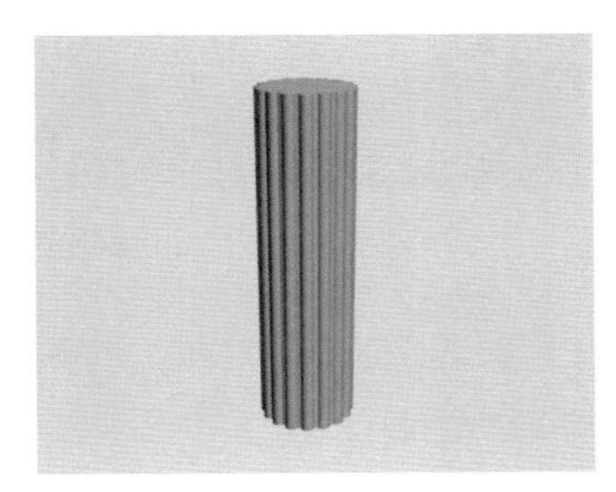

● 图3-30 挤出柱体

3.3 酒杯建模（车削）

图3-31所示为酒杯的造型，先绘制并编辑酒杯的轮廓，再使用车削修改器，使其旋转完成酒杯造型，步骤如下。

● 图3-31 酒杯造型

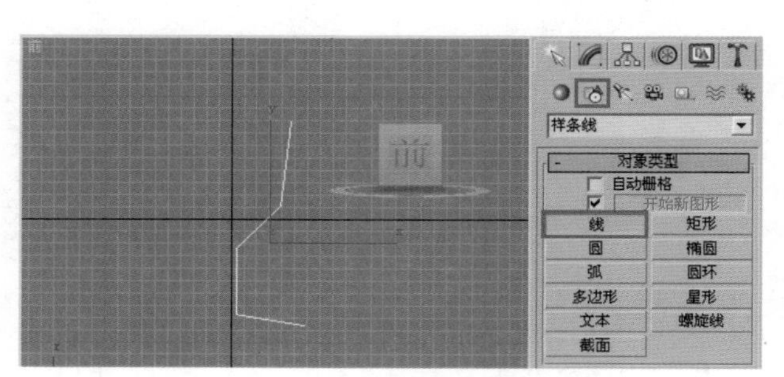

● 图3-32 绘制折线

（1）在面板上单击【创建】 /【图形】 ，选择“线”，在前视图绘制折线，如图3-32所示。

（2）在面板上单击【修改】 ，选择“编辑样条线”，选择顶点子对象，如图3-33所示。选中第二个顶点（变红），单击鼠标右键选择“Bezier”，将顶点设为“Bezier”顶点，此时出现绿色端点的直线杠杆，分别调整并移动两端调控杆的位置与方向，至所需的酒杯轮廓线形状即可。

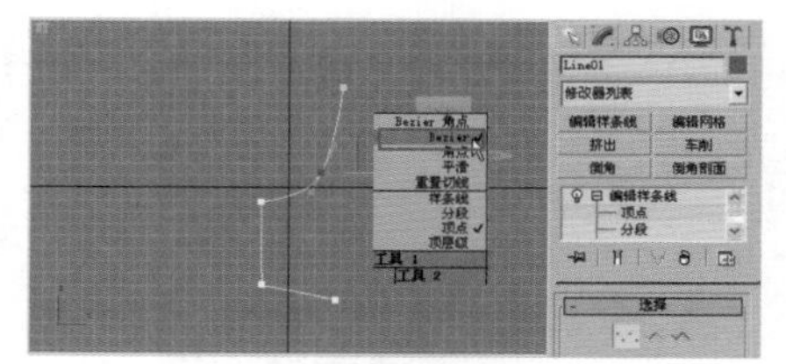

● 图3-33 改变顶点编辑曲线图

（3）选择“样条线”子对象，选中线段（变红）在面板下方单击“轮廓”命令，鼠标在视图中移动，当线段变成双线且距离（酒杯厚度）合适时单击鼠标左键，如图3-34所示。

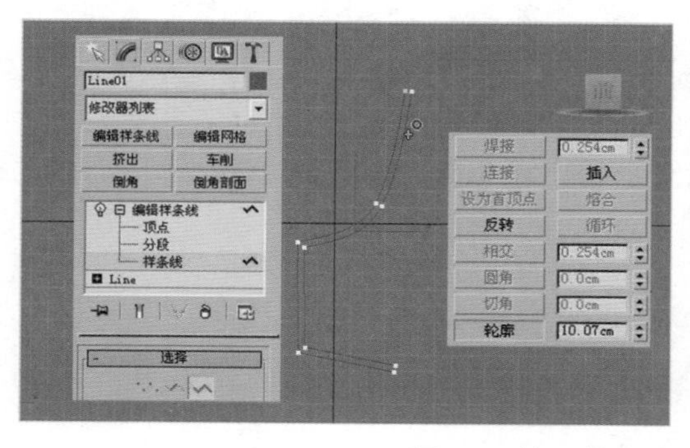

● 图3-34 使用轮廓命令

（4）再次选择顶点子对象，选择上方一个顶点和下方一个顶点，按Delete键将其删除，如图3-35所示。

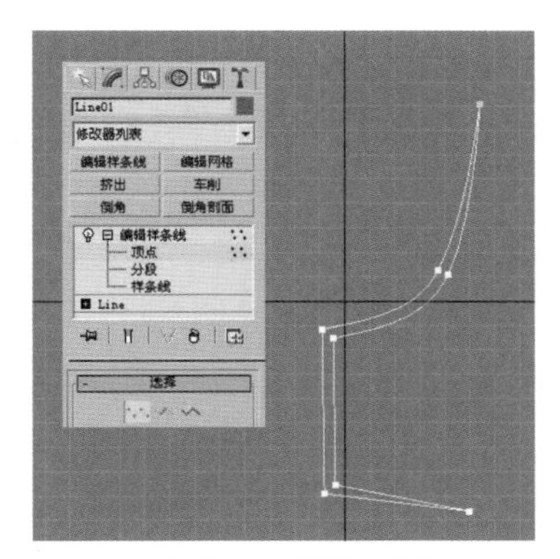

● 图3-35 删除顶点

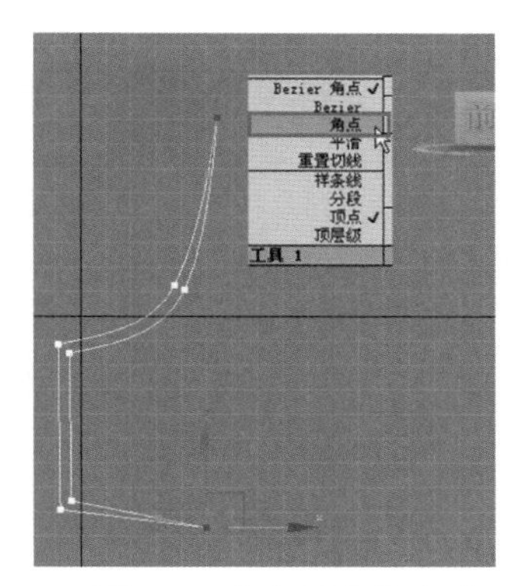

● 图3-36 改变顶点为角点

（5）选择上下方剩下的2个顶点，单击鼠标右键在快捷菜单中选择“角点”类型，如图3-36所示，将顶点变为尖点，再在面板下方选择“圆角”命令，移动鼠标使2个顶点产生圆角。再用移动工具调整顶点位置，如图3-37所示。

（6）在面板上单击【修改】，选择“车削”修改器，设置分段数为32，对齐轴为“最小”（即左侧边），完成酒杯造型，如图3-38所示。

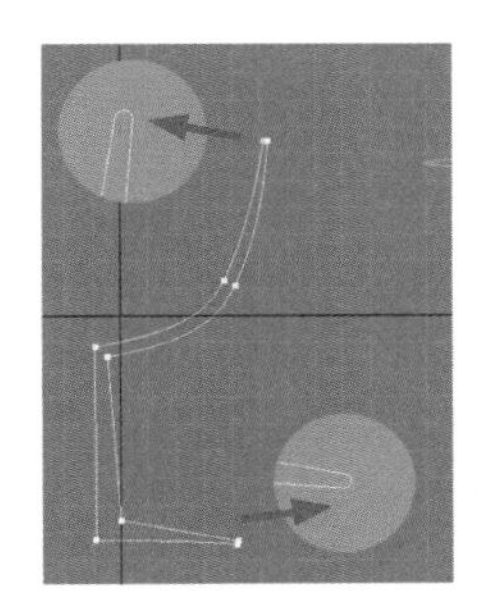

● 图3-37 圆角效果及移动顶点

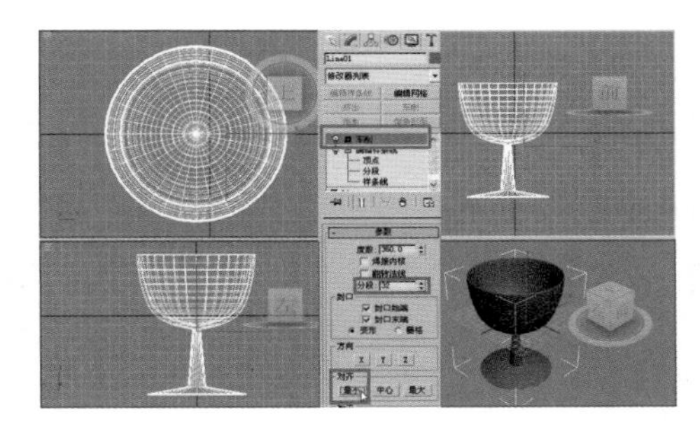

● 图3-38 使用车削修改器

3.4 三维倒角字建模（倒角）

倒角建模与挤出类似，不同之处是在挤出的开始端和末端加上倾斜倒角。

在面板上单击【创建】/【图形】，选择“文本”，选择字体为“黑体”，文字大小为100，在文本框中输入“虎年吉祥”4个字，如图3-39所示。在面板上单击【修改】，选择“倒角”修改器，在面板下方“倒角值”展卷栏内设置参数：级别1的高度为2，轮廓为2；级别2的高度为30；级别3的高度为2，轮廓为－2。级别1表示起始倒角，级别2表示中间部分，级别3表示结束部分倒角，倒角值各参数如图3-40所示。

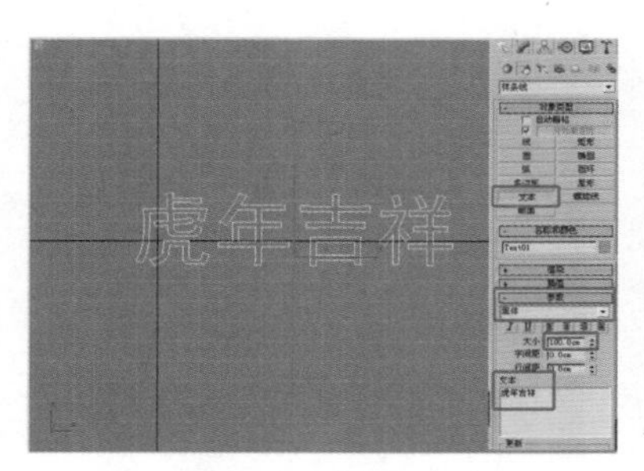

● 图3-39 输入文本

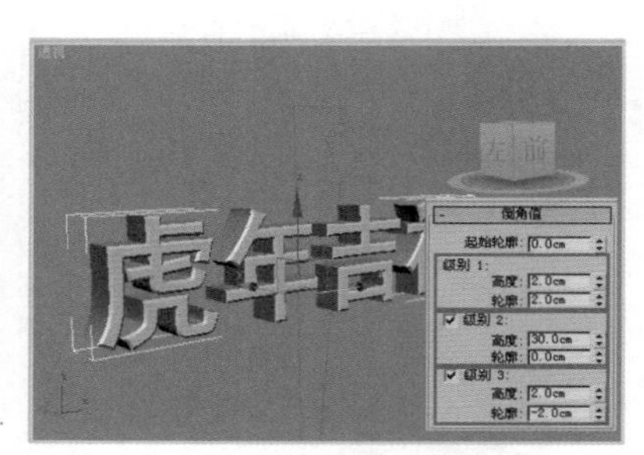

● 图3-40 倒角造型

 3.5 六角花盆和装饰脚线建模（倒角剖面）

倒角剖面建模与车削建模类似，不同之处是车削是轮廓线绕圆周轨迹成形，而倒角剖面是轮廓线绕任何平面图形成形。

图3-41所示的六角花盆就是用倒角剖面修改器制作的，步骤如下。

（1）在面板上单击【创建】 /【图形】 ，选择“多边形”，在顶视图中创建正六边形，如图3-42所示。

● 图3-41 六角花盆图

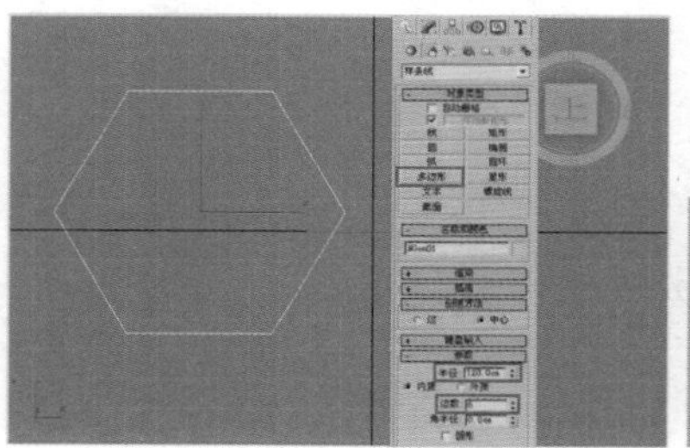

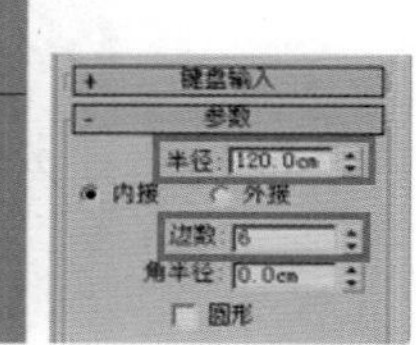

● 图3-42 绘制六边形

（2）在前视图中绘制花盆的轮廓折线，如图3-43所示，注意六边形与折线的大小比例。

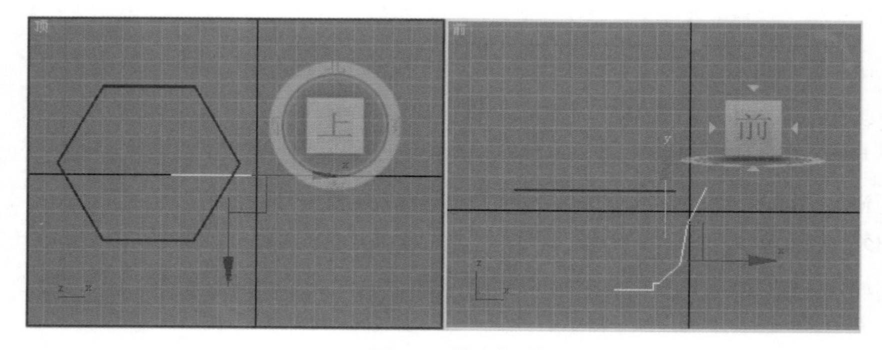

● 图3-43 绘制折线

（3）在面板上单击【修改】，单击“Line”前面的“+”。单击顶点子对象，选中中间3个顶点，单击鼠标右键转换顶点为“光滑”，并适当移动各顶点，调整曲线如图3-44所示。

（4）选中“样条线”子对象，在面板下方单击“轮廓”命令，在视图中移动鼠标使曲线变为双线，如图3-45所示。

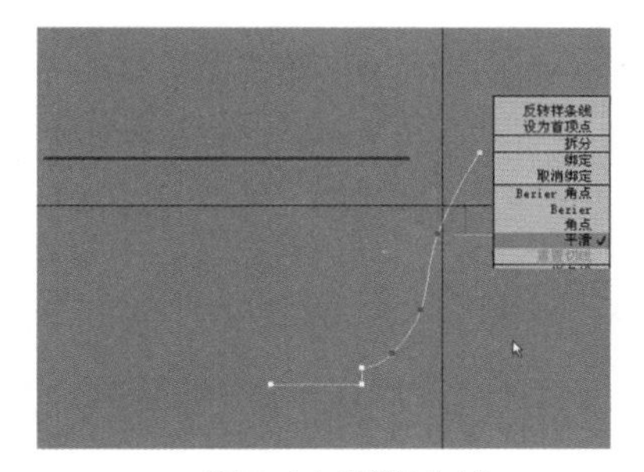

● 图3-44 调整曲线

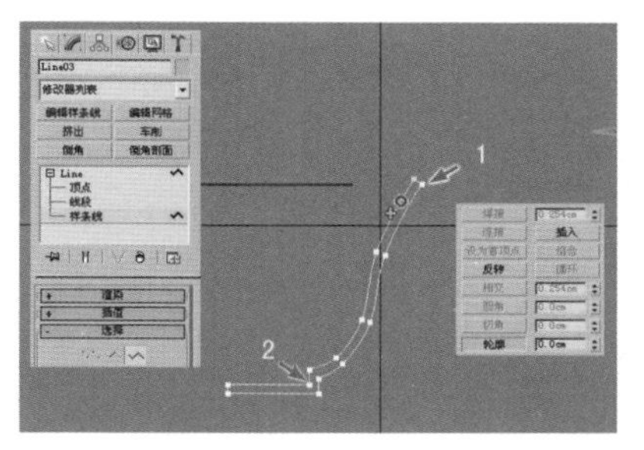

● 图3-45 “轮廓”命令产生双线

（5）移动图3-45中的顶点1，删除顶点2（用“Delete”键），使曲线如图3-46所示。

（6）选中六边形，在面板上单击【修改】，选中“倒角剖面”修改器后，在参数栏中单击“拾取剖面”并在视图中拾取轮廓曲线，得到图3-47所示的六角花盆。

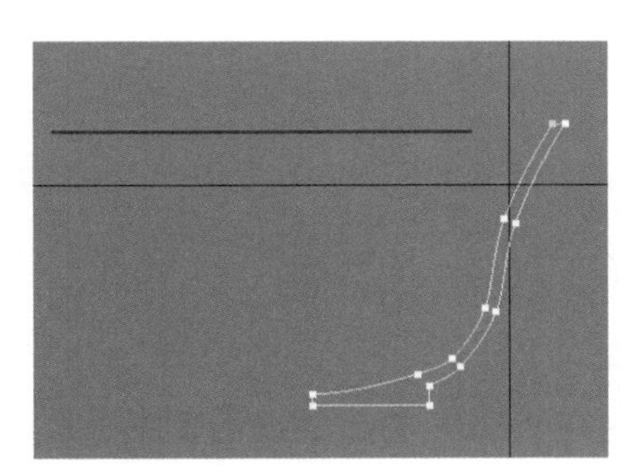

● 图3-46 移动、删除顶点

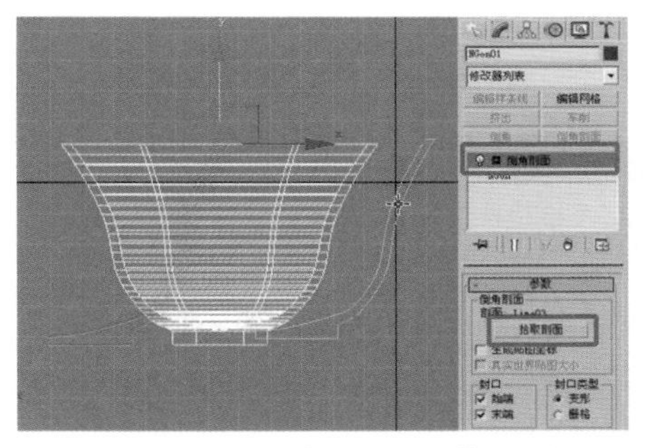

● 图3-47 使用“倒角剖面”修改器

室内装饰脚线也是用倒角剖面修改器制作的，装饰脚线造型最终渲染效果如图3-48所示。制作步骤如下。

（1）在顶视图中绘制某房间的墙角轮廓线如图3-49所示。

（2）绘制正方形（选择矩形，按住“Ctrl”键画边长相等的正方形），注意墙

● 图3-48 装饰脚线造型最终渲染

线与正方形的比例。

（3）按“Z”键，正方形以最大化显示，在面板上单击【修改】，选择“编辑样条线”修改器，选择顶点子对象，在面板上选择“优化”命令，在正方形的右边、下边分别加入3个点，如图3-50所示。

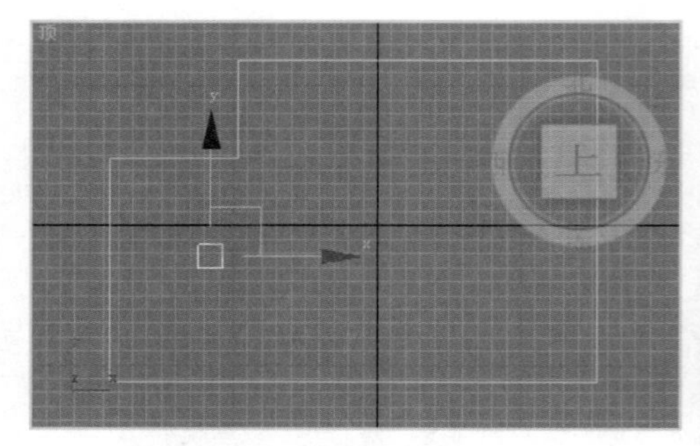

● 图3-49 绘制墙线和正方形

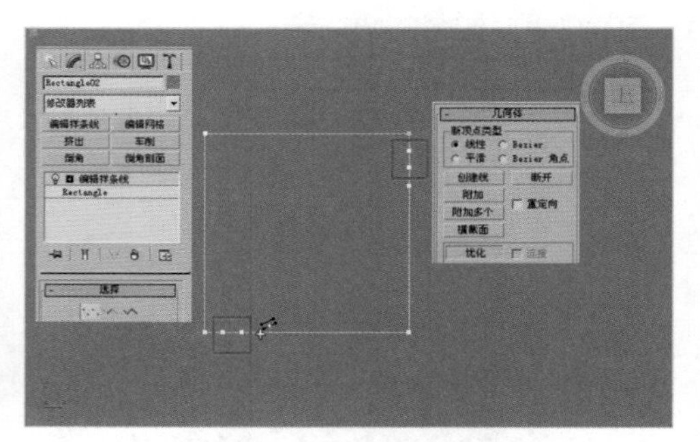

● 图3-50 编辑样条线加点

（4）选中图中框内的4个顶点，单击右键，在弹出的菜单中选择“角点”，将顶点转换为角点。其余两点和右下顶点用同样方法转换为Bezier角点，用移动工具调整顶点位置和杠杆位置，使曲线呈现图3-51所示的形状。

（5）用最大化工具 将顶视图恢复正常显示，选择墙线，在面板上单击【修改】，选择“倒角剖面”修改器，单击“拾取剖面”在视图中指定正方形编辑后的图形为轮廓，完成倒角剖面操作，如图3-52所示。

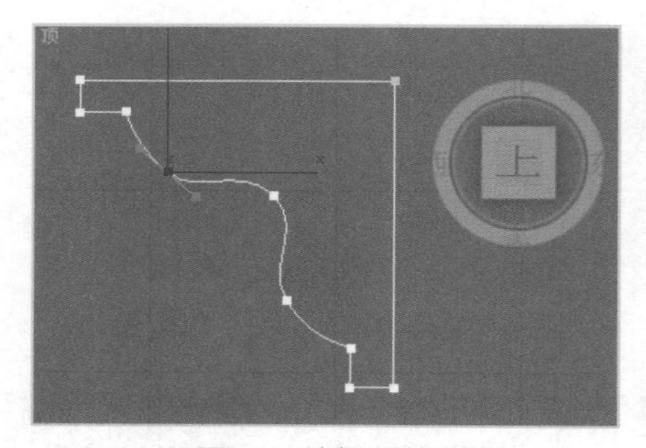

● 图3-51 编辑调整顶点

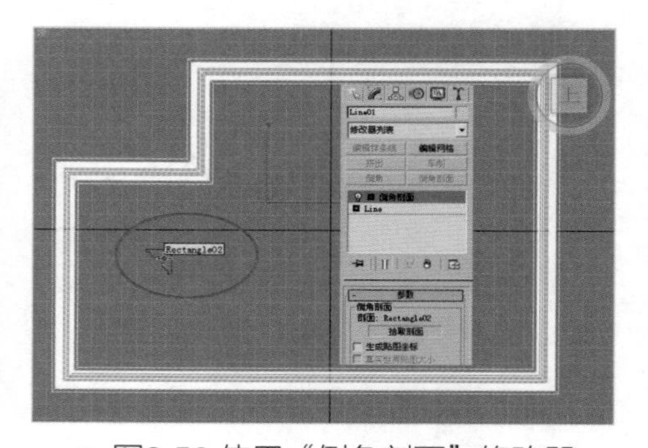

● 图3-52 使用“倒角剖面”修改器

（6）用环绕工具 调整透视图位置，按“F9”键渲染后装饰脚线的形状如图3-53所示。

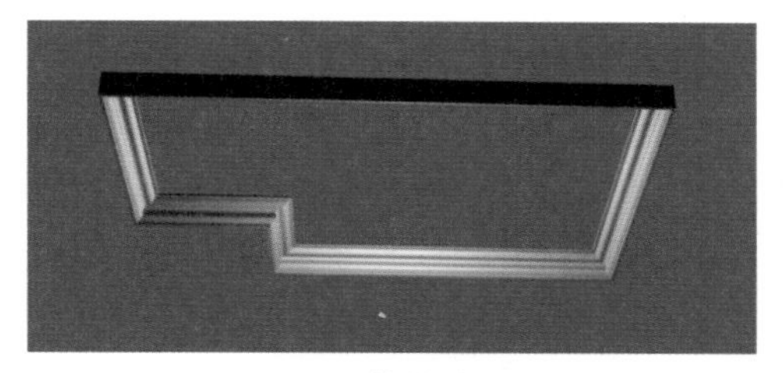

图3-53 装饰脚线造型

本章小结

本章通过创建圆凳、窗框、墙体、花边柱、酒杯、三维倒角字、六角花盆、装饰脚线等模型实例，讲解了通过画线设置渲染参数直接建模的方法及挤出、车削、倒角、倒角剖面4种从二维到三维的建模方法。

知识点：挤出、车削、倒角、倒角剖面。

拓展实训

创建中国银行LOGO，如图3-54所示（提示：使用附加、修剪、焊接、倒角命令）。

图3-54 中国银行LOGO造型

第4章 放样（Loft）建模

本章通过创建画框、窗帘等室内模型及花瓶、吊灯等陈设模型的实例，讲解用放样建模的方法创建家具、陈设等对象模型的方法以及对放样对象进行缩放、扭曲、倾斜、倒角、拟合等变形的方法。

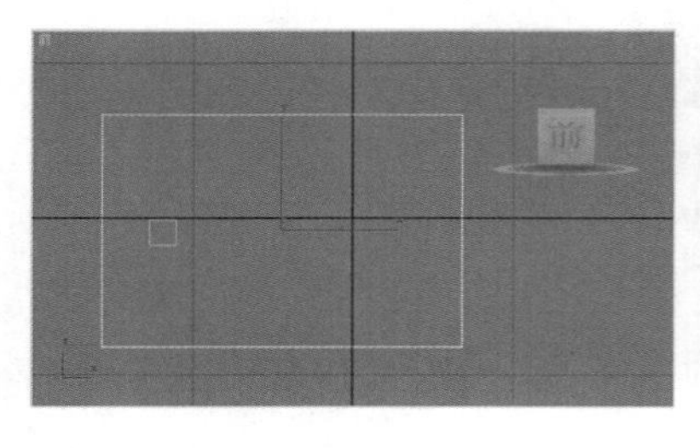

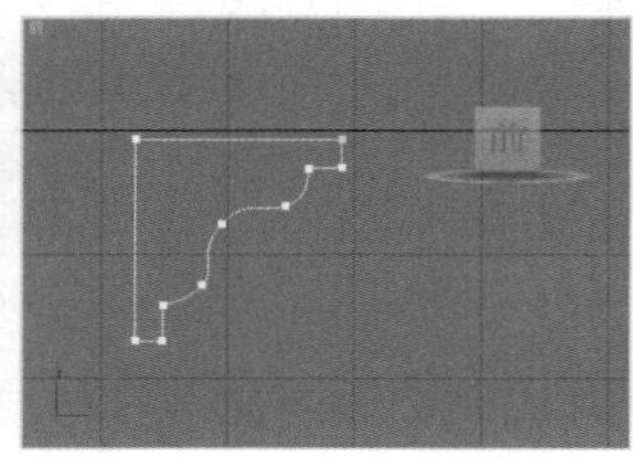

课堂学习目标

- 掌握用放样建模的方法创建家具、陈设等对象模型。
- 掌握放样的基本操作、路径与形的设置、参数的设置与调整。
- 学会对放样对象的缩放、扭曲、倒角、倾斜、拟合，进一步完善创建对象。

在3ds Max中，放样（Loft）是一种功能强大的建模方法。它来源于古希腊的造船术，造船工匠为了保证船体形状的正确性，先确定主要位置的截面形状图样，按图样制造出若干个截面，用弹性支架连接各个截面，将其固定，形成光滑的曲面过渡，从而完成整个船体的造型。因此，放样建模需要先有放样对象的截面图形和路径。放样适合制作类似天花造型、画框这样的模型。

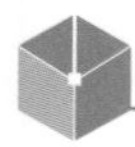

4.1 放样建模知识点

1.放样的概念和操作

“放样”实际上也是从二维到三维建模的方法之一，放样后可以用5种变形修改方法进一步完善模型，因而“放样”比“挤出”“倒角”等建模方法功能更强。放样建模的基本概念是先给出一个或几个平面图形作为放样的形（Shapes），再将这些Shapes沿指定的路径（Path）放置，通过插值计算，完成放样体的造型，如图4-1所示。“形”（Shapes）和“路径”（Path）可以为封闭图形，也可以是不封闭的线，但必须是二维图形。“形”可以有一个或多个，但“路径”只能有一条，图4-2所示为一条路径上放置两个形的放样实例。

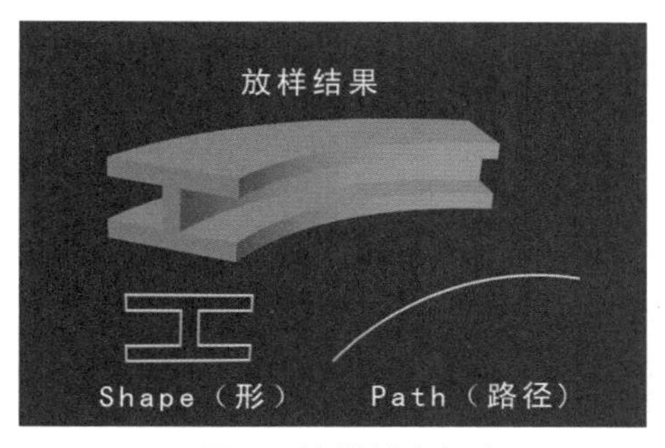

● 图4-1 放样基本概念

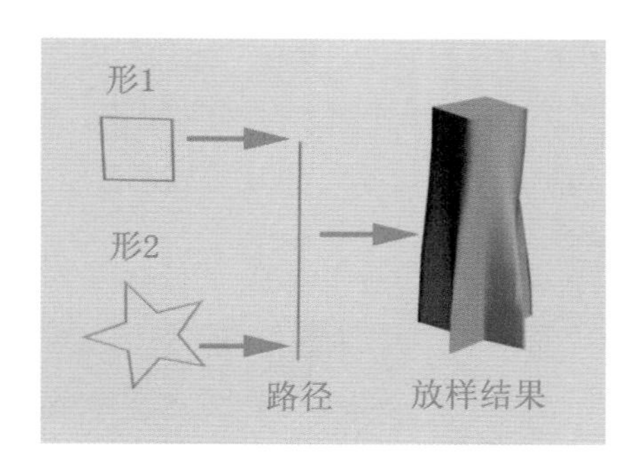

● 图4-2 两个形的放样

在前视图中绘制好放样的形——圆形和正方形的直线路径，如图4-3所示。选择直线作为路径，单击命令面板中的创建 /几何体 图标，在下拉列表框中选择“复合对象”，单击“放样”按钮，在面板中选择“获取图形”，如图4-4所示，在视图中拾取圆，放样结果如图4-5所示。

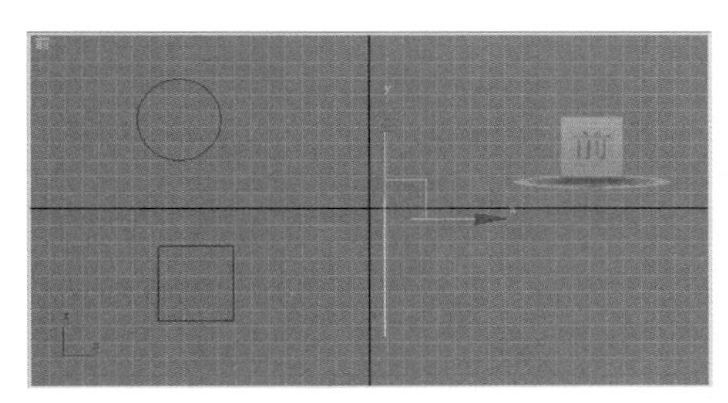
● 图4-3 绘制路径和形

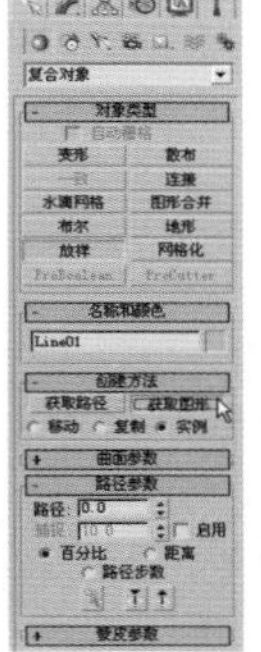
● 图4-4 放样命令

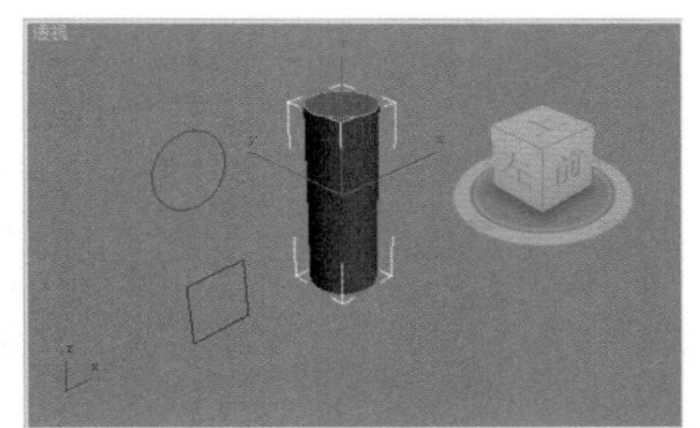
● 图4-5 放样结果

在面板的“路径”栏中修改路径参数为100，再单击“获取图形”命令，并拾取正方形，得到的放样物体如图4-6所示，它是一个由圆形渐变到方形的柱体。

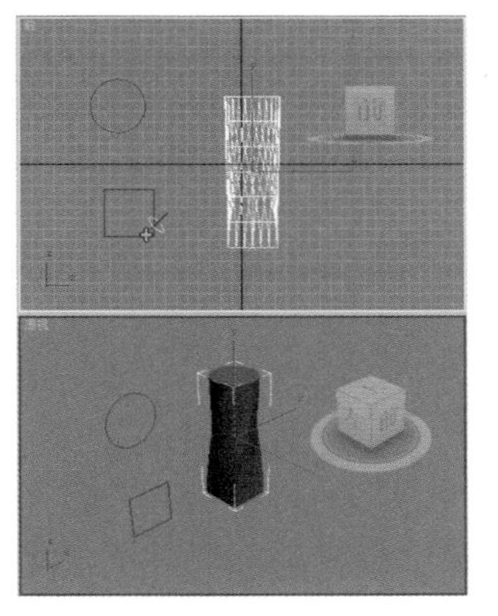
● 图4-6 圆方渐变放样

● 图4-7 比较命令

2.形的比较和调整

仔细观察放样体，发现柱体的棱边是扭曲的，这是因为放样用的2个图形（圆、正方形）起始顶点的角度有错位，解决的办法是调整形的位置。

（1）选择 ，点取堆栈列表中Loft前面的黑色“+”，以展开放样体的子对象，选择“图形”（此时背景变为黄色），并弹出

“图形命令”卷展栏，单击“比较”命令，如图4-7所示。

（2）在弹出的对话框中单击 按钮，并在视图中选择放样体上、下的圆形和正方形，如图4-8所示。两个形出现在对话框中，如图4-9所示，可以看出两个图形的起始顶点错位45°。

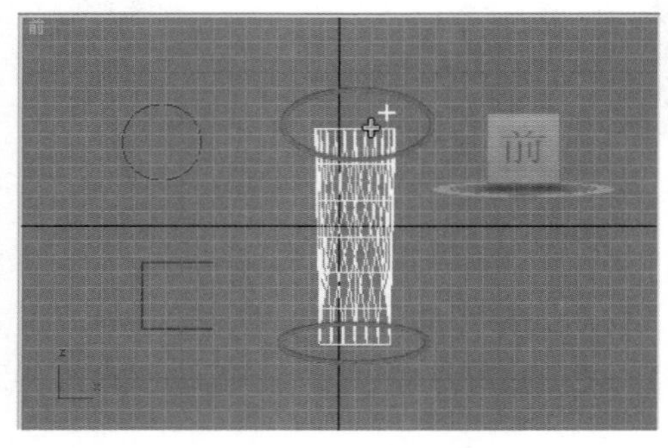

● 图4-8 选择比较图形

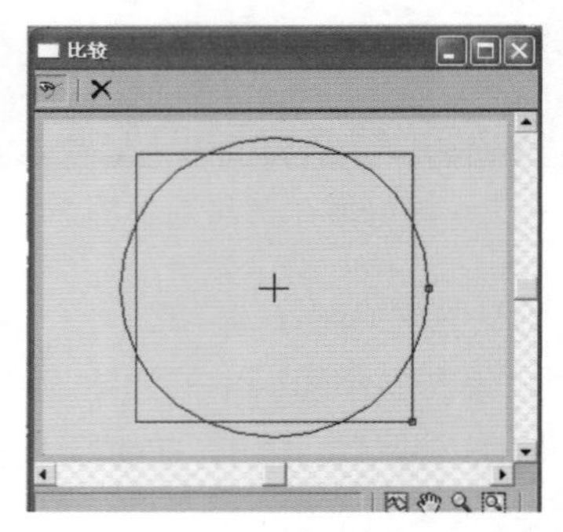

● 图4-9 图形错位

（3）单击 按钮，在视图放样体上旋转圆形，将其顺时针旋转45°与正方形对齐，此时放样体的棱线不再扭曲，如图4-10所示。可在“图形命令”卷展栏中选择形的其他对齐方式：居中、默认、左、右、顶、底。还可以调整形相对于路径的位置偏移，如图4-11所示。

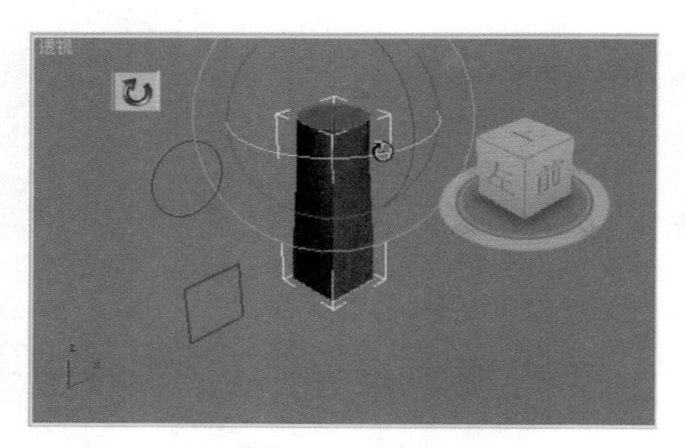

● 图4-10 对齐图形

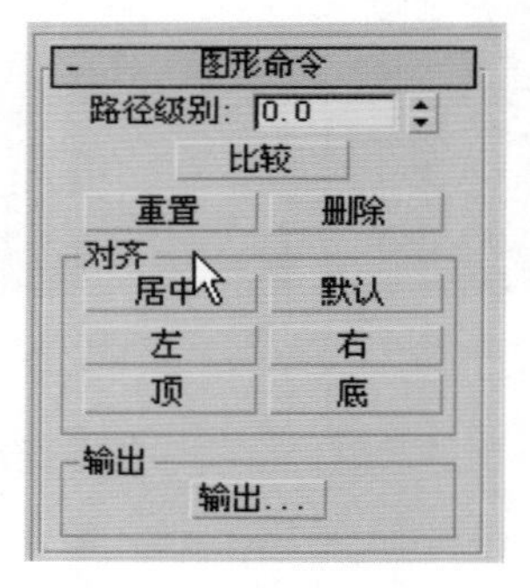

● 图4-11 图形对齐方式

（4）使用 等工具可以对放样体的形进行移动、旋转、缩放，还可以在路径的各步距层（Path Level）复制形，关于形的复制我们在放样实例部分将进一步介绍。

3.放样变形修改

放样（Loft）功能不仅提供了很强的从二维到三维的建模手段，还可以进一步用放样变形（Loft Deformation）命令对放样物体的轮廓进行随意的修改和控制，使三维造型的功能更加强大。选择某放样物体，单击修改命令后，可在控制面板的下方找到“变形”卷展栏，单击展开后如图4-12所示，有5种变形命令。

（1）缩放变形——通过缩放形在路径上X轴、Y轴方向的比例大小，对放样物体的外轮廓进行变形修改，如图4-13所示。

（2）扭曲变形——放样体的形在垂直于放样路径的方向旋转扭曲，产生变形，如图4-14所示。

（3）倾斜变形——放样体的形相对于放样路径沿X轴、Y轴两个方向产生倾斜变形，如图4-15所示。

（4）倒角变形——制作放样体边沿的倒棱，如图4-16所示。

（5）拟合变形——由物体的三视图（3个形）创建三维物体的方法，用一个形沿路径（Z轴）放样，然后用其他两个形控制X轴、Y轴方向的形状，生成放样物体。拟合变形一般用于创建形状不规则的曲面物体，如图4-17所示。

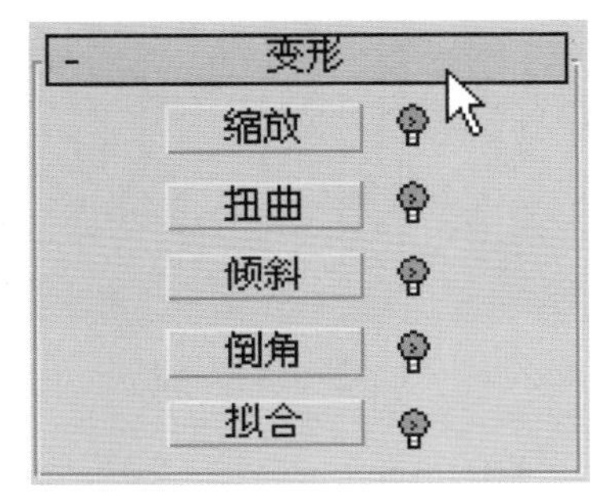

● 图4-12 放样变形命令面板

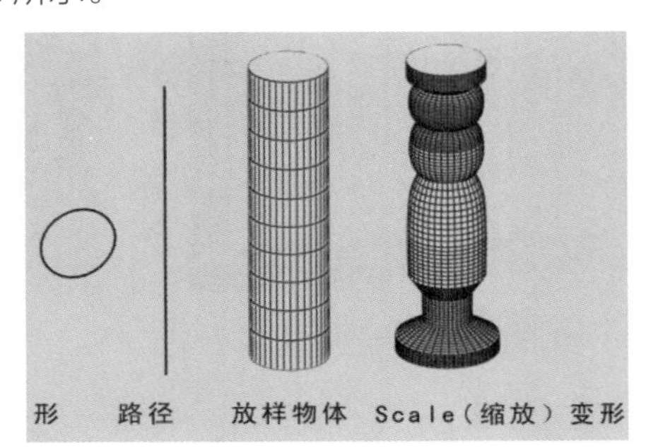

● 图4-13 缩放变形

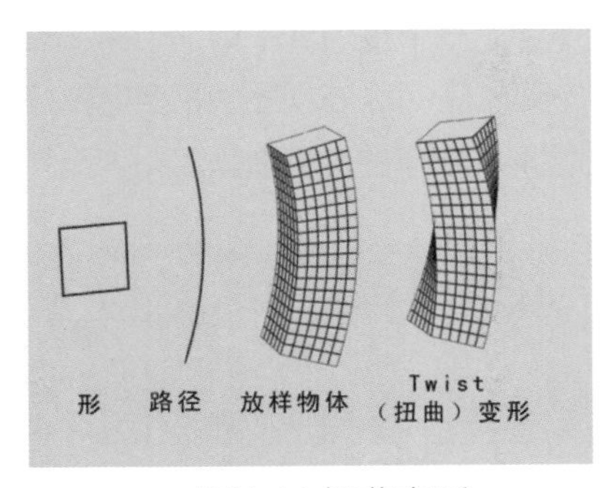

● 图4-14 扭曲变形

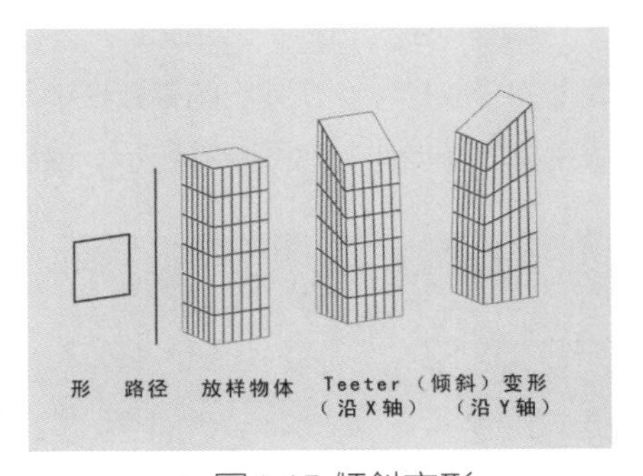

● 图4-15 倾斜变形

● 图4-16 倒角变形

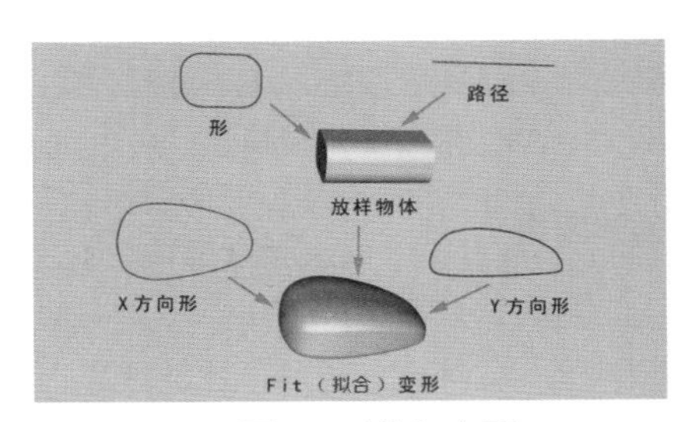

● 图4-17 拟合变形

4.2 用放样实现画框与窗帘建模的形式

1.创建画框

下面将画框的制作步骤简述如下。

（1）绘制路径和画框的截面形，画框外轮廓是放样的路径，如图4-18所示，画框的截面形状是直线和曲线组成的封闭图形。在前视图中绘制一个矩形和一个正方形，如图4-19所示（注意两个图形的比例）。

● 图4-18 创建画框

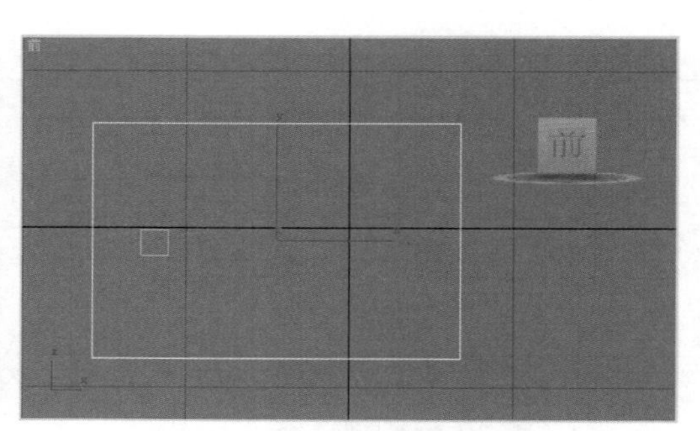

● 图4-19 创建矩形和正方形

（2）将正方形用“编辑样条线”修改器编辑为画框的截面形，如图4-20所示，具体操作过程在第3.5节中已经详细讲过，这里不再重复。

（3）先选择矩形，在命令面板上单击几何体 ，在下拉列表中选择“复合对象”，选择面板上的“放样”，在弹出的参数栏中单击“获取图形”，在视图中指定编辑好的截面形，即可完成放样操作，如图4-21所示。最终得出图4-18所示的画框造型。

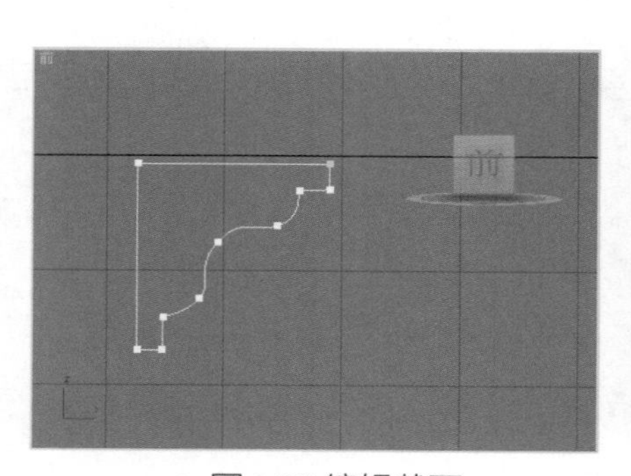

● 图4-20 编辑截面

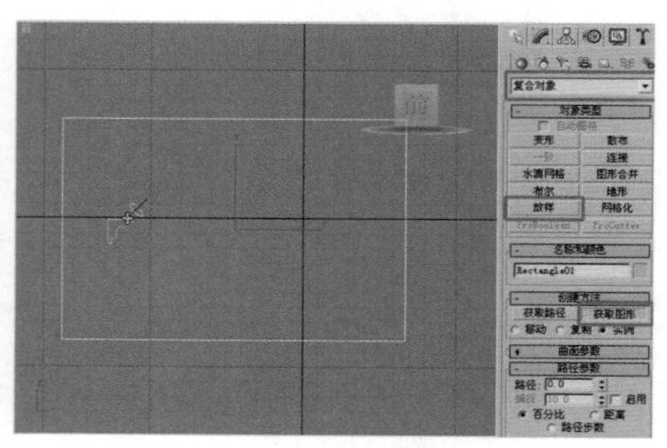

● 图4-21 放样操作

2.创建窗帘

（1）单击【创建】 /【图形】 ，选择“线”，在创建方法中设置“初始类型”和“拖动类型”为平滑，这样画出的线是光滑曲线。在前视图中绘制两条曲线，图4-22中的第一条曲线比较规范，可作为放样窗帘的上部形，第二条曲线变化稍微大些，可作为窗帘放样的下部形。

（2）选择直线，在命令面板上单击几何体 ，在下拉列表中选择“复合对象”，在面板上选择“放样”，在弹出的参数栏中单击“获取图形”按钮，如图4-23所示。在视图中指定第一条波浪曲线，将路径参数设置为100%后，再指定第二条曲线，这样窗帘放样完成。

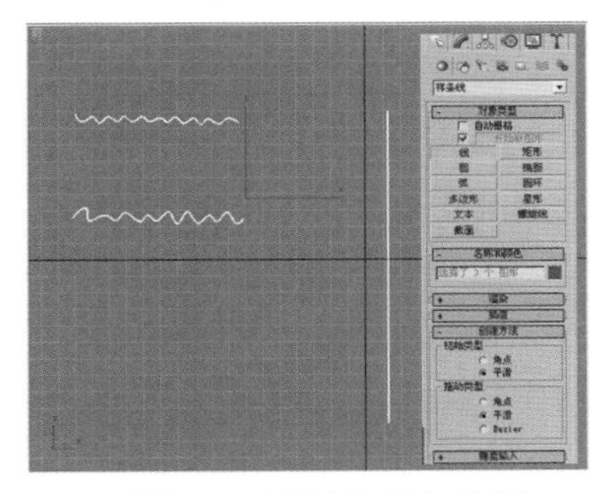

● 图4-22 绘制曲线与直线

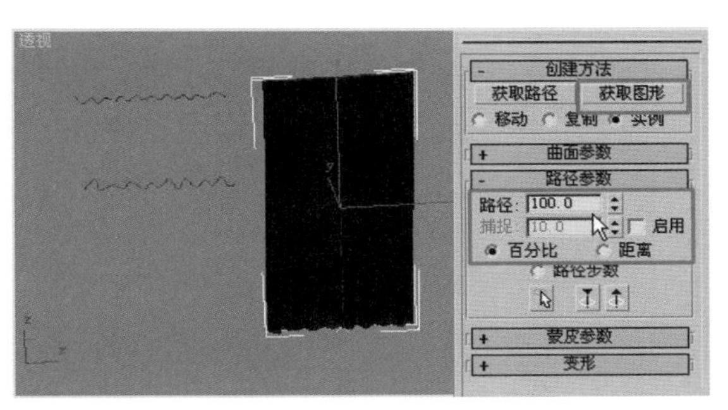

● 图4-23 放样操作

（3）由于放样的曲线图形不是封闭的图形，因此放样结果是没有厚度的单面模型，渲染时只有一面能看到。对于这样的单面模型，可以指定双面材质或应用“壳”修改器使其产生厚度，才能看到双面。

（4）在修改器列表中选择“壳”，设置外部量为0.1cm，如图4-24所示，即可使窗帘可见。

● 图4-24 “壳”命令使窗帘可见

4.3 改善窗帘和创建花瓶——放样变形

4.3.1 创建收起的窗帘

为了使窗帘能收起来（效果见图4-25）。在命令面板上选择“Loft（放样）”操作，在“变形”卷展栏中单击“缩放”按钮，弹出“缩放变形”对话框，如图4-26所示。

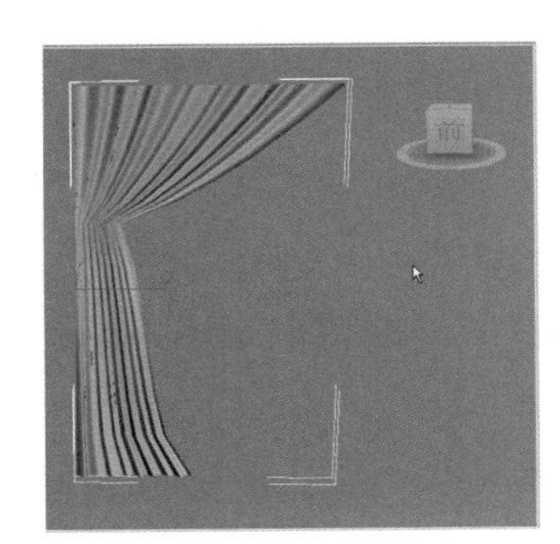

● 图4-25 收起的窗帘

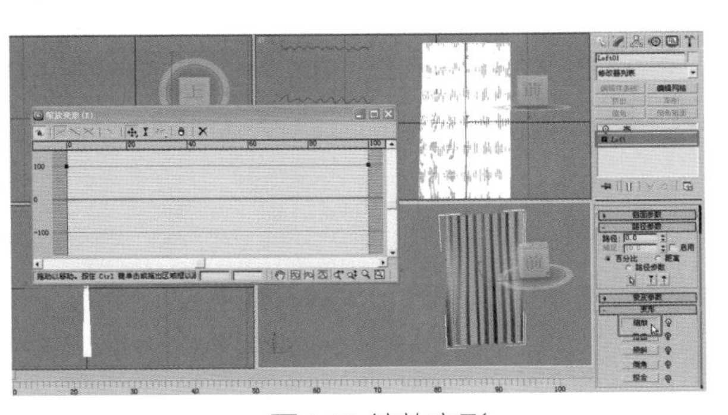

● 图4-26 缩放变形

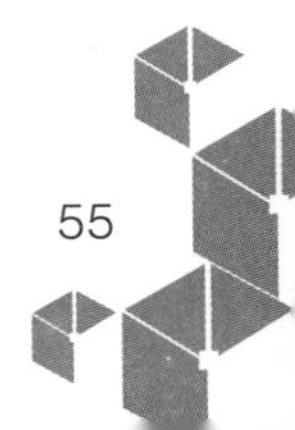

1.缩放变形

在对话框中选择“插入角点”工具，在红色线段中部单击以增加一个顶点。图中横坐标表示放样路径长度（100%），纵坐标是缩放比例。用移动工具将加入的点下移，如图4-27所示，此时我们看到视图中的窗帘中部已经收起（缩小），如图4-28所示。

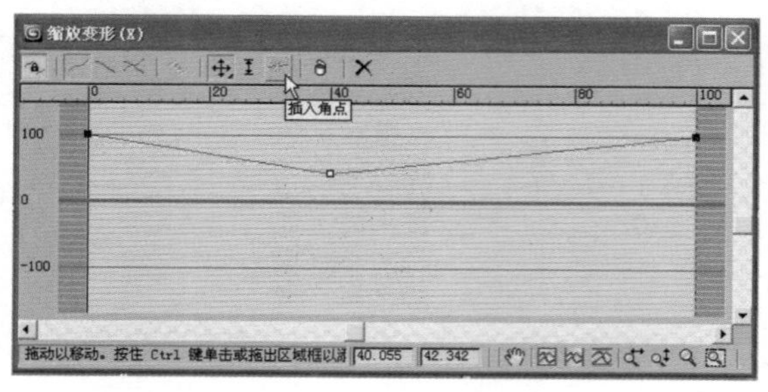

● 图4-27 加点并移动

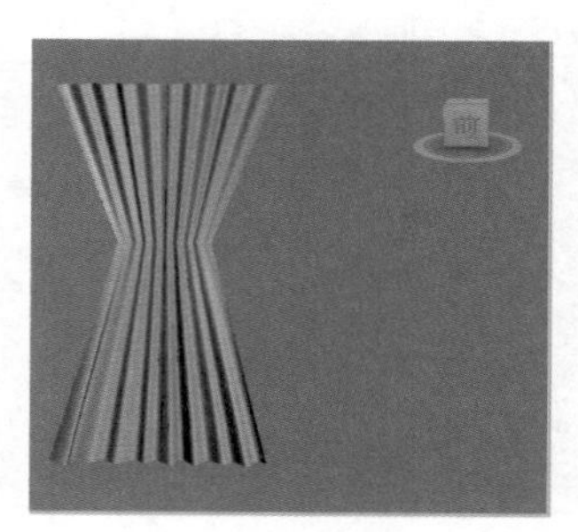

● 图4-28 窗帘收起

2.定制修改命令面板

选择中间顶点并单击鼠标右键，选择顶点类型为“Bezier-角点”，如图4-29所示，此时我们可以调整顶点两边的杠杆以将顶点两边改变为曲线形状，同样也可以调整左边和右边的顶点，从而使窗帘的形状变为曲线，如图4-30所示。

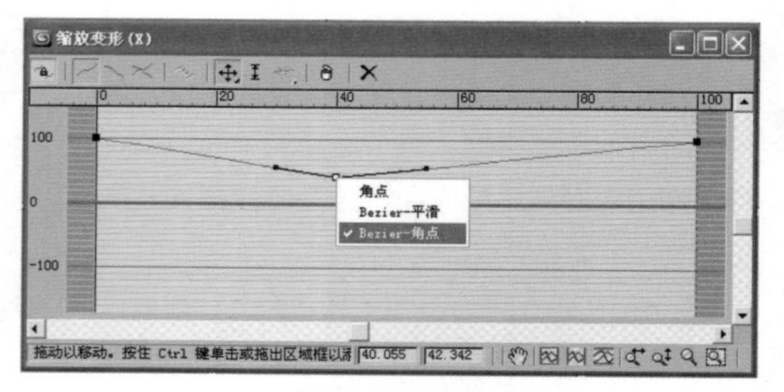

● 图4-29 改变顶点

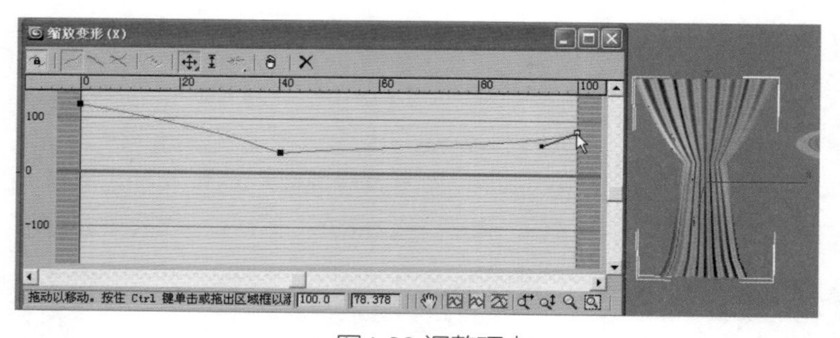

● 图4-30 调整顶点

将窗帘调整为向一侧对齐：在命令面板上展开“Loft”前面的“+”，选择“图形”，在视图中拾取放样对象（窗帘）上部的形，在“对齐”中选择“左”对齐方式，此时窗帘上部右移使左边对齐到坐标点，如图4-31所示。

用同样的操作方法使窗帘下部的形也实现“左对齐”，此时窗帘完成了收拢的效果，如图4-32所示。

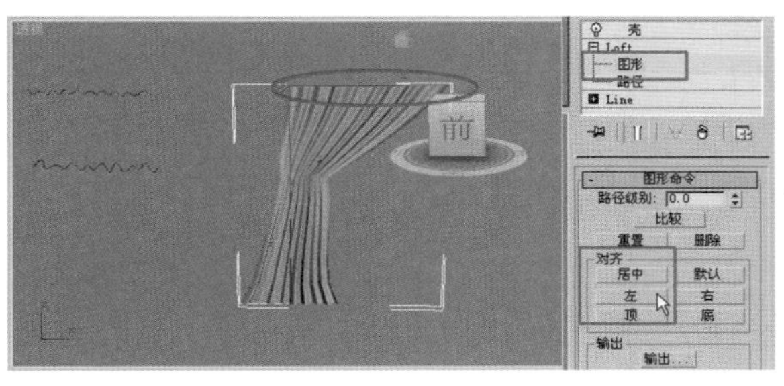

● 图4-31 形的对齐

● 图4-32 收拢的窗帘

4.3.2 创建花瓶

本例通过二维线的编辑和挤出来创建花瓶，造型如图4-33所示，操作步骤如下。

（1）绘制路径和花瓶的截面形，花瓶外轮廓是放样的路径，单击【创建】 /【图形】 ，选择“多边形”命令，设置边数为18，勾选“圆形”选项，在顶视图中创建一个具有18个顶点的圆，如图4-34所示。

（2）单击【修改】 按钮，选择“编辑样条线”修改器，按 进入顶点层级，勾选“锁定控制柄”，在视图中选择所有顶点，用移动工具移动控制柄上的绿色顶点使圆形变为波浪形曲线，如图4-35所示。

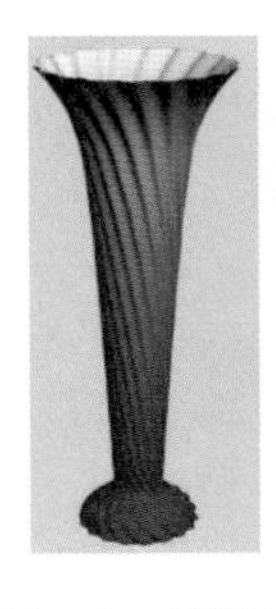

● 图4-33 花瓶造型

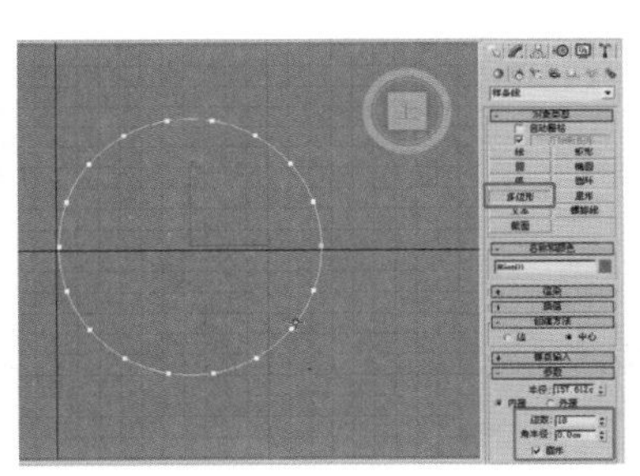

● 图4-34 创建多边形

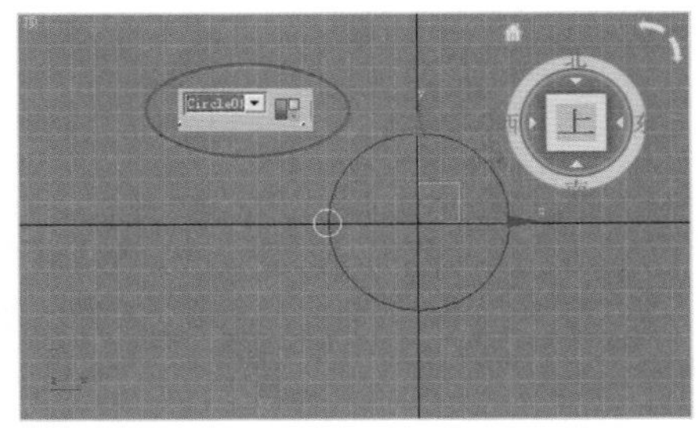

● 图4-35 编辑顶点

（3）进入样条线层级，选择“轮廓”命令，鼠标在样条线上移动产生双线，如图4-36所示。

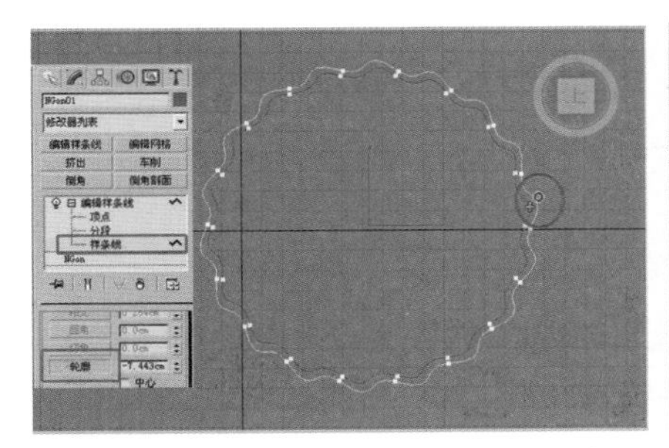

● 图4-36 “轮廓”命令产生双线

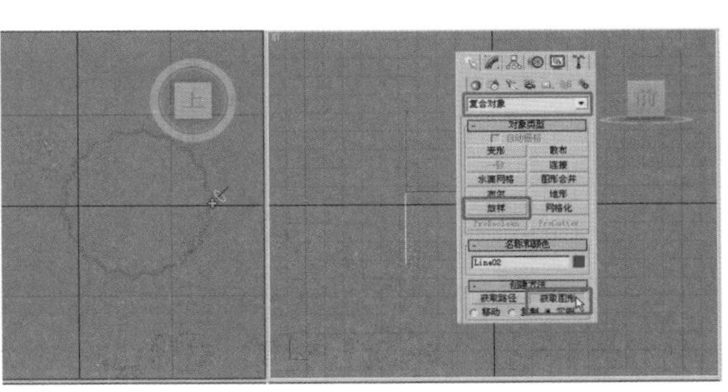

● 图4-37 放样操作

（4）在前视图中绘制直线作为放样路径，选择【几何体】 /【复合对象】/【放样】命令，在“创建方法”卷展栏中单击“获取图形”后，在顶视图中拾取波浪形曲线，如图4-37所示，放样结果如图4-38所示。

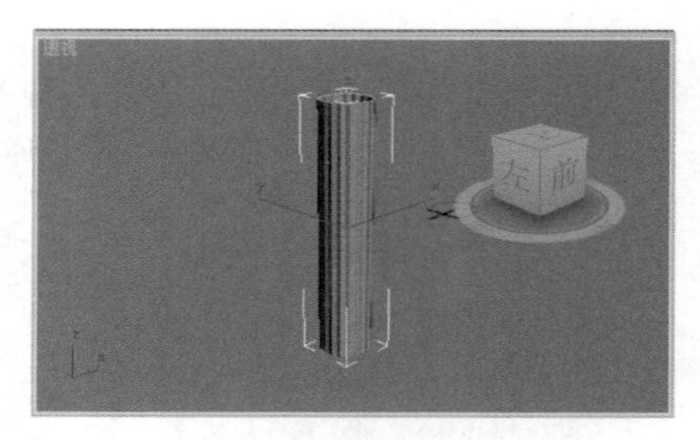

● 图4-38 放样的效果

（5）在“变形”卷展栏中选择“缩放”，弹出缩放变形对话框，用加点工具在图示位置加入2个顶点，如图4-39所示。

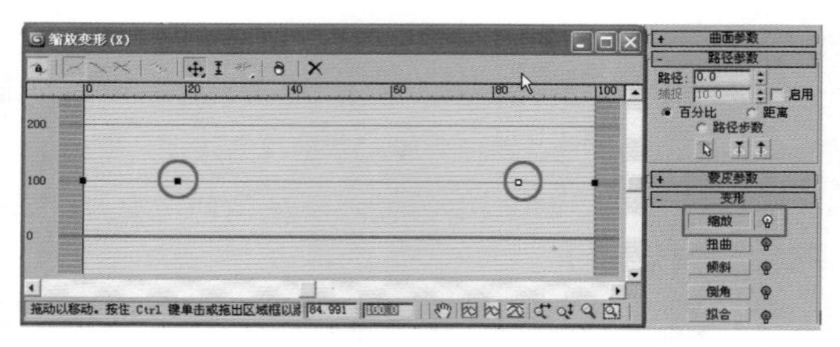

● 图4-39 缩放变形

（6）分别改变顶点性质（在顶点上单击鼠标右键），调整杠杆方向，使放样对象的径向缩放呈现我们设计中花瓶的形状，如图4-40所示。

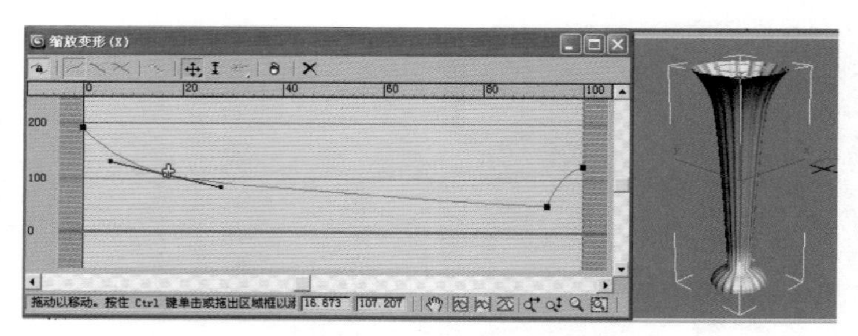

● 图4-40 调整顶点

（7）继续在“变形”卷展栏中选择“扭曲”，弹出扭曲变形对话框，用加点工具在图示位置加入1个顶点，如图4-41所示。

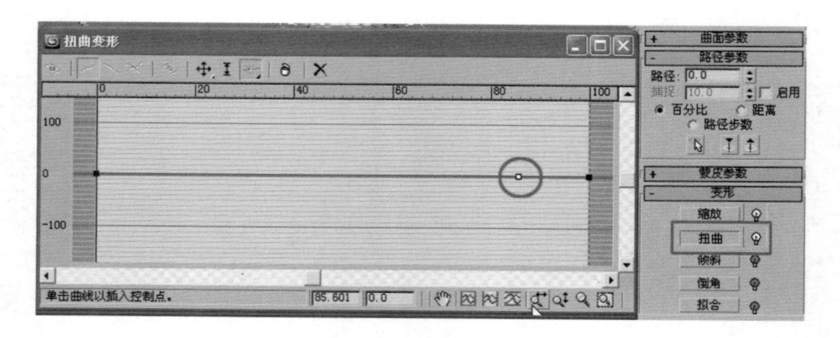

● 图4-41 扭曲变形加点

（8）调整顶点位置，如图4-42所示，使花瓶外形产生扭曲花纹。

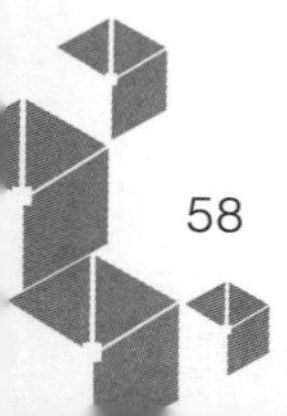

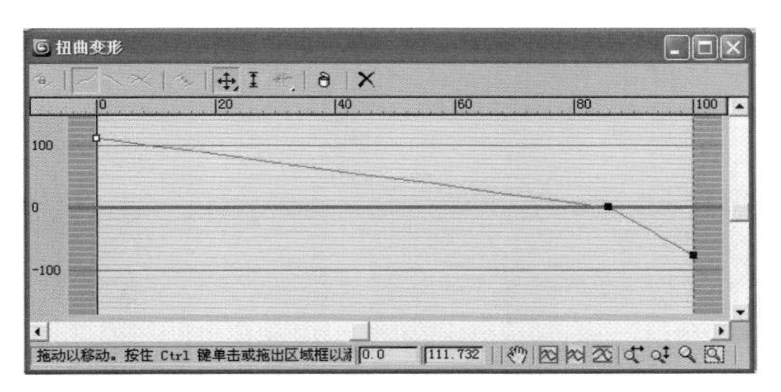

● 图4-42 调整顶点位置

4.4 放样建模综合训练

1.罗马柱制作——“缩放”变形实例

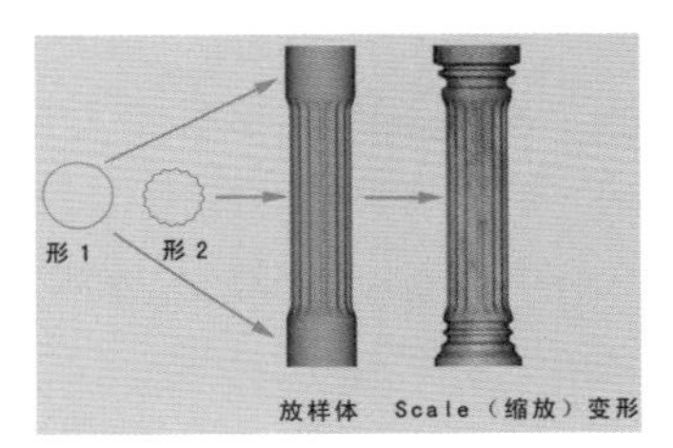

● 图4-43 罗马柱造型分析

从图4-43所示的罗马柱造型可以看出，放样罗马柱的路径是一条直线；形有两个，其中一个是圆，另一个是带波浪花边的圆形；上下两部分的直径变化可以用“缩放”变形来实现。

（1）罗马柱放样建模步骤：单击【创建】 /【图形】 ，选择“多边形”命令，设置边数为18，勾选“圆形”选项，在顶视图中创建一个具有18个顶点的圆，如图4-44所示。

（2）选择“编辑样条线”命令，确认处于顶点层级，勾选“锁定控制柄”项，使用选择工具 框选所有顶点，用移动工具 移动一个顶点调整杆上的绿色节点，使所有顶点都同时移动，圆形呈现出波浪起伏，如图4-45所示。

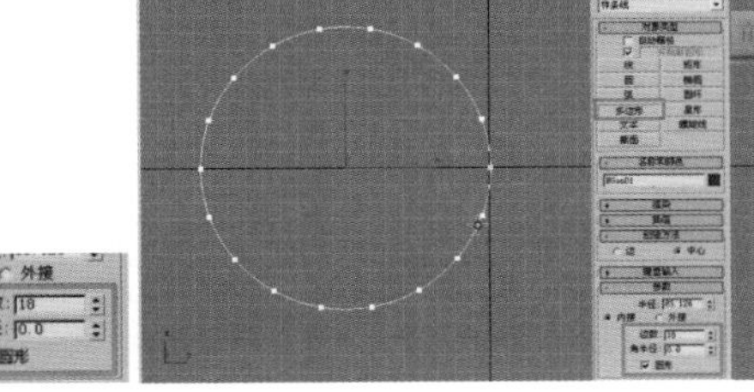

● 图4-44 建立18个顶点的多边形

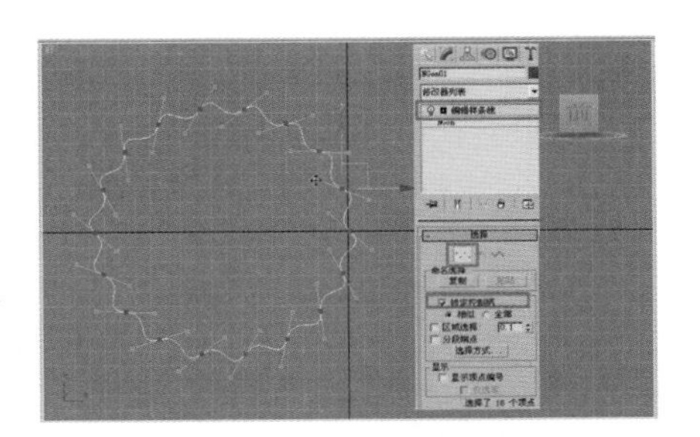

● 图4-45 编辑圆为波浪形

（3）再创建一个圆，其半径要比波浪圆稍大，创建直线长度如图4-46所示。

（4）确定直线为当前选择，单击命令面板中的【创建】 /【几何体】 ，在下拉列表框中选择“复合对象”命令，单击“放样”按钮。

（5）单击“获取图形”按钮，拾取圆形，放样体为圆柱。改变路径数值为15，再次拾取圆形。改变路径数值为20，拾取波浪圆形。改变路径数值为80，再次拾取波浪圆形。改变路径数值为85，拾取圆形，得到图4-47所示的柱体初步造型。

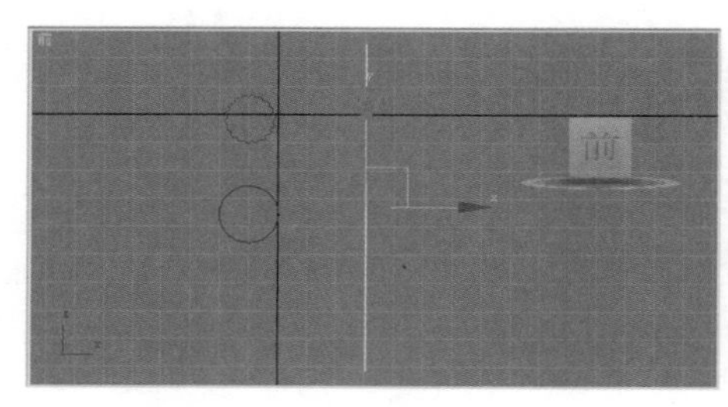

● 图4-46 创建圆和直线

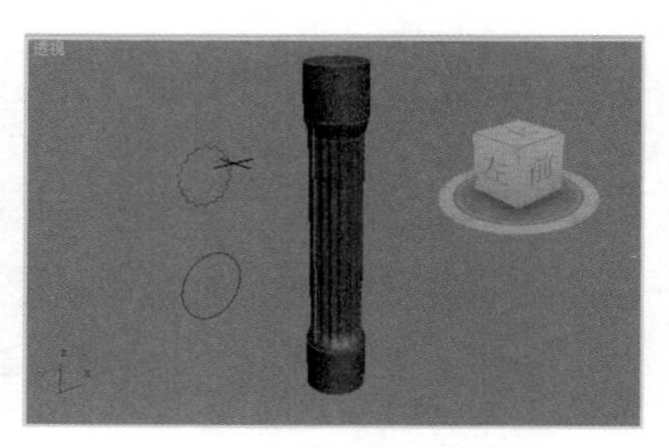

● 图4-47 柱体初步造型

（6）罗马柱的缩放修改：确认罗马柱为当前选择，单击按钮，点取命令面板最下方的“变形”展卷栏按钮，选择“缩放”命令，弹出图4-48所示的缩放变形控制窗口。

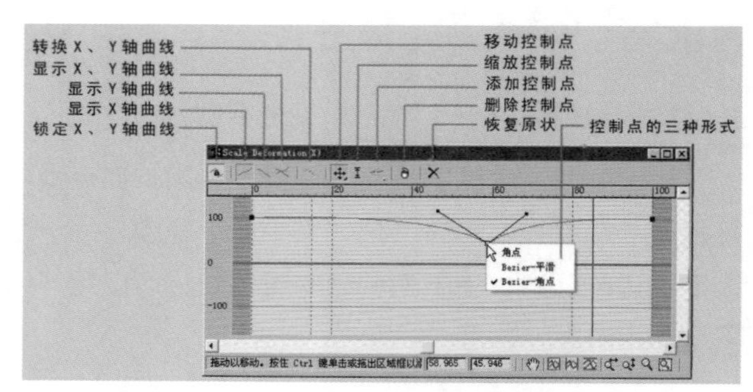

● 图4-48 缩放变形控制窗口

窗口左上方的5个工具按钮主要用于控制X轴、Y轴的曲线显示，右边的5个工具按钮主要用来移动、缩放、添加、删除控制点和使曲线恢复原状。选中某个控制点后单击鼠标右键，在弹出的快捷菜单中可以改变控制点的类别（角点——使控制点两边呈直线，Bezier平滑——可以调整控制点的切线杠来改变两侧的曲线变化，Bezier角点——可以分别调整两侧的控制杆来改变曲线方向）。

（7）使用工具在曲线两侧（圆柱部分）添加若干控制点。使用移动工具改变罗马柱顶部控制点的位置，此时场景中的放样体轮廓线也随之变化，必要时改变控制点的类型以达到我们所需要的曲线轮廓。图4-49所示为罗马柱顶部的缩放变形曲线和渲染结果（为了与变形曲线比较，我们特地将罗马柱的位置改变为水平的）。

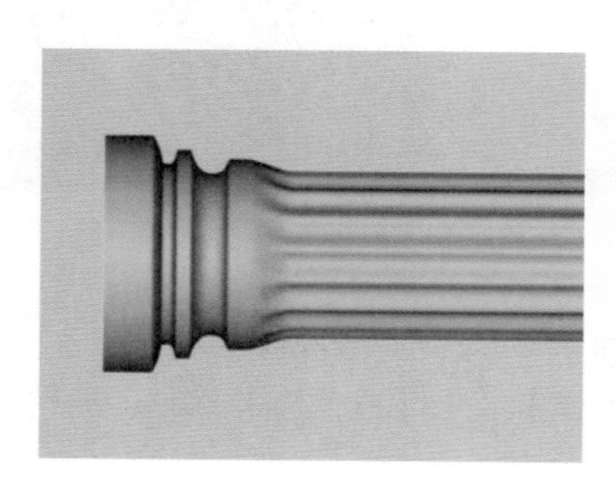

● 图4-49 罗马柱顶部的缩放变形

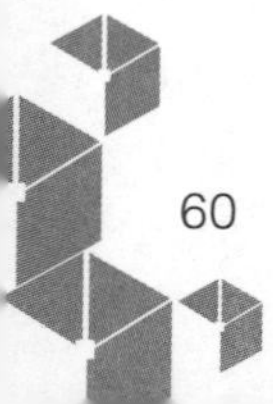

（8）用同样的方法调整罗马柱底部的控制点，使缩放变形曲线达到我们的要求。图4-50 所示为调整曲线和渲染后的效果。

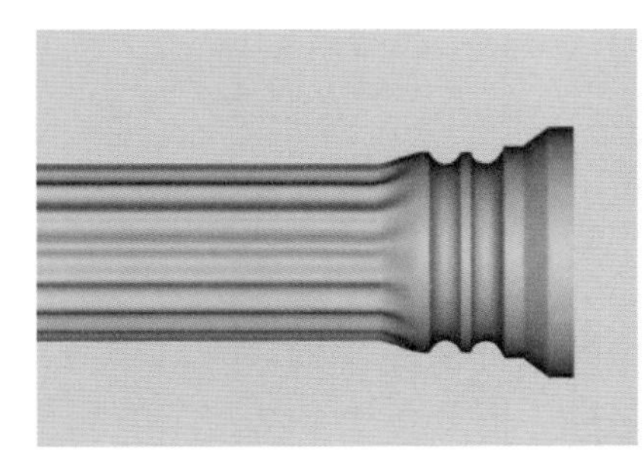

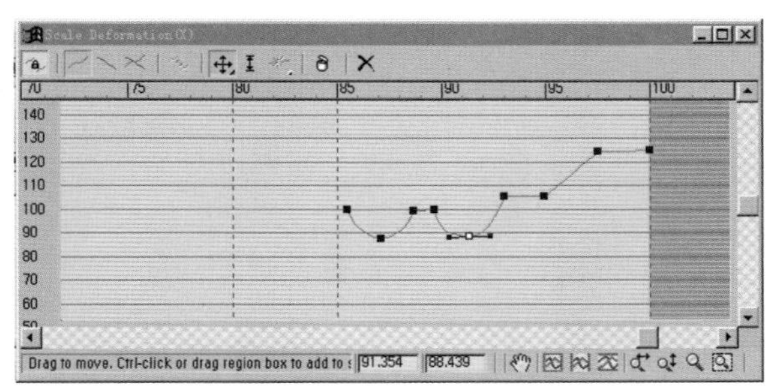

● 图4-50 罗马柱底部的缩放变形

（9）为罗马柱加上合适的材质，最终渲染效果如图4-51所示。

● 图4-51 罗马柱的渲染效果

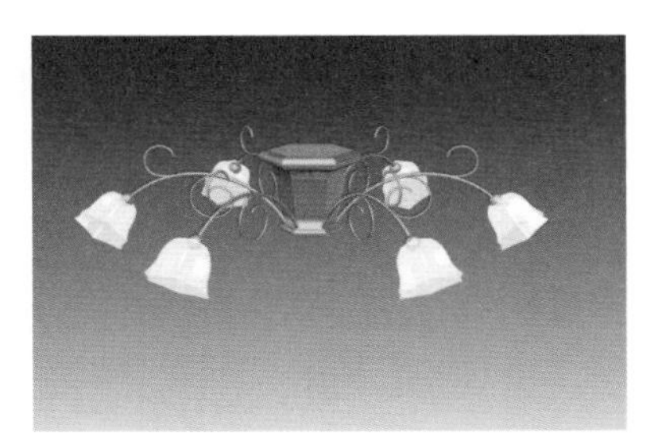

● 图4-52 吊灯效果图

2.吊灯的制作——放样综合实例

从图4-52所示的吊灯效果图可以看出，其主体部分是六边形柱体，可以通过对正六边形放样后进行缩放变形完成，灯罩部分也可以对星形进行编辑后放样并缩放变形完成，灯杆直接画线（设置可渲染参数）即可。

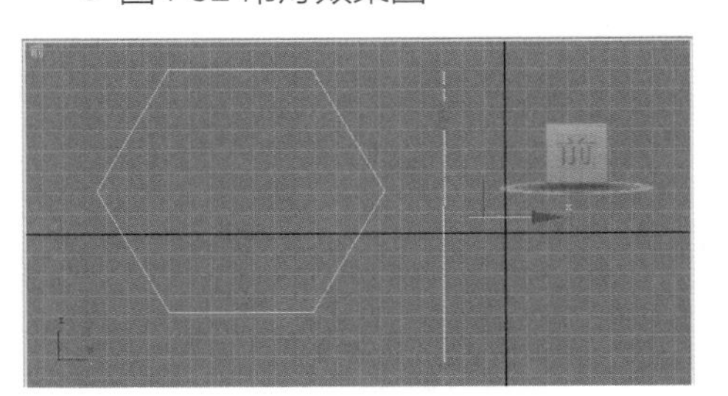

● 图4-53 绘制路径与形

制作中心灯柱步骤如下。

（1）在前视图中创建正六边形（半径70左右）和直线，如图4-53所示。

（2）以直线为路径，六边形为图形放样，得到图4-54所示的放样体。

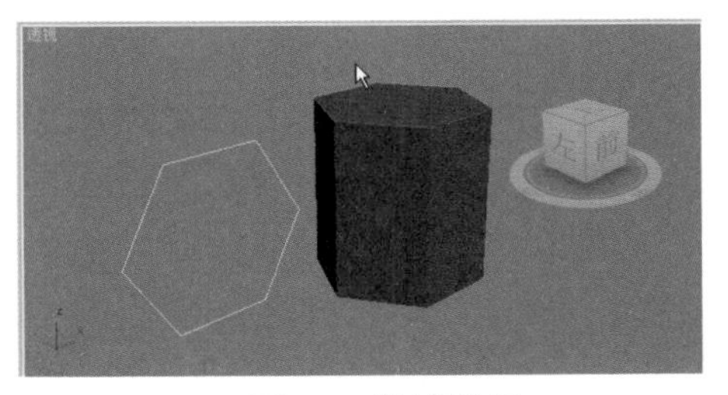

● 图4-54 放样结果

（3）选择放样体，选择【变形】/【缩放】命令，弹出缩放对话框，在缩放曲线中间加4个顶点，将第1、3、4、6点设置为“Bezier-角点”，将第2、5点设置为“Bezier-平滑”点。

（4）调整各顶点的位置和控制杆的位置，使曲线和放样体缩放结果如图4-55所示，完成灯柱的设计。

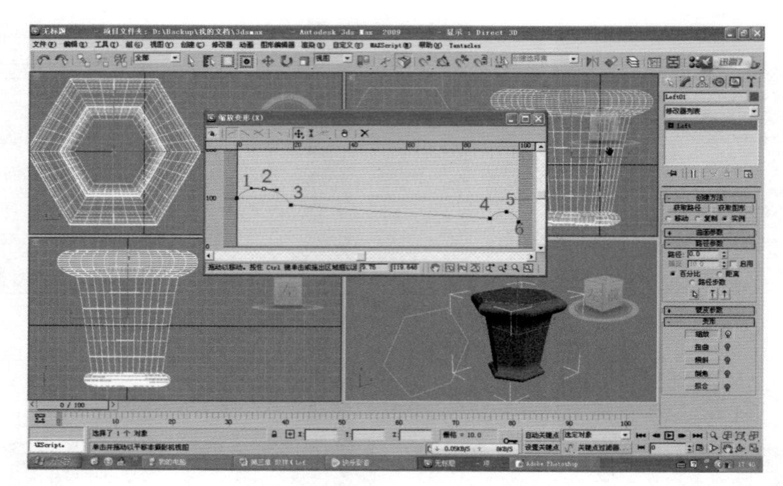

● 图4-55 对放样体进行缩放变形

制作灯罩的步骤如下。

（1）在前视图中创建直线和星形，星形参数如图4-56所示。

（2）单击修改按钮 ，选择“编辑样条线”命令，选择样条线子对象，用“轮廓”命令使星形变为双线，如图4-57所示。

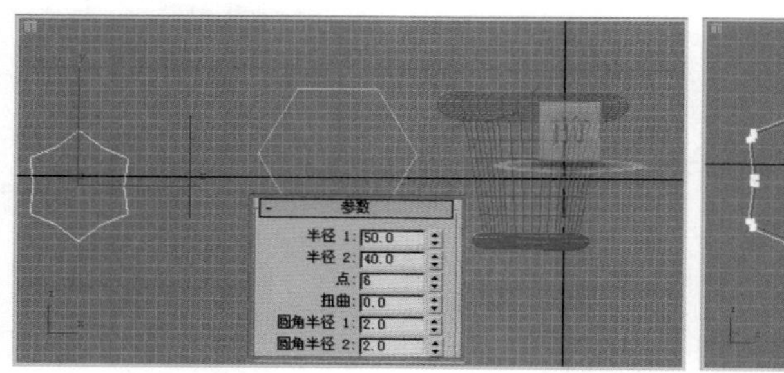

● 图4-56 创建直线和星形

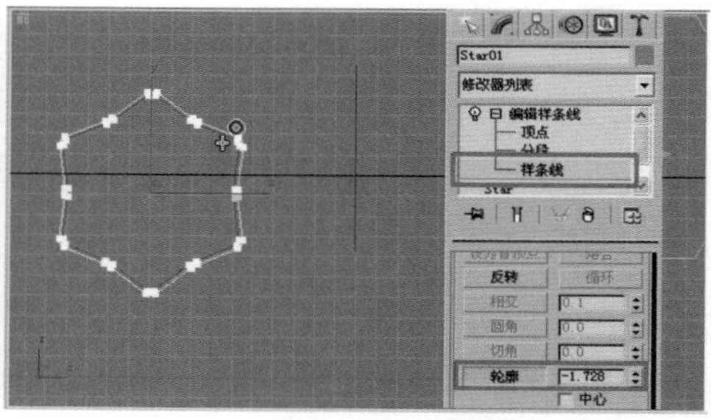

● 图4-57 编辑星形为双线

（3）选择直线为路径，以星形双线为图形进行放样，产生放样体，如图4-58所示。

（4）选择放样体，选择【变形】/【缩放】命令，弹出缩放对话框，在曲线偏右侧插入一个顶点，单击鼠标右键将顶点设置为“Bezier-平滑”点，并调整顶点的控制杆，使曲线呈图4-59所示，放样体相应变化为图4-60所示的灯罩外形。

（5）从图4-60中看出灯罩略显大，可用缩放工具 适当缩小。用移动工具和旋转工具将灯罩位置调整为图4-61所示效果。

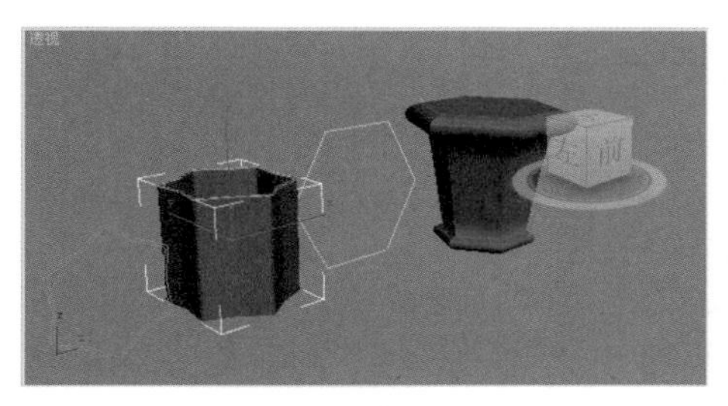

● 图4-58 放样结果

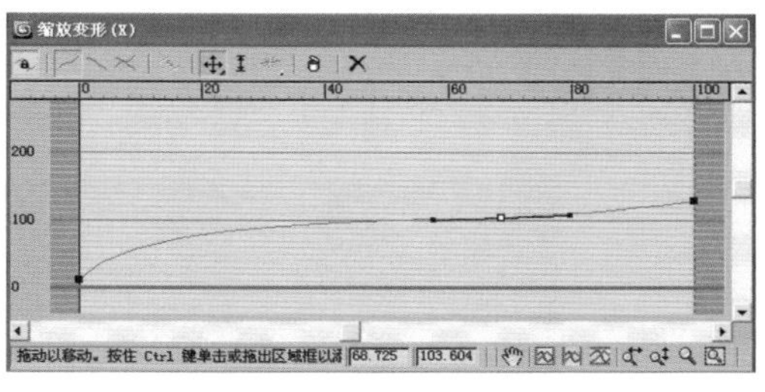

● 图4-59 调整缩放曲线

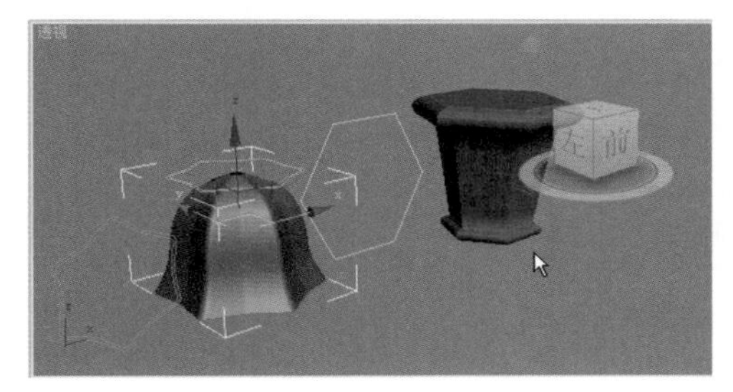

● 图4-60 放样体缩放结果

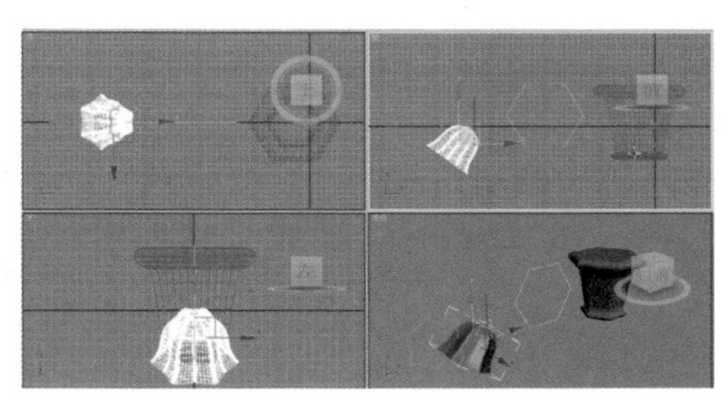

● 图4-61 调整灯罩大小和位置

创建灯架的步骤如下。

（1）单击【创建】 /【图形】 ，选择“弧”命令，在“渲染”栏设置渲染厚度为5，并勾选“在渲染中启用”和“在视口中启用”选项，从灯柱到灯罩画弧如图4-62所示。

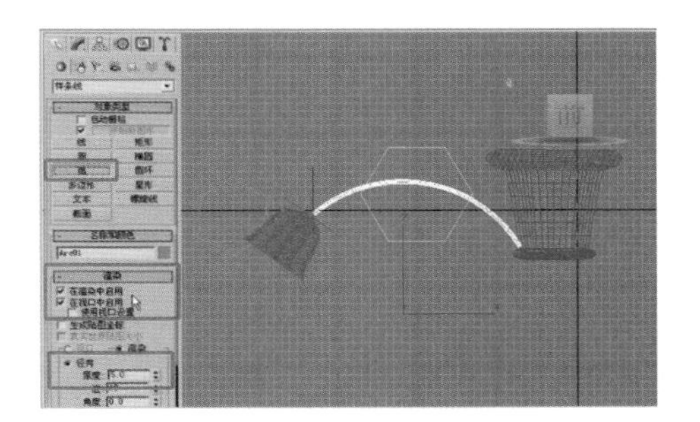

● 图4-62 画弧

（2）单击【创建】 /【图形】 ，选择“线”命令，在“渲染”栏设置渲染厚度为4，在“创建方法”栏中，设置点的“初始类型”为“平滑”，“拖动类型”为“Bezier”，画2条曲线并编辑，如图4-63所示（注意曲线的光滑和美观自然）。

（3）在灯罩与杆的连接处创建一个球体，如图4-64所示。

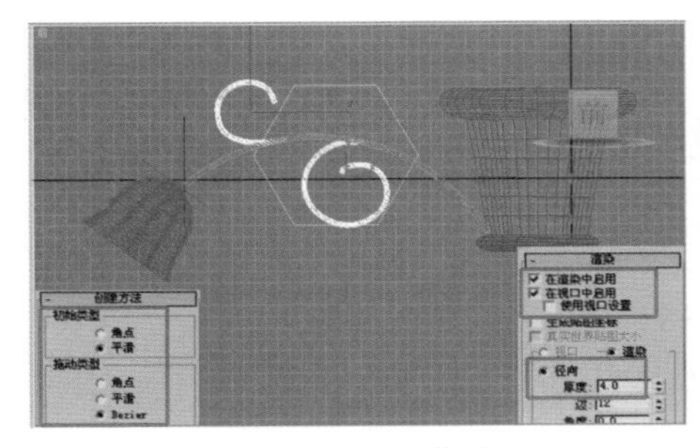

● 图4-63 画曲线

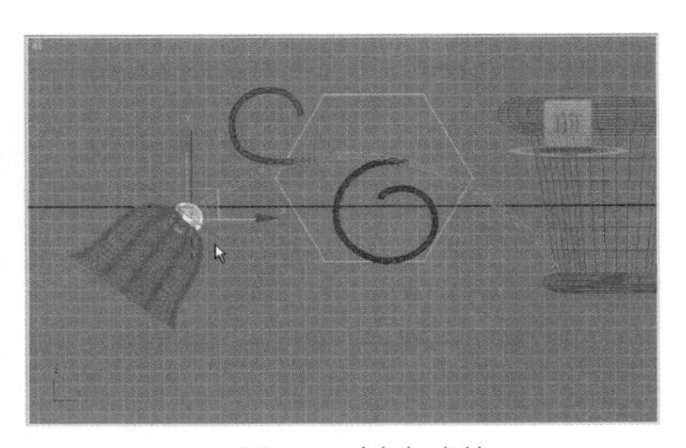

● 图4-64 创建球体

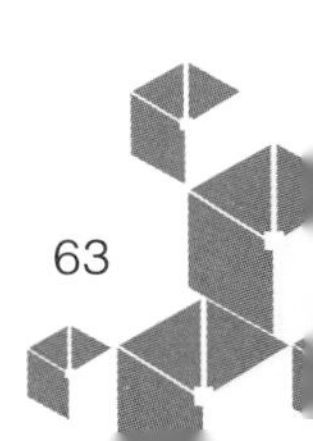

（4）设置整列变换中心为灯柱，选择灯罩、球、圆弧和2条曲线，进行环形阵列。阵列参数和选项设置：阵列数量为6，旋转轴Y，总计360°，阵列后完成吊灯的建模，如图4-65所示。

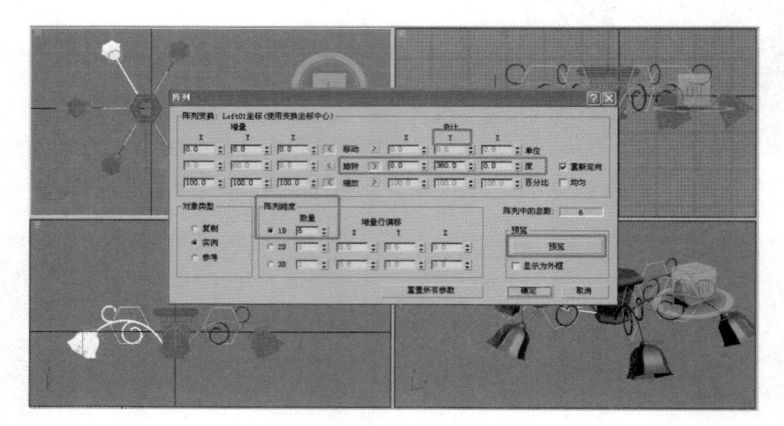

● 图4-65 阵列灯罩与灯架

（5）保存场景文件为“吊灯.max”，以后用于制作材质。

本章小结

本章通过创建画框、窗帘、收起的窗帘、花瓶、罗马柱、吊灯等模型实例，讲解了放样的基本建模、路径与形、参数设置及调整的方法，以及缩放、扭曲、倾斜、倒角、拟合这5种从二维到三维的建模方法。

知识点：放样、缩放、扭曲、倒角、拟合。

拓展实训

创建酒瓶盖的造型，如图4-66所示（提示：使用放样、扭曲、缩放命令）。

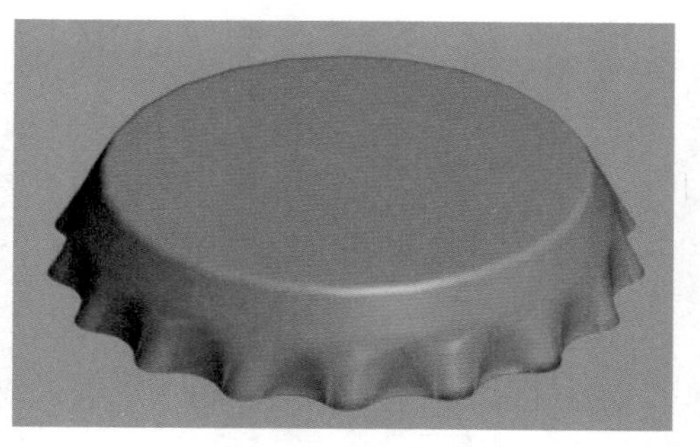

● 图4-66 酒瓶盖造型

第5章 复合建模与修改器建模

本章通过创建小房子、椅子、沙发、圆桌及桌布、门窗、楼梯、植物、栏杆、伞等模型实例，讲解运用三维布尔运算进行建模的方法，并用弯曲、扭曲、锥化、布料、FFD变形等修改器完成复杂建模。

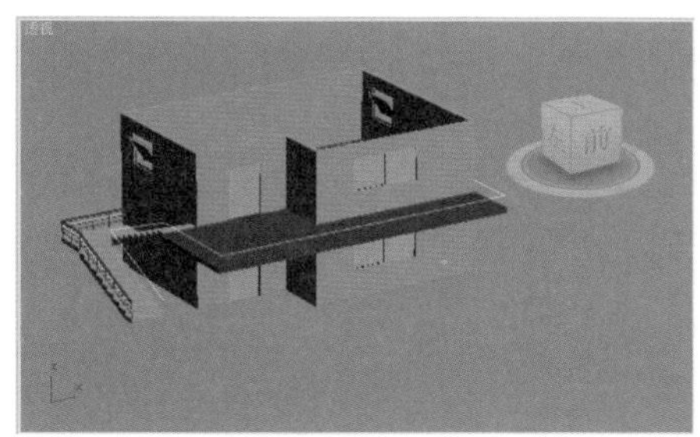
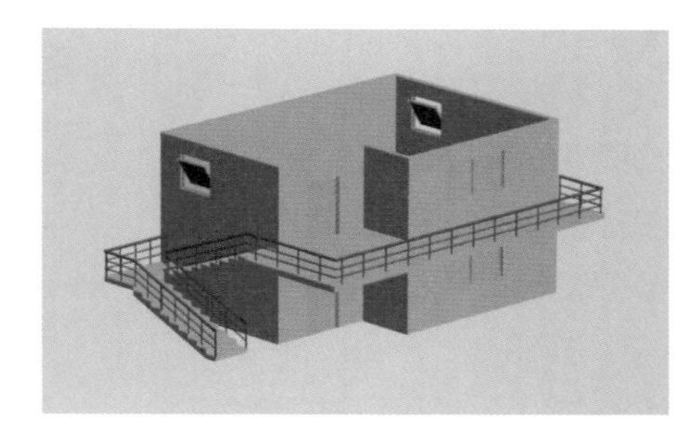
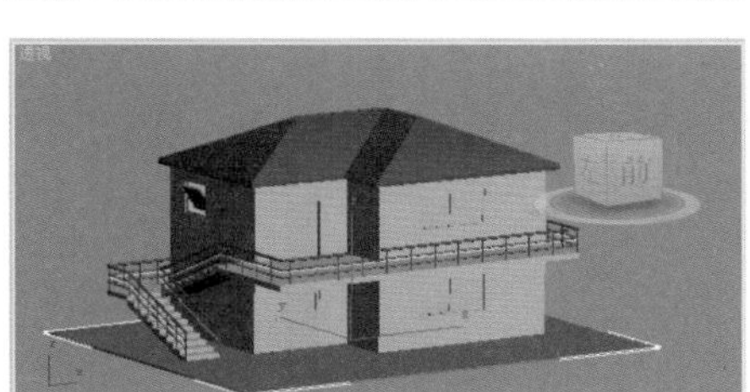
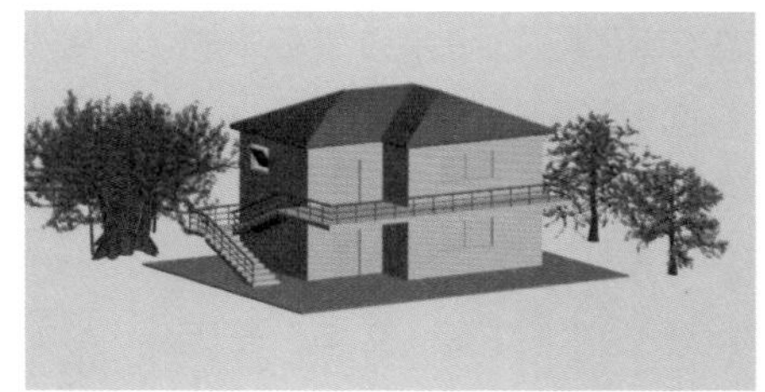

课堂学习目标

- 掌握运用三维布尔运算进行建模的方法。
- 学会使用弯曲、扭曲、锥化、布料、FFD变形等修改器完成复杂建模。
- 熟练掌握修改器的操作与设置。

5.1 布尔运算方法建模

两个相交的物体（见图5-1中的立方体和球体）A和B，可以进行3类不同的布尔运算。

- 并集（Union）运算——A、B两个物体合为一个物体。
- 交集（Intersection）运算——产生的新物体是A、B两物体的相交部分（即公共部分）。

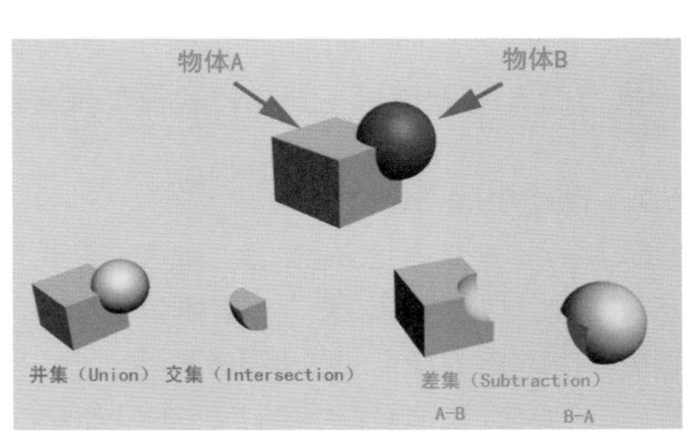

图5-1 布尔运算

● 差集（Subtraction）运算——从一个物体中减去另一个物体。

布尔运算命令面板如图5-2所示，其具体操作方法如下。

（1）选择运算物体，单击创建【创建】/【几何体】命令，在下拉列表框中选择“复合对象”，在对象类型卷展栏中可找到“布尔”按钮或“ProBoolean”（超级布尔），都可以进行2个对象的布尔运算。前者是较早版本的命令，面板如图5-3所示。

● 图5-2 布尔运算参数面板

（2）单击A物体，再单击“布尔”按钮，在“操作”一栏中选择运算类别（并集、交集、差集等），再单击“拾取对象B”，并在视图中指定运算的第二个对象，即可完成布尔运算。

（3）参考、复制、实例这3个选项与拷贝对象时的意义相同，用来控制运算结果与原对象的关联关系。移动（应为移除）则表示完成运算后不再保留运算前的两个对象。

● 图5-3 布尔运算命令面板

（4）如果选择“ProBoolean”（超级布尔），在 拾取布尔对象 卷展栏中按下 开始拾取 按钮，可以连续拾取多个对象实现布尔运算。其他选项与“布尔”类似。

5.2 用复合面板工具与修改器工具实现小房子建模

5.2.1 创建小房子墙体

（1）小房子最终渲染效果，如图5-4所示。按下二维捕捉按钮，设置捕捉对象为栅格点，单击【创建】/【图形】，选择“线”命令，在顶视图中绘制房子的平面图

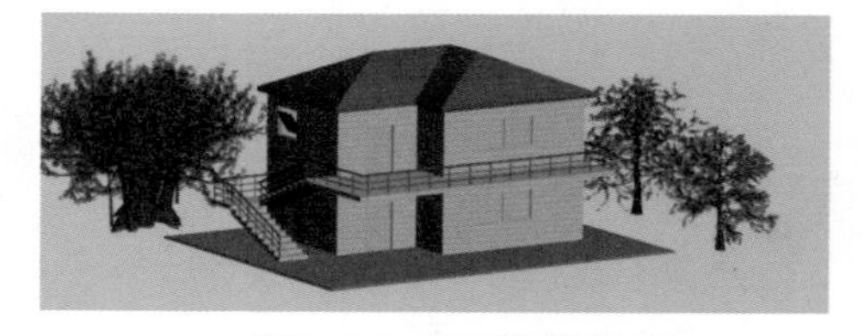

● 图5-4 小房子渲染效果

（大小约为700mm×1000mm），如图5-5所示。

（2）单击【修改】，选择“样条线”子对象，选中所画线段，在“轮廓”右侧的数字框中输入20，单击“轮廓”，所画线变为间距20的双线，如图5-6所示。

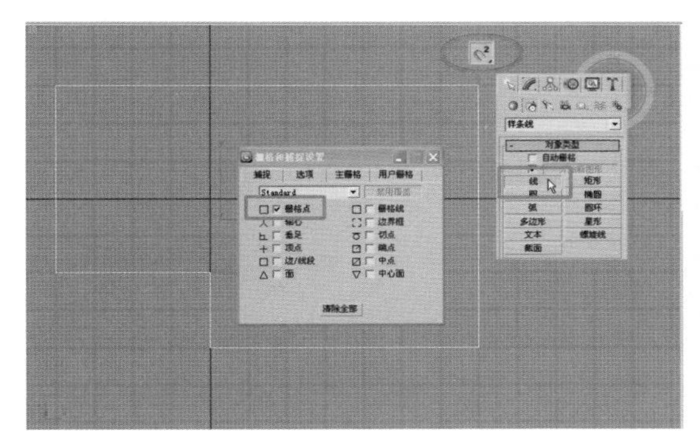

图5-5 绘制平面图

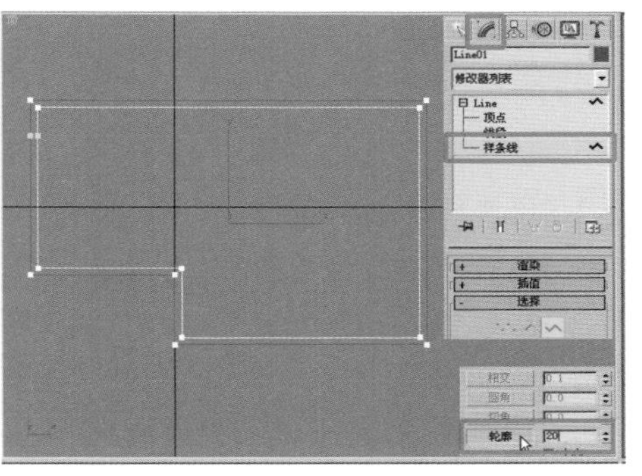

图5-6 编辑样条线

（3）选中双线，单击【修改】，在列表框选择“挤出”命令，设置数量为600，挤出图5-7所示的墙体。

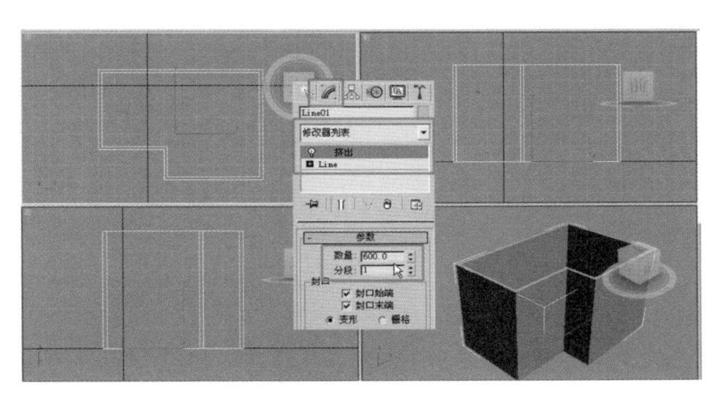

图5-7 挤出墙体

5.2.2 创建小房子楼板

（1）按下二维捕捉按钮，设置捕捉对象为“栅格点”和“顶点”，如图5-8所示，沿1-2-3-4-5-6-1顺序捕捉相关点，绘制出楼板平面图线。

（2）选中图线，单击【修改】，在列表框中选择“挤出”命令，设置数量为20，挤出楼板，将其向上移动到墙体中间，如图5-9所示。

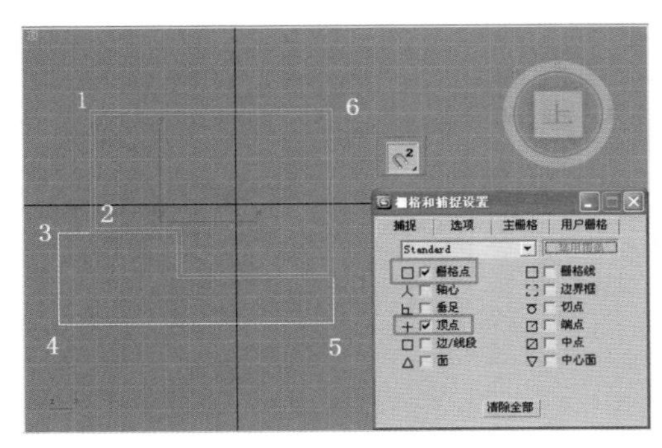

图5-8 绘制楼板线

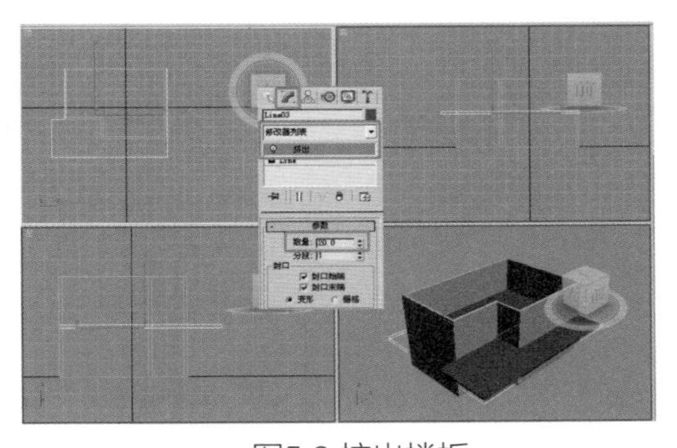

图5-9 挤出楼板

5.2.3 布尔运算形成门洞和窗洞

（1）在墙体上创建6个立方体与墙体相交，大小与位置由门、窗的大小位置确定，上下层可以复制，保证门窗统一，如图5-10所示。

（2）选择墙体，单击【几何体】，在列表中选择“复合对象”，选择“ProBoolean”(超级布尔)命令，选择“差集”，按“开始拾取”按钮，如图5-10所示。

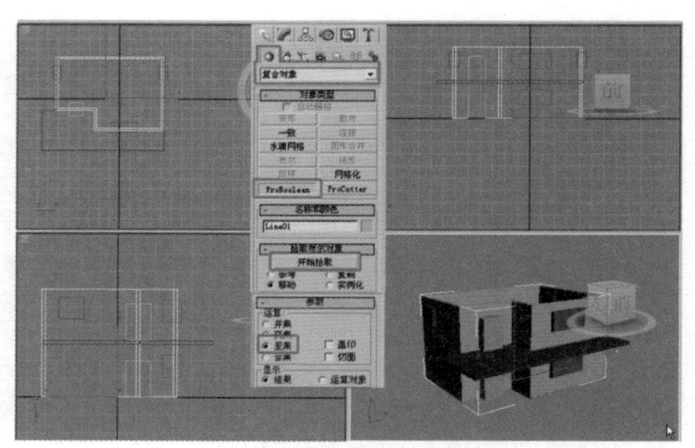

● 图5-10 布尔运算操作

5.2.4 创建门窗

（1）单击【几何体】，在列表中选择“门”/“枢轴门”命令，按“宽度/深度/高度”的创建方法，从顶视图门洞的位置开始操作，具体方法是：按住鼠标并拖曳出门的宽度，松开鼠标移动确定深度，单击确定后再移动鼠标确定高度。

（2）初步创建的门，位置和尺寸很难一次达到要求，将门的部分放大后进行精确调整，单击【修改】，在参数栏内修改相关参数，使其与门洞吻合，如图5-11所示。

（3）将门复制到二层门框位置，同样进行精确移动调整。

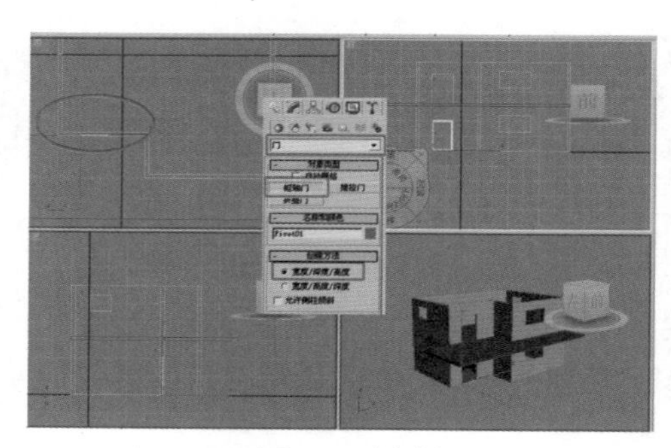

● 图5-11 创建门

（4）将视图放大到窗洞位置，单击【几何体】，在列表中选择“窗”/“推拉窗”命令，从顶视图开始操作，与门的创建方法类似，按“宽度/深度/高度”顺序确定。

（5）在前视图中将窗移动到窗洞位置，单击【修改】，在参数栏中调整参数并运用移动工具使窗的位置、大小与窗洞吻合，去除“悬挂”的勾选，使窗户变为左右推拉，如图5-12所示。

（6）将窗复制到二层楼，并精确移动到位，在墙的侧面小窗洞处创建“旋开窗”，创建方式与“推拉窗”类似，不再详述，如图5-13所示。

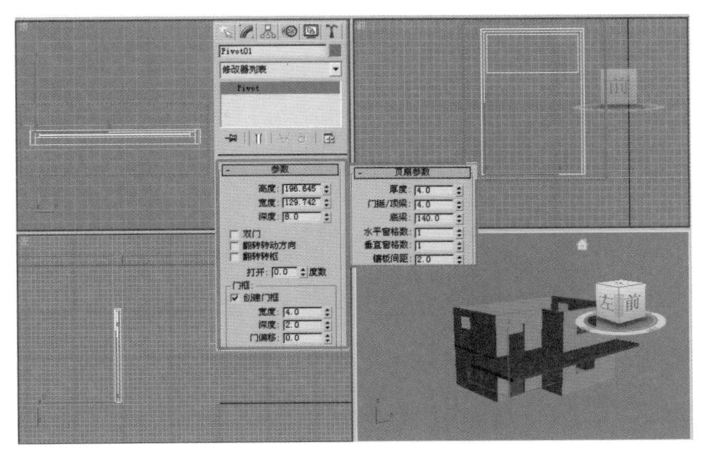

● 图5-12 调整门的尺寸

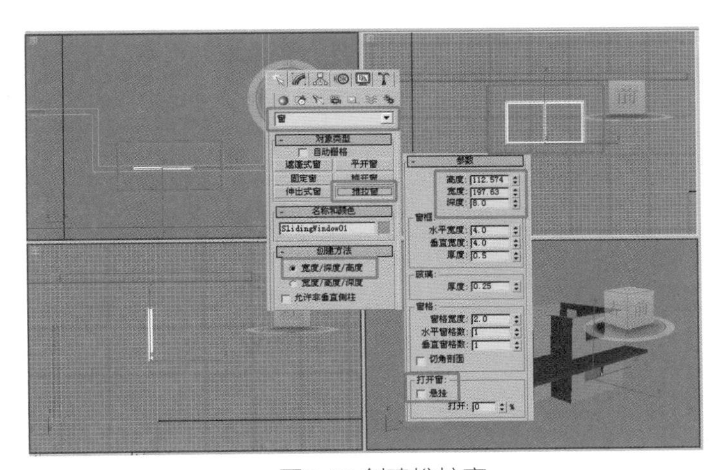

● 图5-13 创建推拉窗

5.2.5 创建楼梯

（1）单击【几何体】，在列表中选择“楼梯”/“U型楼梯”命令，在参数栏选择“封闭式”，在顶视图墙的左侧创建U型楼梯，按住鼠标自下而上拖曳出长度。向右移动鼠标确定宽度，单击鼠标右键确定后向上拖曳至楼板确定高度，初步完成楼梯的创建，如图5-14所示。

（2）精确调整楼梯的位置与尺寸。单击【修改】，在参数栏调整参数，“布局”栏的长度1、长度2约为420，调整宽度略小于楼板超出墙的宽度；在“梯级”栏，先设定“竖板数”为20，单击左边按钮将其锁定，再调整“总高”至楼板的上面，以上调整的最终目的是使楼梯总长不超过房子后墙，宽度与楼板对齐，总高度与楼板持平，如图5-15所示。用移动工具使楼梯右侧靠齐墙的左面。

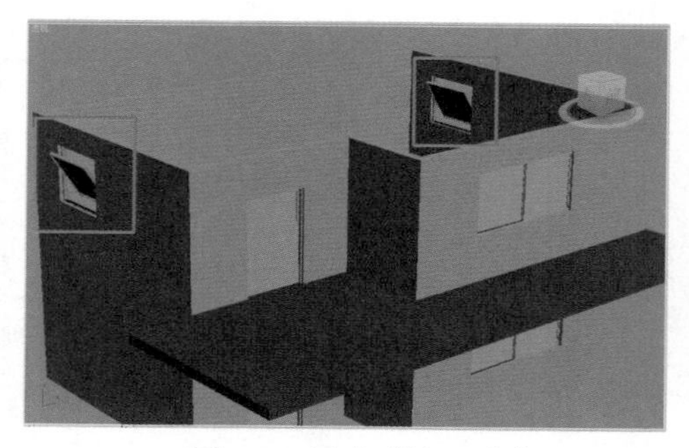

● 图5-14 创建“旋开窗”

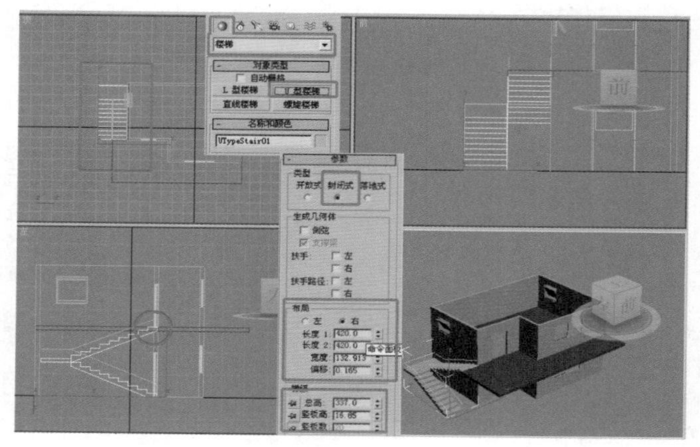

● 图5-15 创建楼梯

5.2.6 创建栏杆扶手

（1）选择楼梯，在参数栏勾选“扶手路径”（左、右），此时在视图中可以看到沿楼梯左右两侧出现两条空间折线，如图5-16所示。

（2）左扶手靠墙面的一段是不需要栏杆的，为此我们先对左扶手路径进行编辑，删去靠墙面的线段。选择左扶手路径，选择【修改】 /【编辑样条线】命令，按下线段子对象 ，在透视图中选择靠墙的两段线段，如图5-17所示，按“Delete”键将其删除。

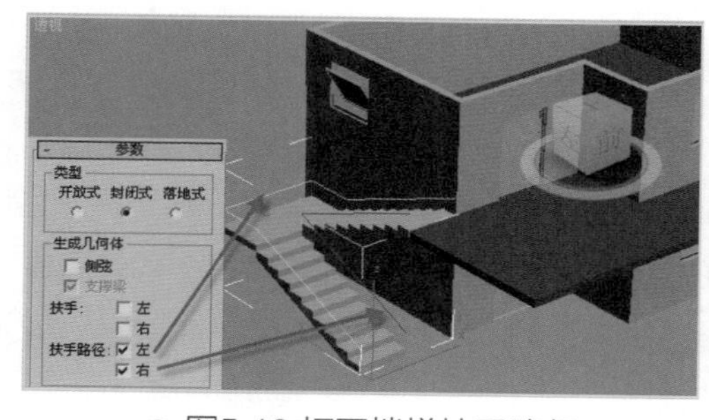

● 图5-16 打开楼梯扶手路径

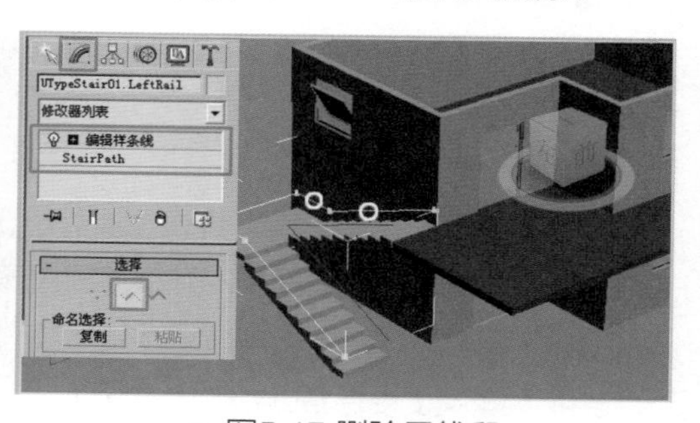

● 图5-17 删除子线段

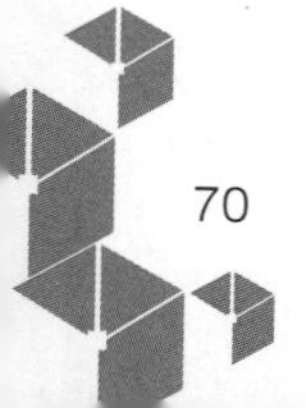

（3）选择【几何体】，在下拉列表中选择“AEC扩展”/“栏杆”命令，单击“拾取栏杆路径”，在透视图中拾取左扶手路径，初步创建了栏杆，如图5-18所示，然后进一步设置相关参数。

（4）在参数栏中设置“分段”为6，勾选“匹配拐角”，上围栏部分剖面选择“圆形”，深度和宽度设为6，高度设为70。

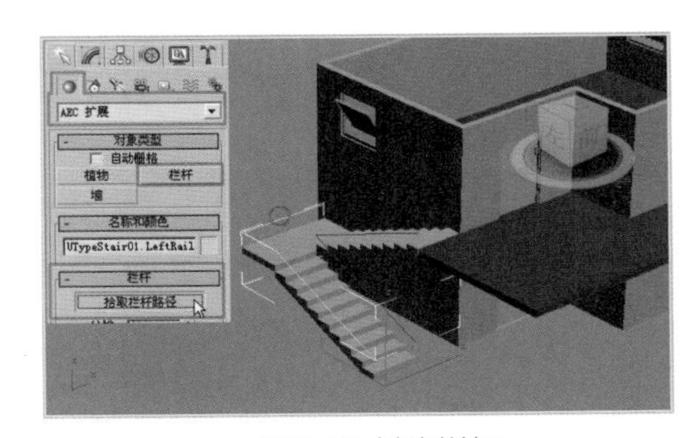

● 图5-18 创建栏杆

（5）下围栏部分剖面选择“圆形”，深度和宽度设为3，单击按钮，在弹出的“下围栏间距”对话框中设置“计数”为2。

（6）立柱部分剖面选择“圆形”，深度和宽度设为4，单击按钮，在弹出的“立柱间距”对话框中设置“计数”为4，如图5-19所示。

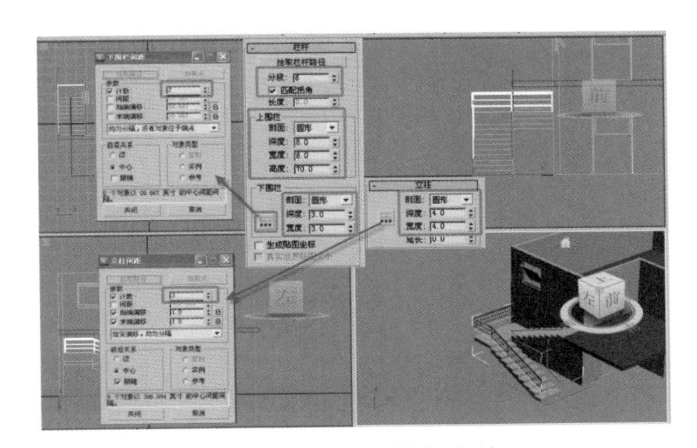

● 图5-19 设置栏杆参数

（7）用移动工具将栏杆扶手下移到立柱接触楼梯，如图5-20所示。

（8）为了使右扶手栏杆与二层楼的栏杆连接在一起，我们先绘制二层栏杆路径并“附加”到右扶手路径上。在顶视图中绘制折线1-2-3-4，如图5-21所示。

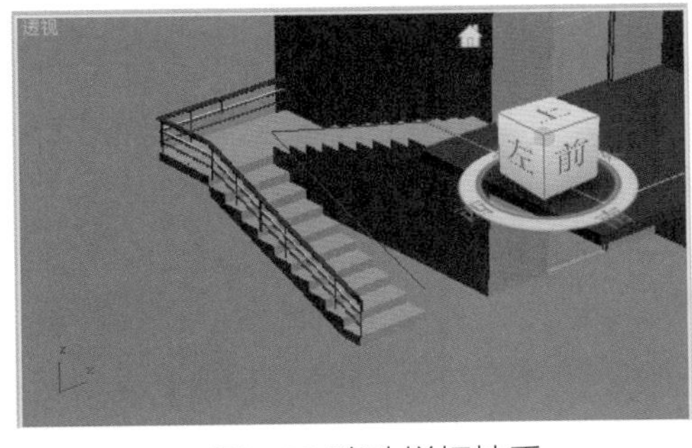

● 图5-20 移动栏杆扶手

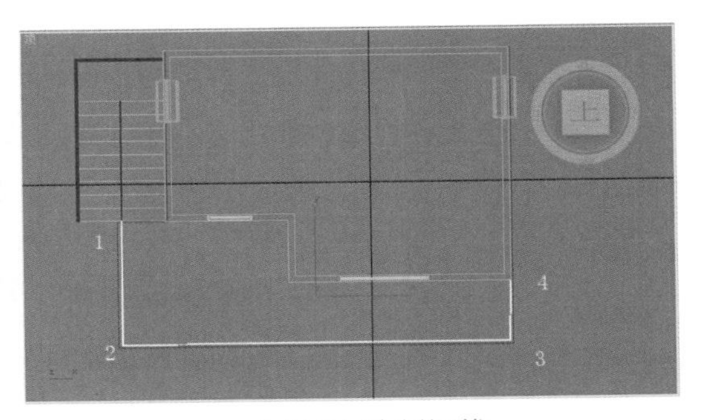

● 图5-21 绘制折线

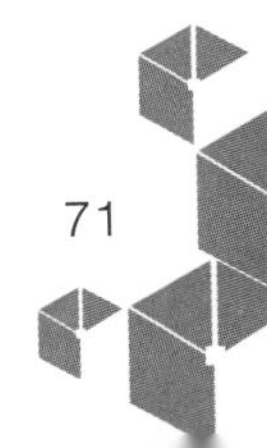

（9）在前视图上将折线向上移动到右扶手路径的位置，并在前视图和左视图上使其对准右扶手路径，如图5-22所示。

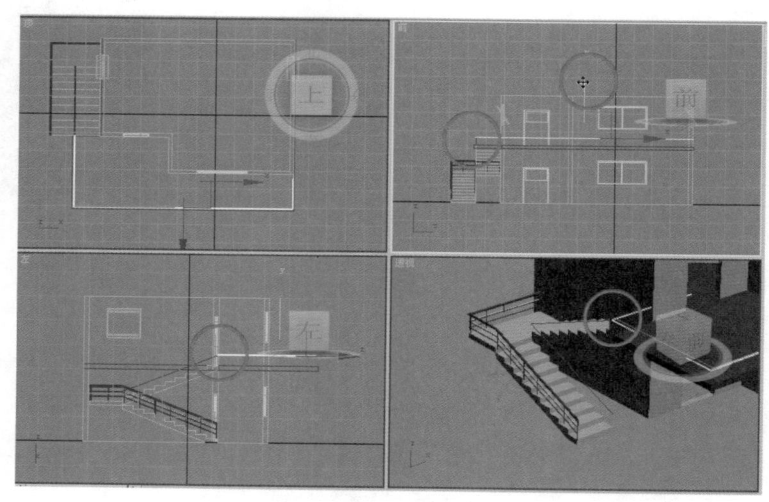

● 图5-22 移动对齐线

（10）确定折线为当前选择，单击【修改】，在“几何体”卷展栏中选择“附加”并拾取右扶手路径，两条线合为一条线，如图5-23所示。

（11）选择顶点子对象，在左视图中框选两段线的重合顶点，如图5-24所示，在面板下方设置焊接阀值为5，单击“焊接”，两个顶点合为一个。

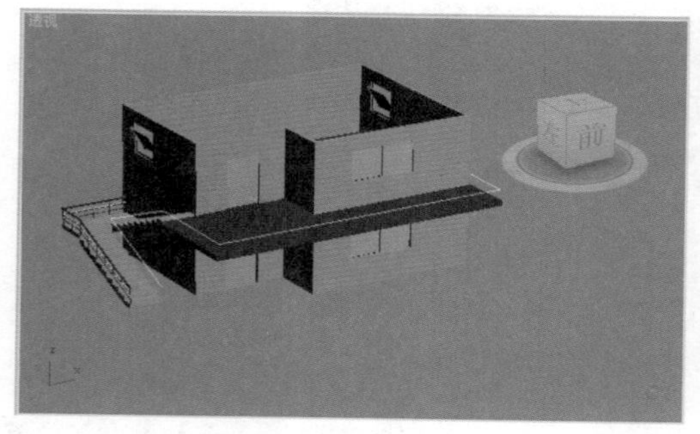

● 图5-23 附加为同一线

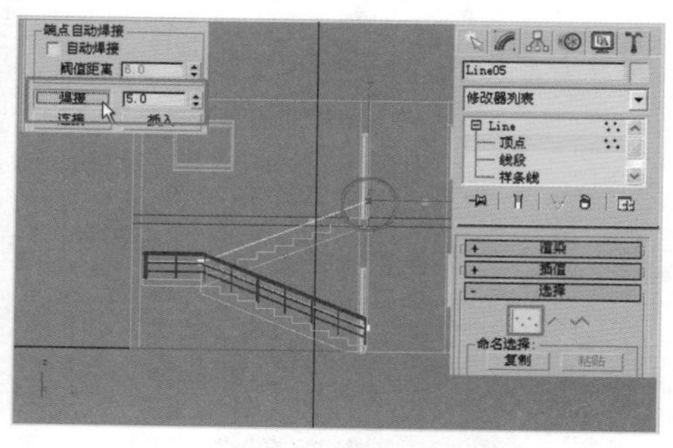

● 图5-24 焊接顶点

（12）选择【几何体】，在下拉列表中选择“AEC扩展”/“栏杆”命令，单击“拾取栏杆路径”，在顶视图或透视图中拾取组合在一起的扶手路径，初步创建了栏杆，如图5-25所示。

（13）栏杆参数的确定参照前面所述左栏杆的设定值，用移动工具将栏杆扶手下移就位。

（14）统一墙、楼板、楼梯的颜色，统一栏杆颜色，小房子的渲染效果如图5-26所示。

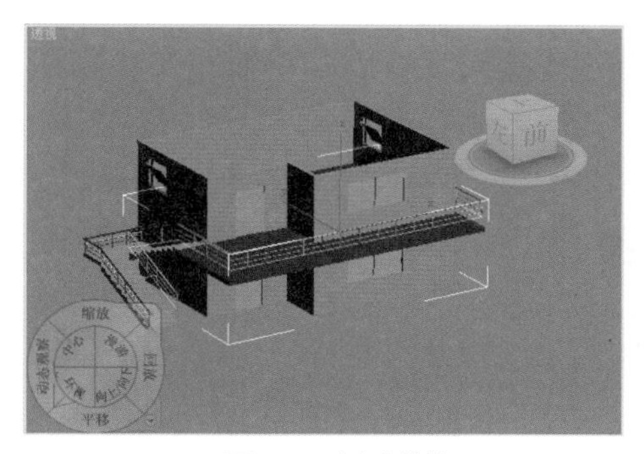

● 图5-25 创建栏杆

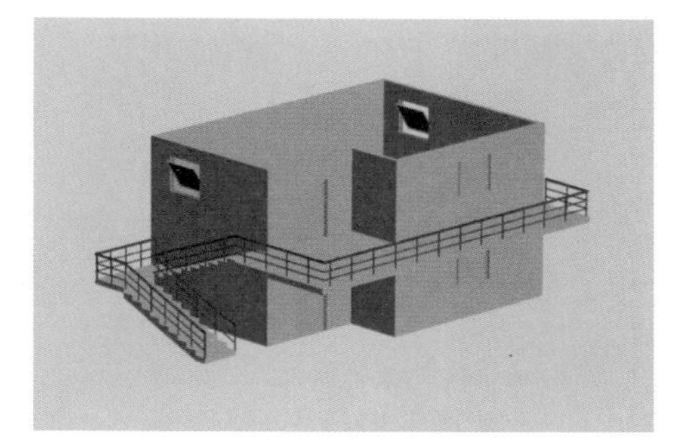

● 图5-26 渲染效果

5.2.7 创建屋顶

（1）打开二维捕捉按钮 ，在顶视图中绘制屋顶线，距墙线周边约30，如图5-27所示。

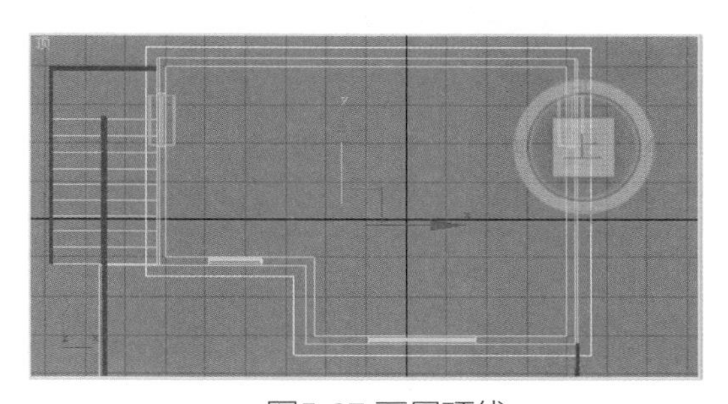

● 图5-27 画屋顶线

（2）选择【修改】 /【挤出】命令，设置分段数为2，挤出屋顶并向上移动到墙的上方，如图5-28所示。

（3）选择【修改】 /【编辑网格】命令，框选上层顶点，用移动工具将其上移到合适高度，如图5-29所示。

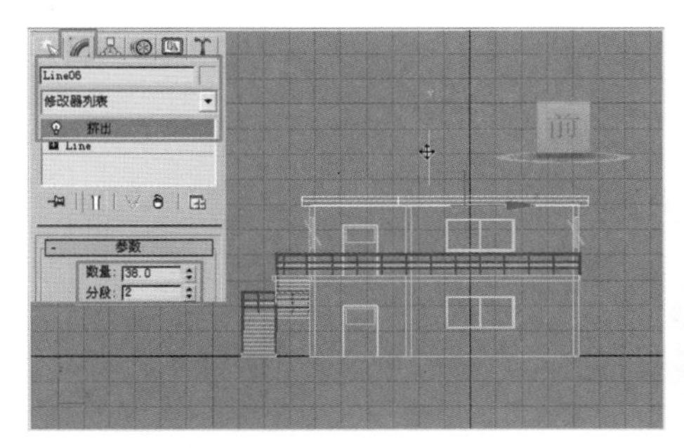

● 图5-28 挤出屋顶

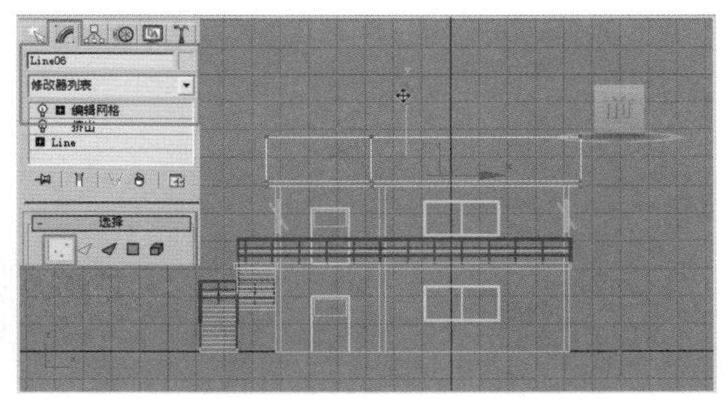

● 图5-29 编辑屋顶

（4）继续用缩放工具 进行缩小，使顶点收拢，如图5-30所示。

（5）在顶视图中继续调整顶点，移动相关顶点，使其集中到图5-31所示位置（注意线段接近重合，但不能相交）。屋顶效果如图5-32所示。

（6）选择【几何体】 /【立方体】，在顶视图中创建地面，如图5-33所示。

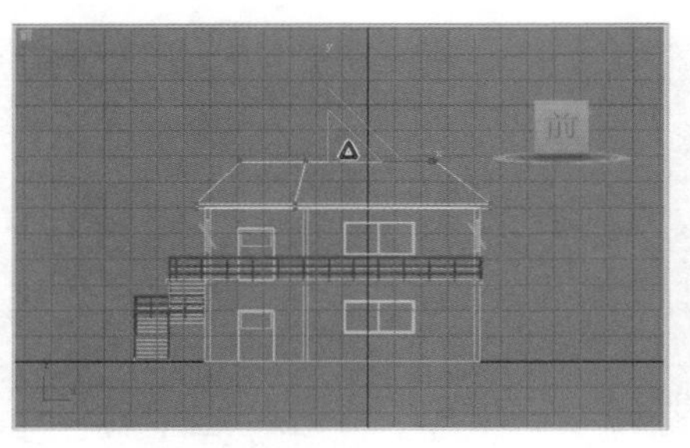

● 图5-30 缩小顶点

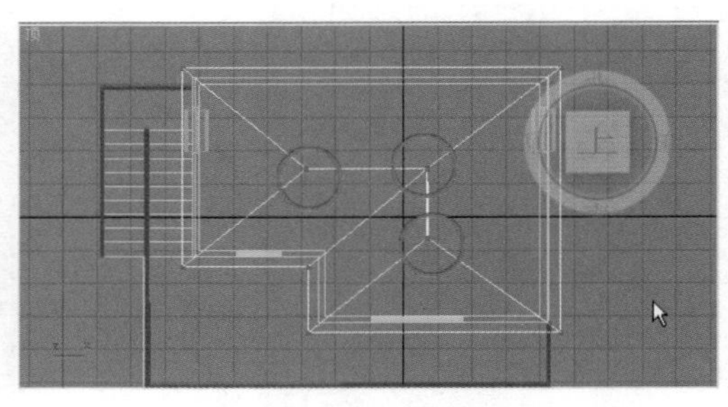

● 图5-31 集中顶点

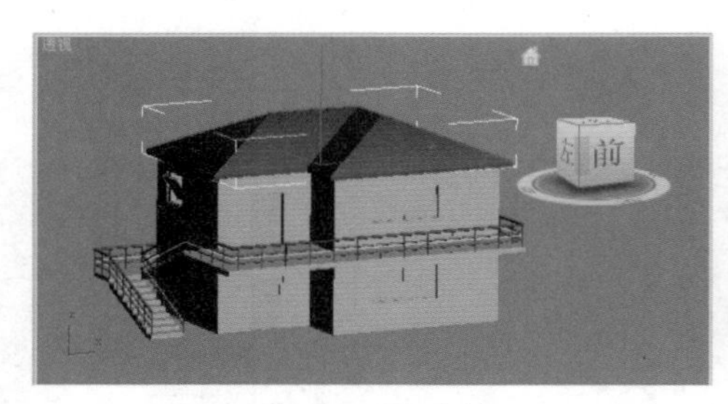

● 图5-32 屋顶效果

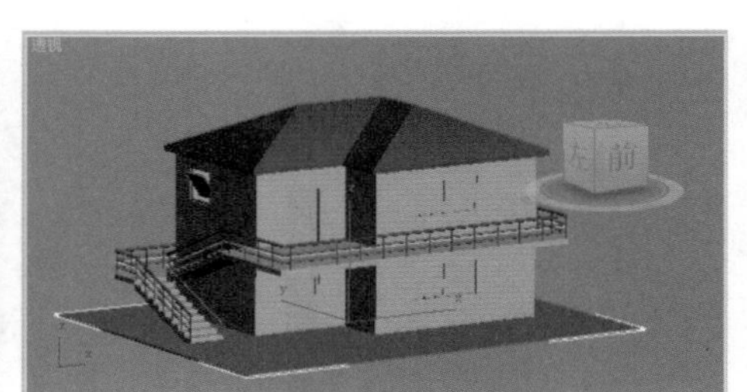

● 图5-33 创建地面

5.2.8 创建植物

（1）选择【几何体】，在下拉列表中选择“AEC扩展”/“植物”命令，在面板下方“收藏的植物”中选择树木，在顶视图中单击鼠标左键，即可创建植物，还可以打开下方的“植物库”选择更多植物，如图5-34所示。

（2）创建好植物后，选择【修改】，可以对植物的各项参数进行设置修改，如图5-35所示。

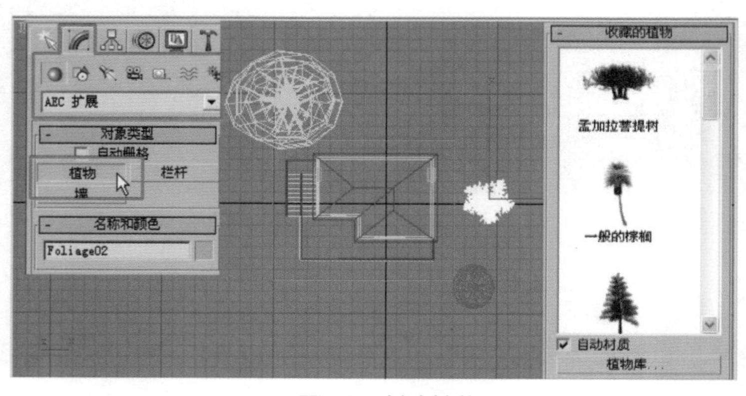

● 图5-34 创建植物

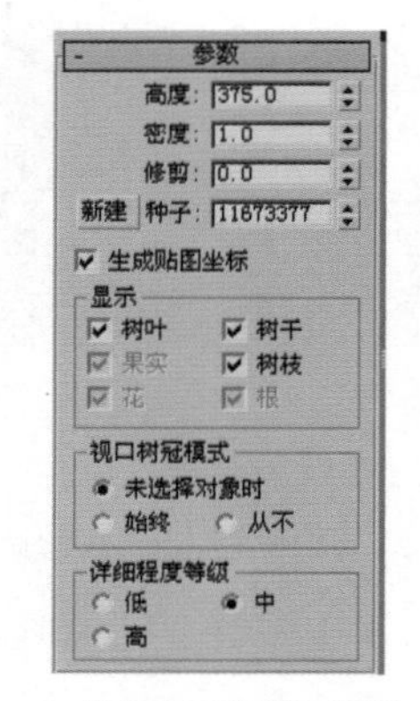

● 图5-35 植物参数

（3）保存文件为“小房子.max”，以备学习材质后继续完善效果图。

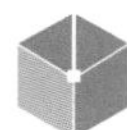

5.3 用复合面板工具与修改器工具实现椅子、沙发、桌布建模

5.3.1 创建椅子

● 图5-36 椅子效果

分析图5-36所示的椅子效果图，椅子外形可以通过创建切角立方体并使其弯曲变形后得到，扶手可以通过直接画线编辑并设置可渲染厚度来完成，步骤如下。

（1）选择【几何体】，在下拉列表中选择“扩展基本体”/“切角长方体”命令，在前视图中创建切角长方体，设置长度160、宽度60、高度8、圆角4、长度分段32、宽度分段10、高度和圆角分段5，如图5-37所示。

（2）选择切角立方体，单击【修改】/【弯曲】命令，设置弯曲角度为－30°，弯曲轴选X，切角立方体弯曲如图5-38所示。

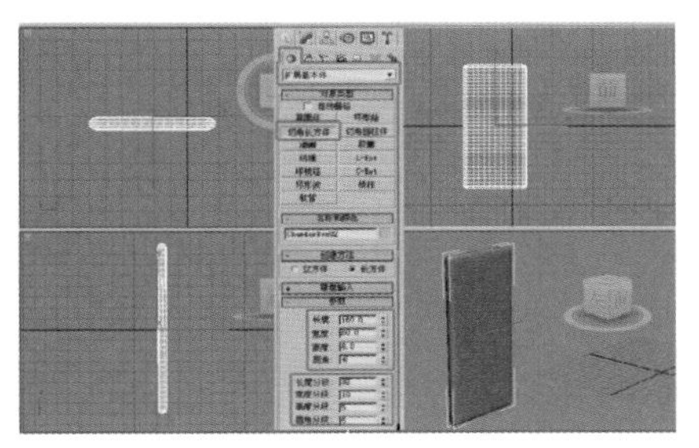

● 图5-37 创建切角长方体

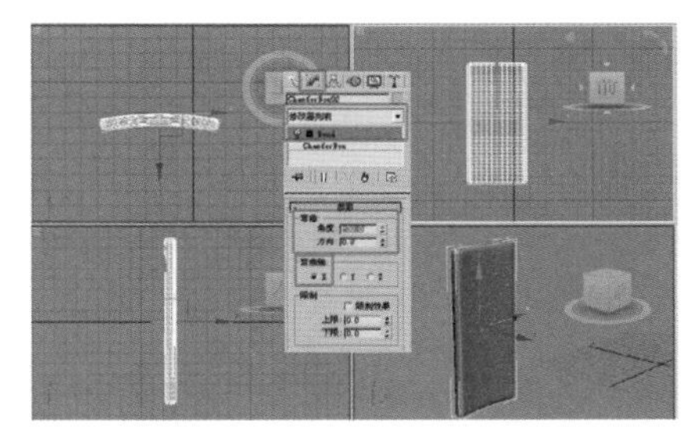

● 图5-38 第一次弯曲

（3）在左视图中用旋转工具将切角长方体旋转4°左右，如图5-39所示。

（4）再次在下拉列表中选择【弯曲】命令，设置参数为角度97°，方向90°，弯曲轴选Y，勾选“限制效果”，下限为－30，上限为0，如图5-40所示。

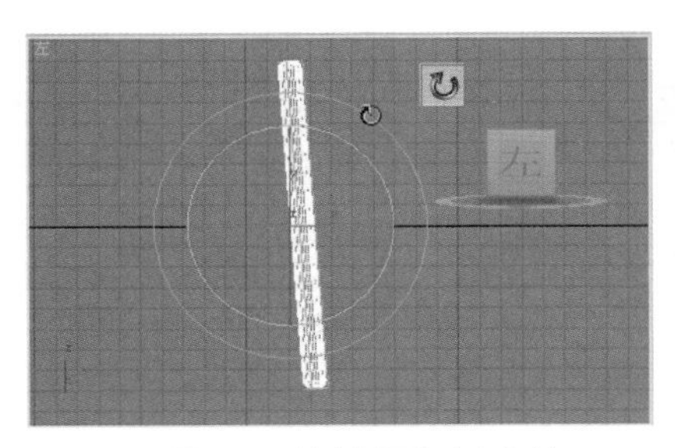

● 图5-39 旋转切角长方体

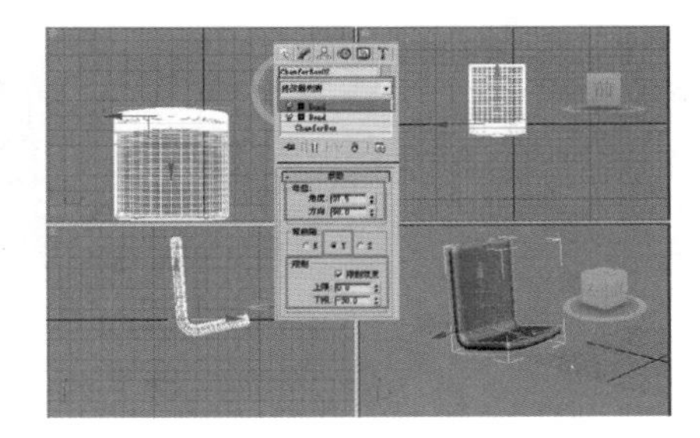

● 图5-40 第二次弯曲

（5）观察第二次弯曲后的效果，发现靠背部分过长，坐的部分短了。可通过移动弯曲中心来进行调整。单击Bend（弯曲）命令前的“+”，展开弯曲子对象，选择“中心”，用移动工具将坐标轴上移，使靠背与坐的部分比例合适，如图5-41所示。

（6）第三次弯曲椅子靠背。选择【弯曲】命令，移动中心到靠背上方，设置参数为角度－40°、方向90°、弯曲轴选Y、下限为0、上限为25并勾选“限制效果”，如图5-42所示。

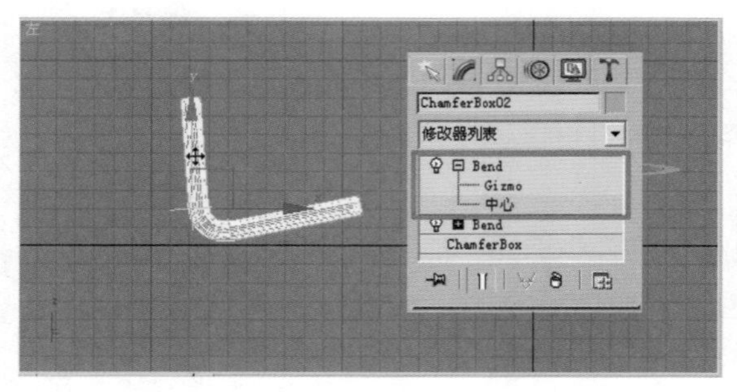

● 图5-41 旋转切角长方体

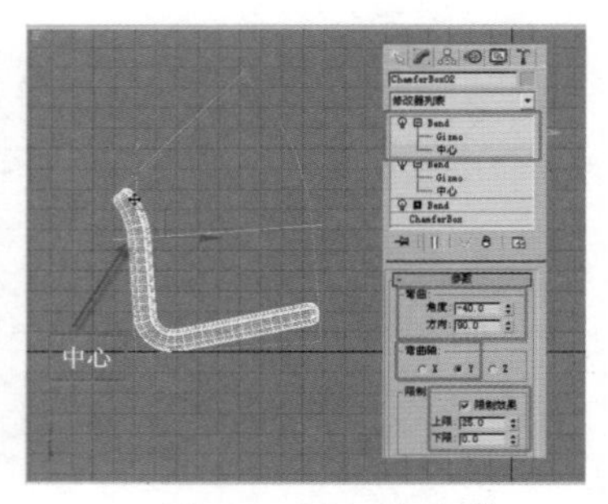

● 图5-42 第二次弯曲

（7）绘制椅子扶手。选择【图形】 /【线】命令，在“渲染”卷展栏中勾选“在渲染中启用”和“在视口中启用”，设置径向“厚度”为3，在左视图中参照切角长方体绘制折线，如图5-43所示。

（8）在前视图或顶视图中移动扶手到椅子左侧，并复制一个扶手到椅子右侧，如图5-43所示。

（9）单击三维捕捉按钮 ，单击鼠标右键，在对话框中设置捕捉目标为“顶点”，如图5-44所示。

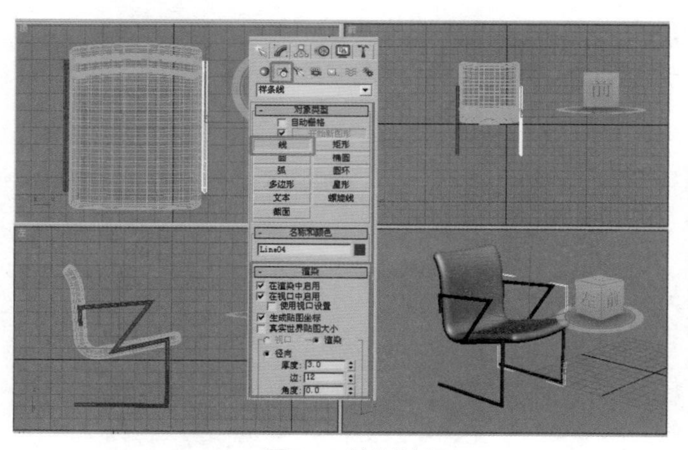

● 图5-43 绘制扶手

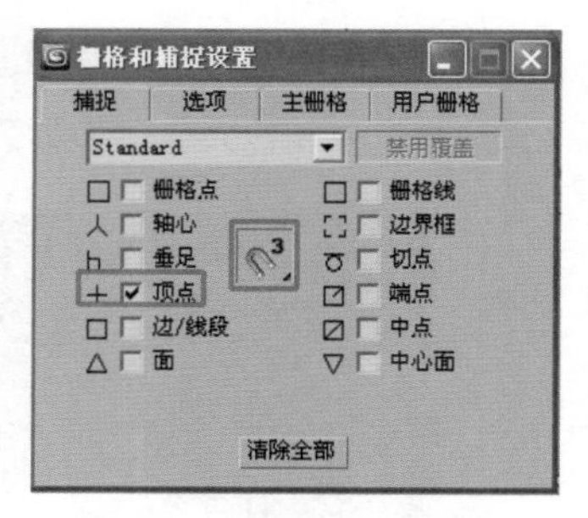

● 图5-44 设置三维顶点捕捉

（10）选择【图形】 /【线】命令，在“渲染”卷展栏中勾选“在渲染中启用”和“在视口中启用”，设置径向“厚度”为3，在透视图中从1点到2点画线，保证所画直线的2个顶点落在左右扶手的端点上，如图5-45所示。

（11）选择【修改】 ，在面板上的“几何体”卷展栏中单击“附加”。在视图中选择左右2个扶手，3段线就合为一个对象了，如图5-46所示。

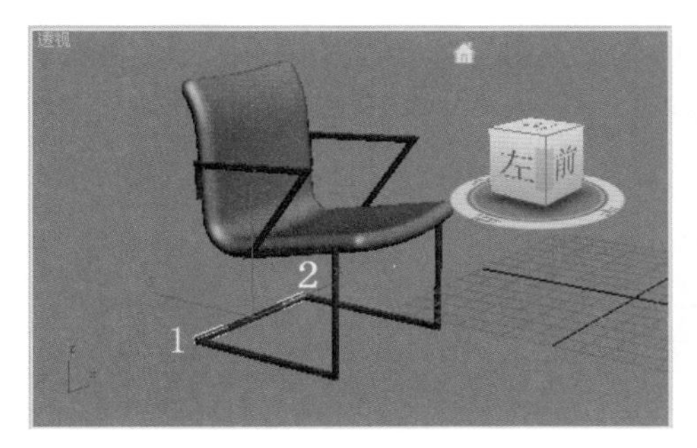

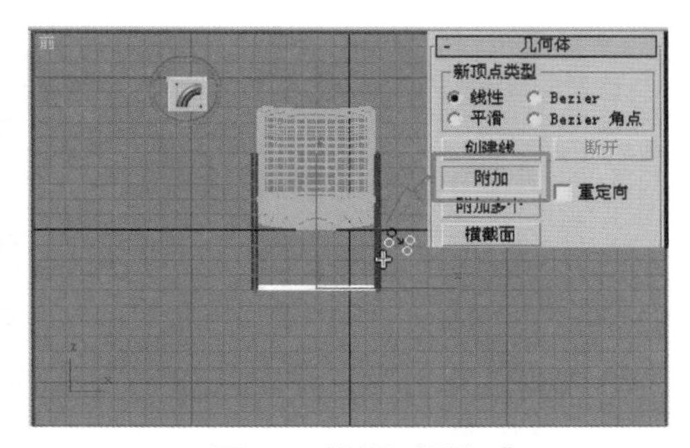

● 图5-45 画线　　● 图5-46 编辑“附加”

（12）尽管合为了同一对象，但3段线还是各自独立的“样条”，为了进行圆角处理，必须把相重合的顶点进行“焊接”。单击顶点子对象，框选相重合的顶点，在命令面板上选择“焊接”，必要时适当加大右侧的数（焊接阈值），这样整个线段就合并为同一样条了。

（13）选择相应的顶点，使用面板上的“圆角”命令，如图5-47所示。在视图中将所选的顶点修改为带圆角的顶点，如图5-48所示。

（14）保存文件为“椅子.max”。

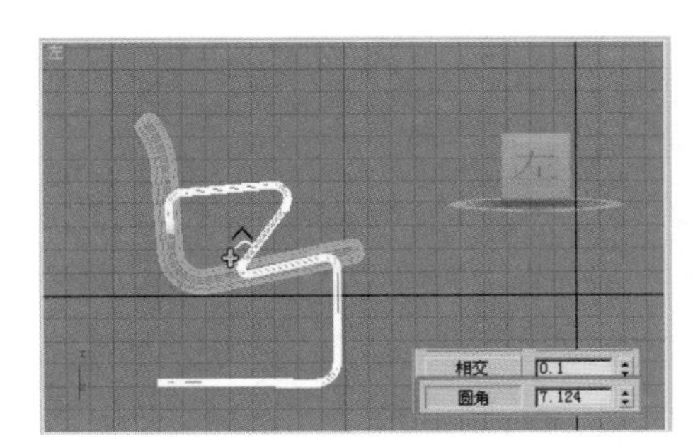

● 图5-47 圆角命令

● 图5-48 圆角效果

5.3.2 创建沙发

1.创建坐垫

分析图5-49所示的沙发效果图，沙发外形可以通过创建切角立方体完成，扶手可以通过画线编辑并设置可渲染厚度完成，步骤如下。

（1）选择【几何体】，在下拉列表中选择“扩展基本体”/“切角长方体”命令，在顶视图中创建切角长方体，参数如图5-50所示。

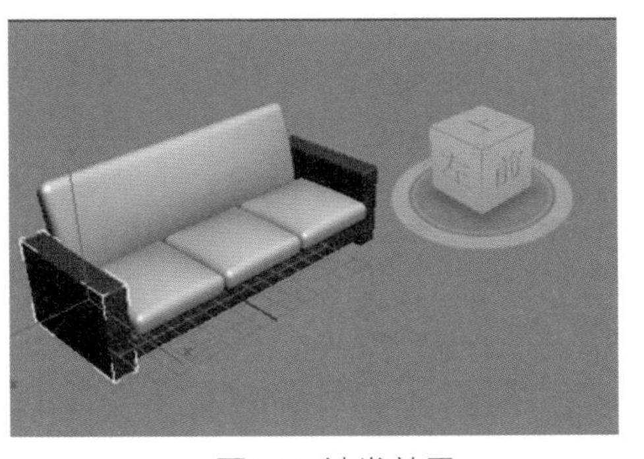

● 图5-49 沙发效果

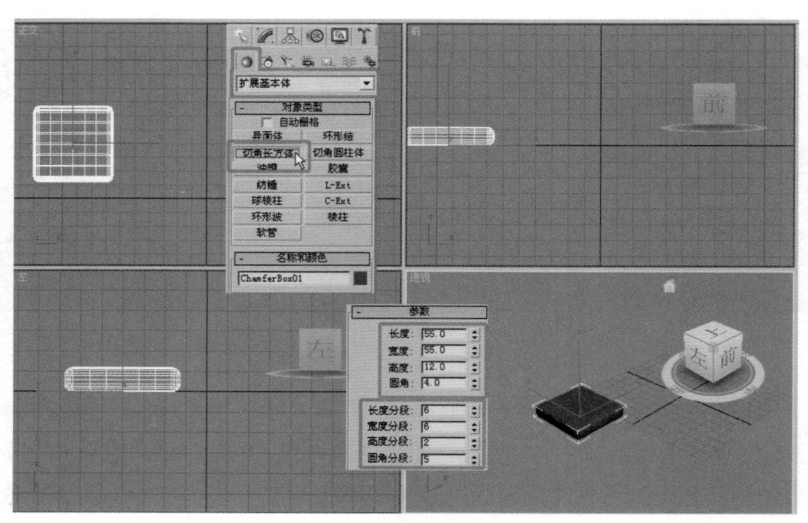

● 图5-50 创建切角长方体

（2）选择【修改】，在下拉列表中选择“FFD 3×3×3”命令，切角长方体出现橘黄色控制点及框架。展开“FFD 3×3×3”命令前的“+”，单击“控制点”，在顶视图中选择中间一组顶点，并按住“Alt”键，在左视图中减去下面两层的控制点，如图5-51所示。

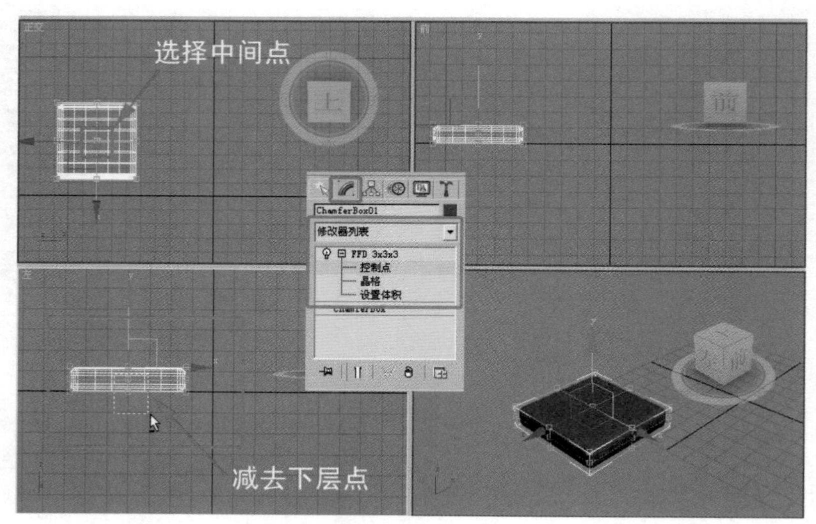

● 图5-51 选择上层中间控制点

（3）再用移动工具向上移动顶点，此时控制点带动切角长方体中间部分向上凸起，如图5-52所示。

（4）选择菜单【工具】/【阵列】，设置参数如图5-53所示，复制出3个长方体。

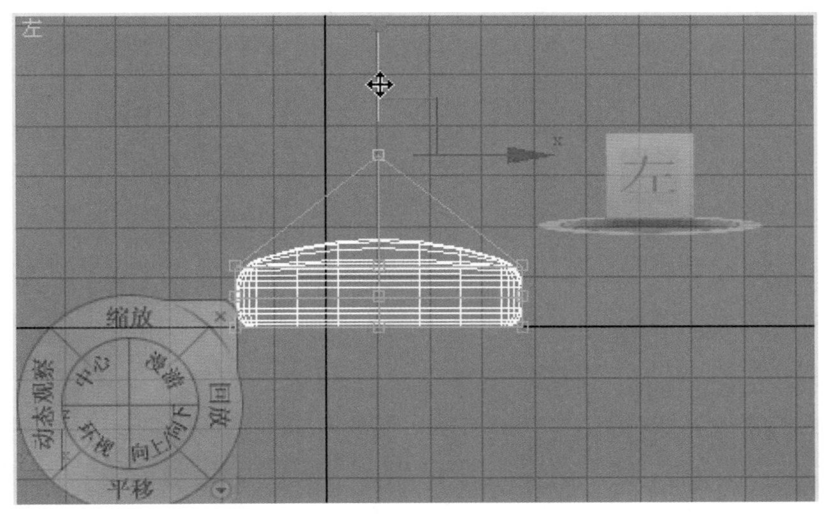

图5-52 移动控制点

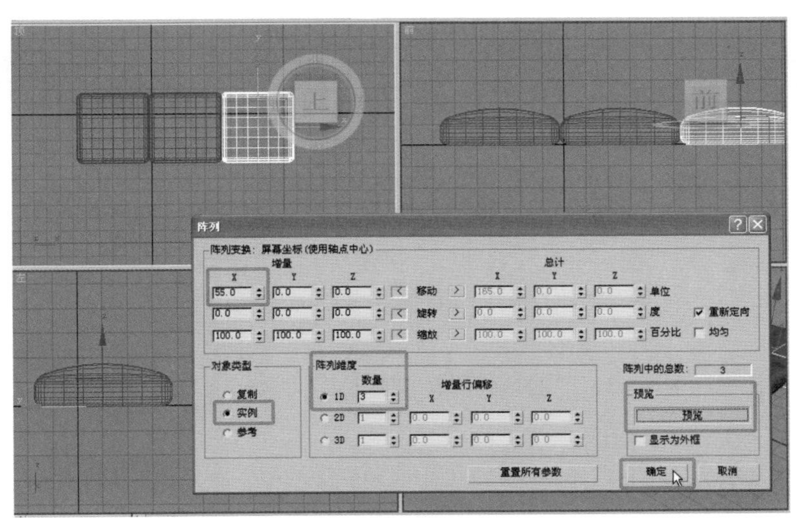

图5-53 阵列长方体

2.创建靠背

（1）再次选择“扩展基本体”/“切角长方体”命令，在前视图中创建切角长方体，参数如图5-54所示。将其移动到坐垫后方。

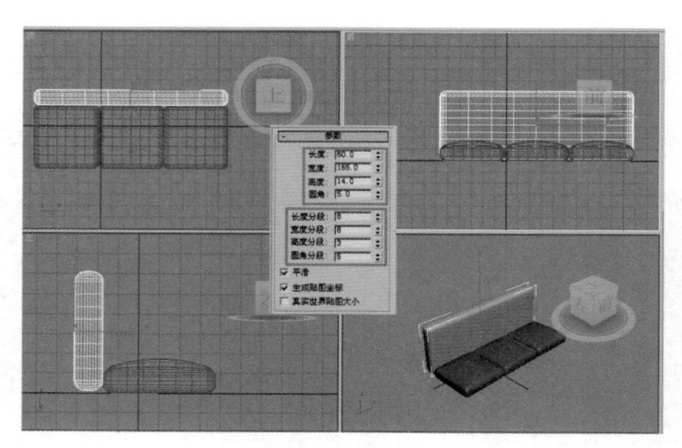

图5-54 创建靠背

（2）选择【修改】，在下拉列表中选择“FFD 3×3×3”命令，用同样方法移动中间控制点使靠背中部凸起，如图5-55所示。

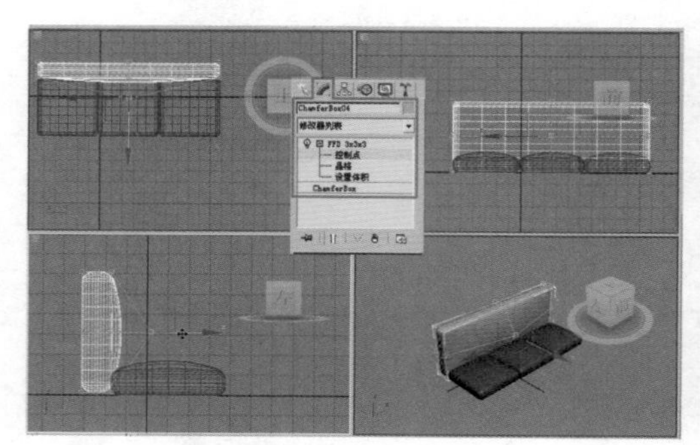

图5-55 使用FFD修改器

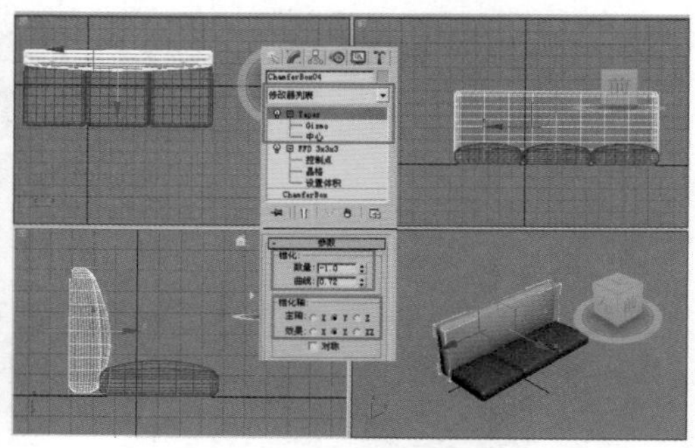

图5-56 锥化修改器

（3）选择【修改】，在下拉列表中选择“锥化”命令，设置参数锥化“数量”为1.0，“曲线”为0.72，锥化轴“主轴”选择Y，“效果”选择Z，如图5-56所示。

（4）在左视图中用旋转工具旋转靠背，如图5-57所示。

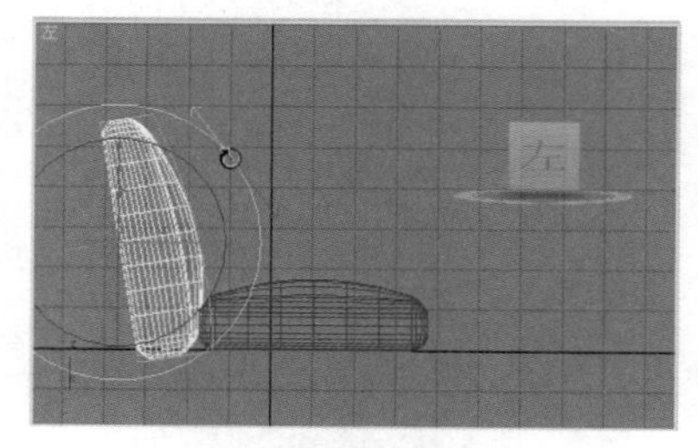

图5-57 旋转靠背

3.创建扶手和底座

（1）在顶视图中创建“切角长方体”，设置参数为长度50、宽度165、高度－15、圆角3，并将其与靠背、坐垫对齐，如图5-58所示。

（2）同样用“切角长方体”在左视图中创建扶手，尺寸位置如图5-59所示，并用移动工具将其移动到沙发左侧，复制一个到沙发右侧。

（3）调整沙发各部分颜色，效果如图5-59中透视图所示。保存场景文件为“沙发.max”。

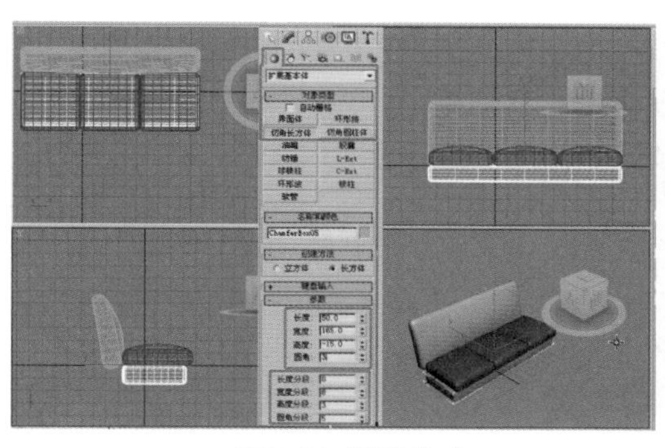

● 图5-58 创建底座

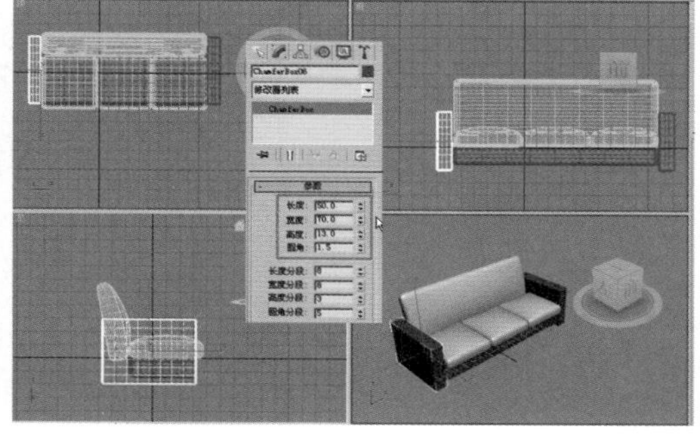

● 图5-59 创建扶手

5.3.3 创建圆桌及桌布

1.创建圆桌

分析图5-60所示的圆桌及桌布效果图，桌面可以创建切角圆柱体，桌布可以根据模拟计算编辑并设置完成，创建圆桌的步骤如下。

● 图5-60 圆桌及桌布效果

（1）选择【几何体】，在下拉列表中选择“扩展基本体”/“切角圆柱体”命令，在顶视图中创建圆桌面。设置参数为半径70、高度5、圆角2、高度分段4、圆角分段6、边数32、端面分段10，如图5-61所示。

（2）绘制桌腿平面图。在前视图中用画线命令绘制图5-62所示的平面封闭线段。

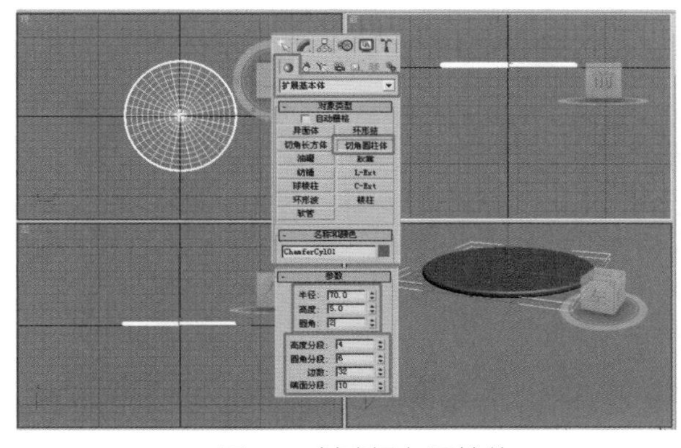

● 图5-61 创建切角圆柱体

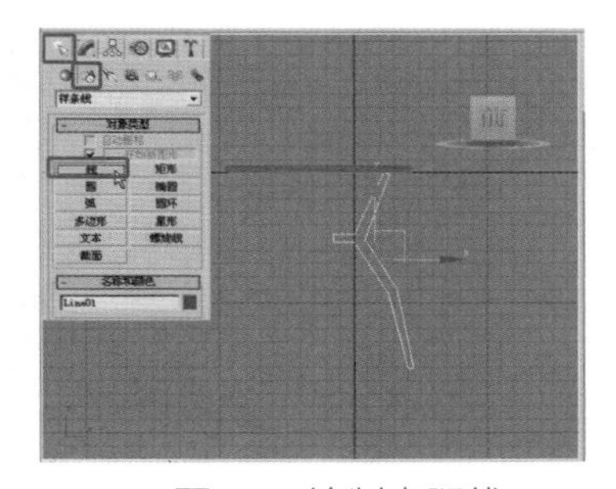

● 图5-62 绘制桌腿线

（3）选择【修改】，单击顶点子对象，改变顶点性质，调整曲线并选择相应的顶点，用“圆角”工具将图5-63所示的部分顶点修改为圆角。

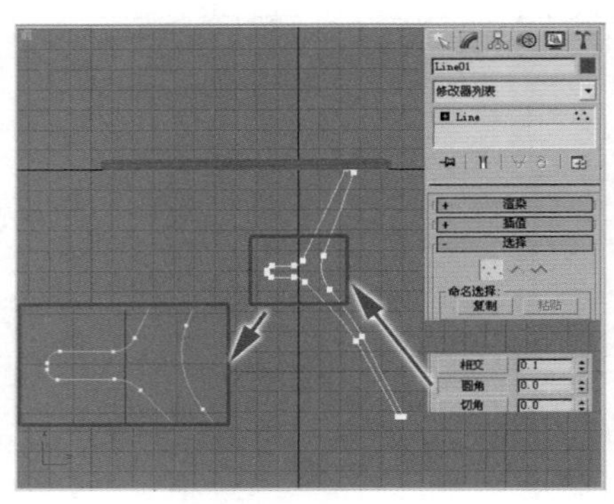

● 图5-63 圆角工具

（4）绘制桌腿倒角剖面线：选择【图形】 /【弧】命令，在前视图中绘制圆弧并修改尺寸为半径2.2，从290°到70°，如图5-64所示。

（5）用倒角剖面修改器制作桌腿：选择桌腿线段，单击【修改】 ，在下拉列表中选择“倒角剖面”命令并单击“拾取剖面”在视图中拾取刚画的圆弧，如图5-65所示，完成桌腿的造型，如图5-66所示。

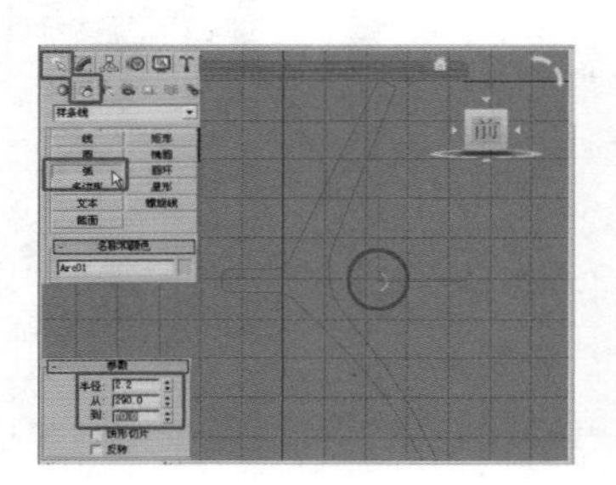

● 图5-64 绘制圆弧

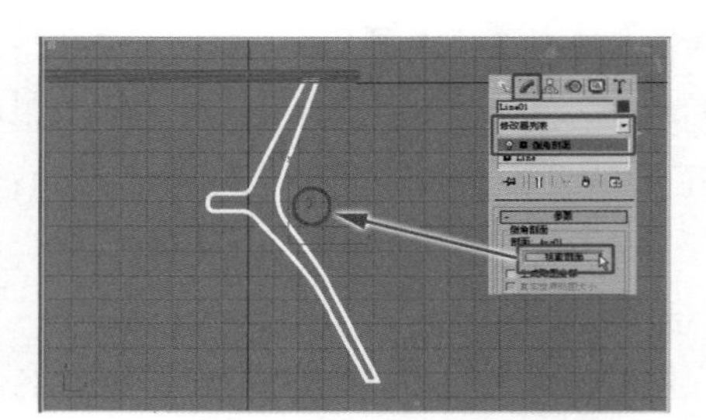

● 图5-65 使用倒角剖面修改器

（6）在顶视图中将桌腿对齐到桌面中间，如图5-67所示。

● 图5-66 完成桌腿造型

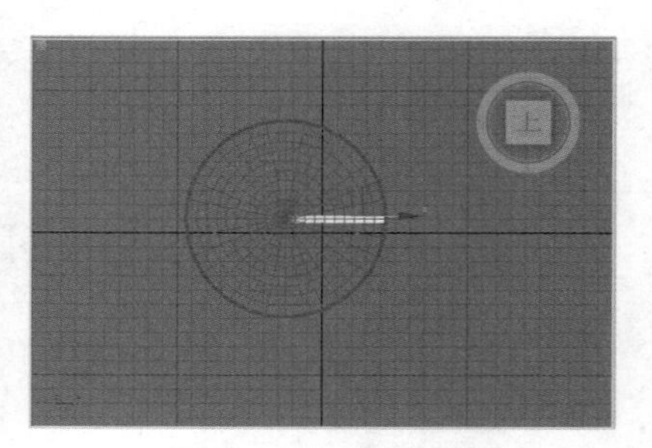

● 图5-67 移动桌腿位置

（7）将桌腿阵列为3个：在工具栏“参考坐标系”的列表中选择“拾取”，并在视图中拾取桌面为坐标系参照物，在右侧的3种类型中选择 （使用变换坐标中心），如图5-68所示。

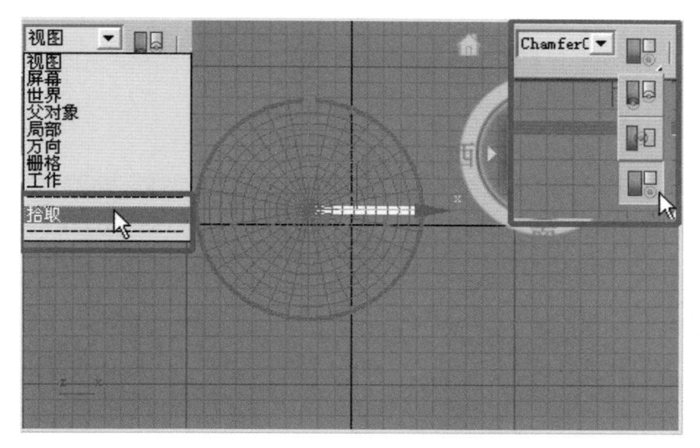

● 图5-68 设置新的变换中心

（8）选择下拉菜单【工具】/【阵列】，在弹出的阵列对话框中设置阵列参数：绕Z轴旋转的增量为120（度）、“阵列维度”选“1D”、数量为3，按下“预览”按钮，看到视图中阵列结果正确，单击“确定”按钮，如图5-69所示。

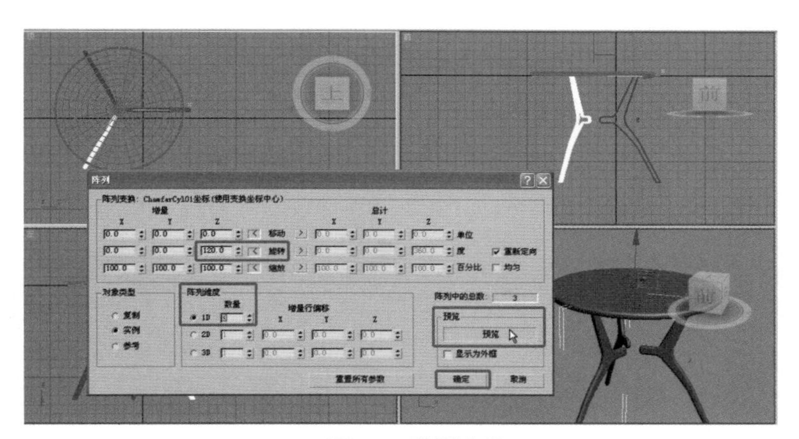

● 图5-69 阵列桌腿

（9）在前视图中选择桌面，向下复制到图5-70所示的位置，修改参数为半径26、高度4、圆角1.5。

（10）调整桌面颜色，保存文件为“圆桌.max”。

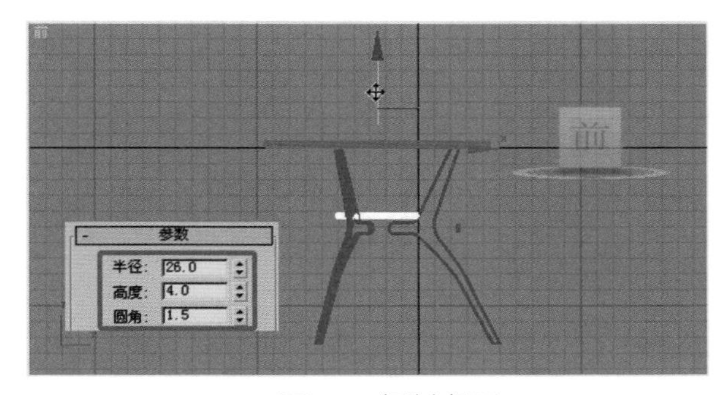

● 图5-70 复制桌面

2.创建桌布

（1）选择【几何体】 /【平面】，在顶视图中创建180×180的平面作为桌布，长宽分段数为50。将其移动到桌面上方并与桌面对齐，如图5-71所示。

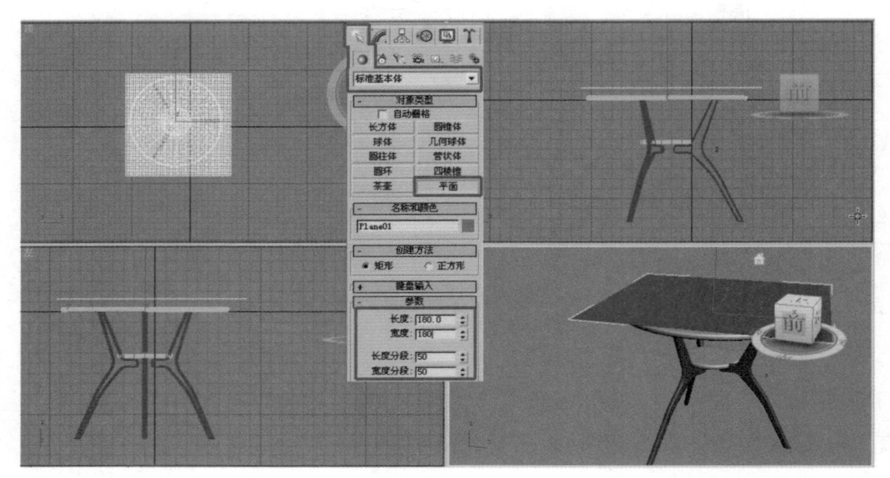

● 图5-71 创建平面

（2）选择平面（桌布），单击【修改】 ，在列表中选择“Cloth”（布料修改器），单击“对象属性”，弹出“对象属性”对话框。在对话框左侧“模拟对象”中选择“Plant01（平面）”并勾选“Cloth”（布料），按下“确定”按钮，这样就把平面（桌布）设为“布料了”，如图5-72所示。

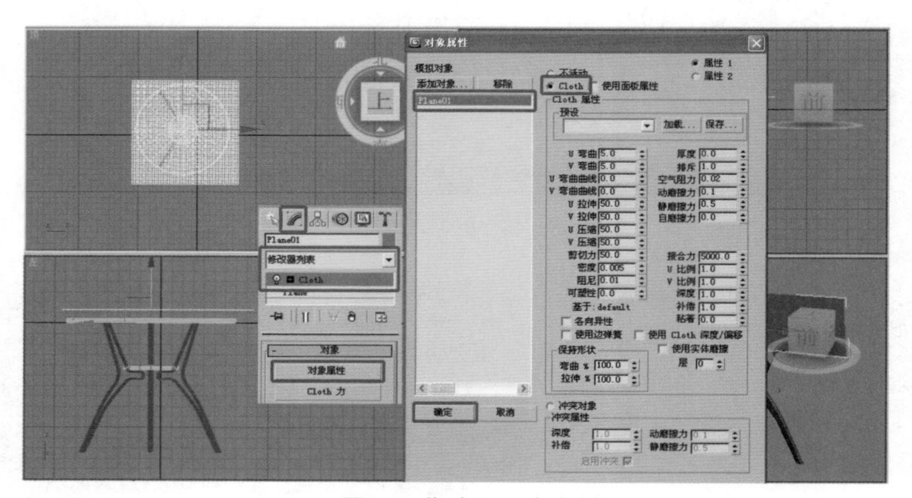

● 图5-72 指定平面为布料

（3）单击“添加对象”，在弹出的对话框中选择切角圆柱体（即桌面）按下“确定”按钮，如图5-73所示。

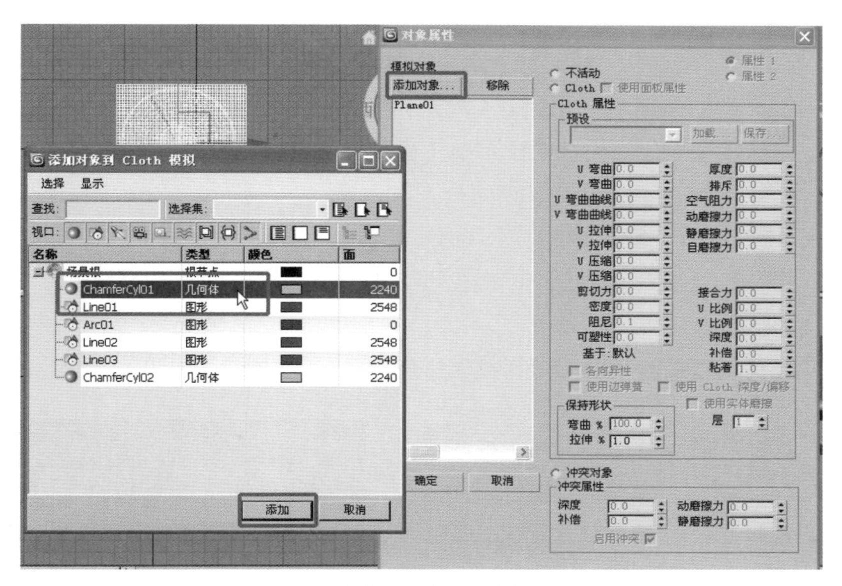

● 图5-73 添加对象

（4）在“对象属性”对话框中选中刚添加的桌面，勾选下方“冲突对象”，再按下“确定”按钮，这样就将桌面设为了布料变形的阻挡物体，如图5-74所示。

（5）在面板下方的“模拟参数”卷展栏中勾选“自相冲突”和“检查相交”，按下“模拟本地”按钮，系统开始计算布料，此时桌布开始逐渐下垂，到形态合适时，再次按下“模拟本地”按钮。另外也可以按下“模拟”按钮，布料以动画方式进行计算直到视图下方的动画滑块从“1/100”移动到“100/100”为止，完成模拟计算，如图5-75所示。如果发现桌布与桌面（即切角圆柱体）有部分相交状态，可以适当上移桌布使其离开桌面来改善这种情况。

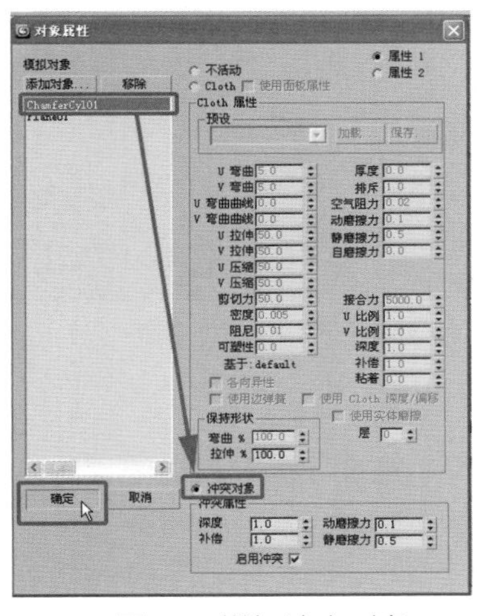

● 图5-74 增加冲突对象

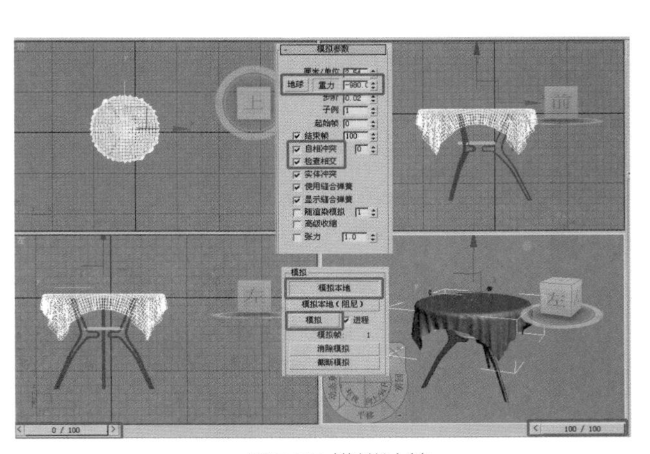

● 图5-75 模拟计算

5.4 三维建模

5.4.1 门和窗

1.门的创建

在命令面板上选择【创建】 /【几何体】 ，在下拉列表框中选择“门”，提供3种类型的门供选择，包括“枢轴门”“推拉门”“折叠门”，如图5-76所示。

（1）枢轴门。

图5-77所示为枢轴门，是围绕枢轴旋转打开的门，其主要参数如图5-78所示。

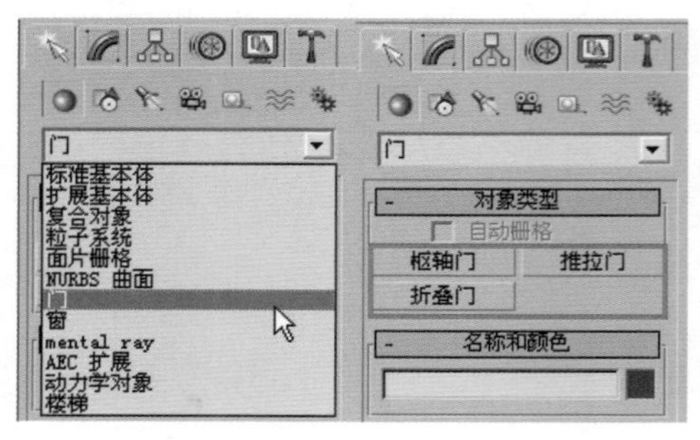

● 图5-76 创建门

● 图5-77 枢轴门

枢轴门既可以为单扇，也可以是双扇，可以向外或内打开，还可以设置页扇的窗格数和其他各部分的参数值，创建方法（顺序）可以选择“宽度/深度/高度”或“宽度/高度/深度”两种，主要部分的结构示意如图5-79所示。

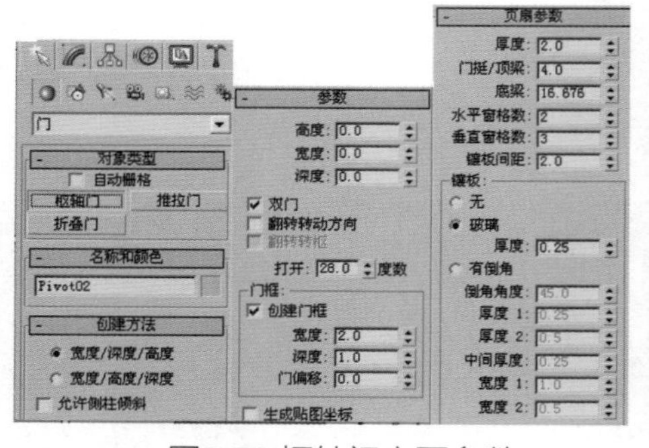

● 图5-78 枢轴门主要参数

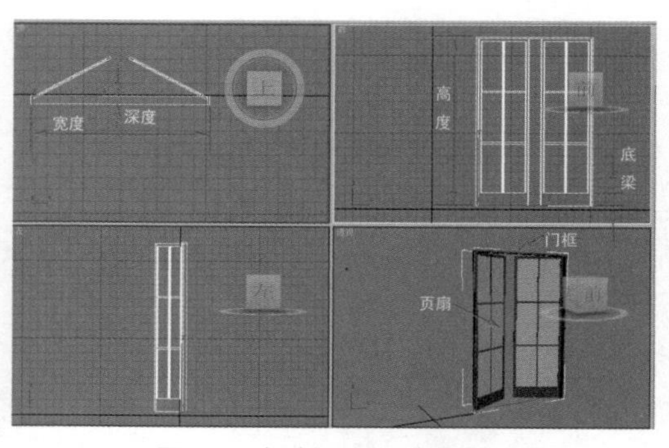

● 图5-79 枢轴门主要结构示意

（2）推拉门。

推拉门如图5-80所示，是一种靠滑动推拉打开或关闭的门。推拉门可以设置左右滑动，可选择门框、页扇、镶板（玻璃）的各部分尺寸，参数如图5-81所示。

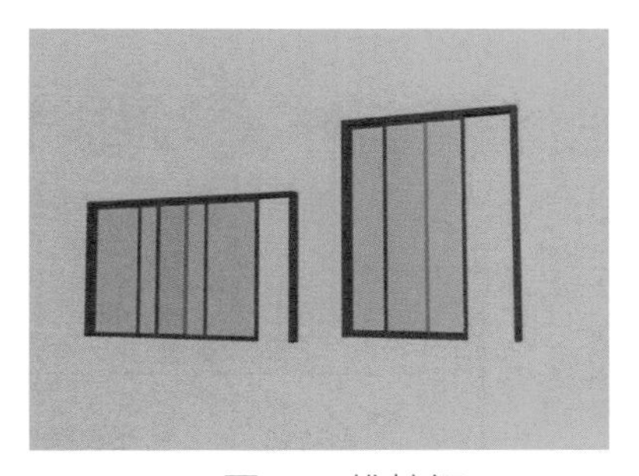

● 图5-80 推拉门

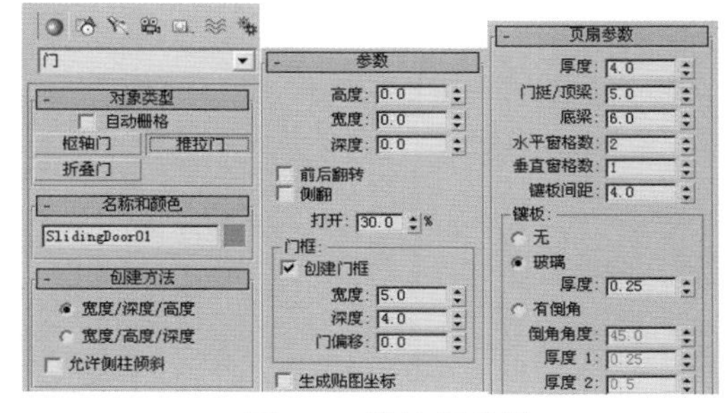

● 图5-81 推拉门参数

（3）折叠门。

折叠门如图5-82所示，参数与上述两种门类似，此处不再重复，请参见图5-83。

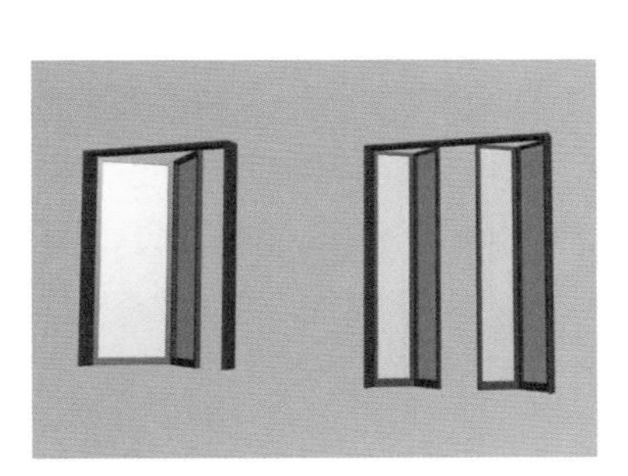

● 图5-82 折叠门

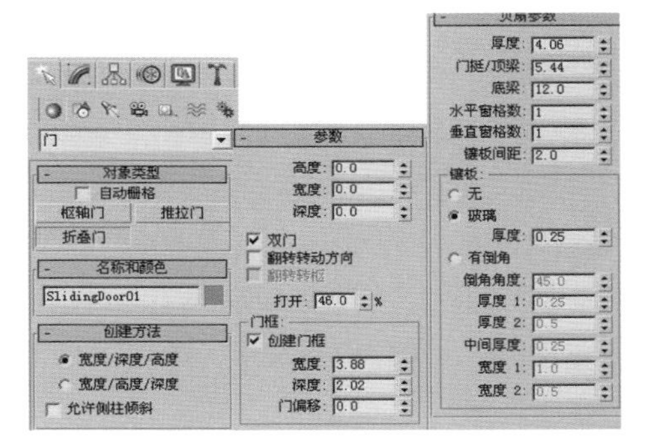

● 图5-83 折叠门参数

2.窗的创建

窗的创建与门类似，3ds Max提供了6种窗，各种窗的参数也是类似的，在图5-84的左侧列出了推拉窗的参数。

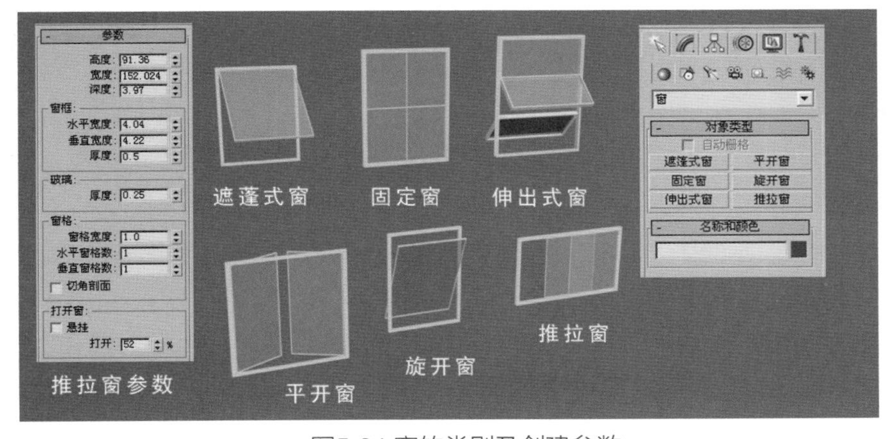

● 图5-84 窗的类别及创建参数

5.4.2 楼梯

3ds Max提供了4种类别的楼梯，包括L型楼梯、直线楼梯、U型楼梯、螺旋楼梯，每一种楼梯又分为开放式、封闭式和落地式3种形式，如图5-85所示。

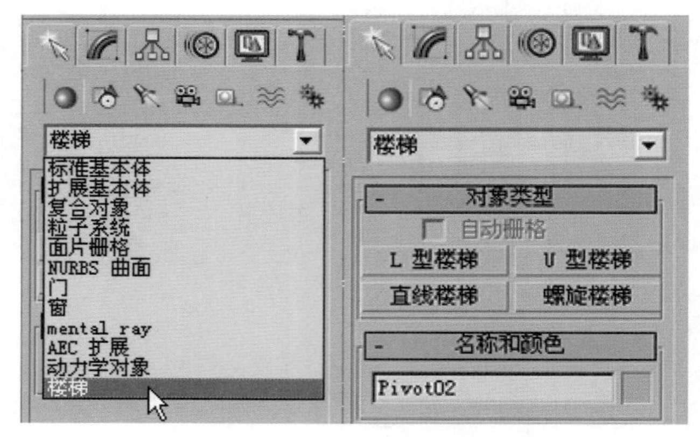

● 图5-85 楼梯创建面板

（1）L型楼梯。

L型楼梯是上下两部分形成90°转向的。以开放式L型楼梯为例说明楼梯的有关结构和参数。在“布局”和“梯级”中设置楼梯的基本尺寸（如高度、宽度、长度等）；在“生成几何体”框中可以选择是否需要侧弦、支撑梁和扶手（栏杆）以及扶手路径，并在相应的卷展栏中设置这几部分的具体尺寸，详细参数如图5-86所示，其中扶手路径帮助我们设置栏杆支柱，将楼梯和扶手连接起来。方法是先创建支柱（例如圆柱体），选择间隔工具，设置参数（如计数或间距），拾取扶手路径，一般支柱数量与楼梯很难完全吻合，需要调整支柱的位置以达到要求，如图5-87所示。

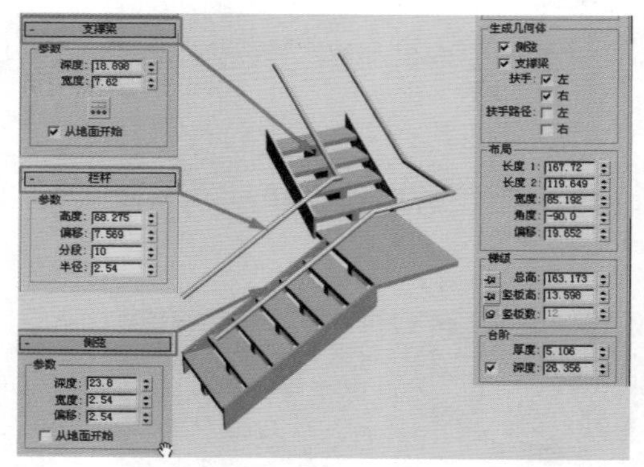

● 图5-86 L型楼梯的结构和参数

● 图5-87 使用间隔工具

（2）直线楼梯。

直线楼梯如图5-88所示，其结构比较简单，可沿直线方向升高。参数和选项与L型楼梯类似，不再重复。

（3）U型楼梯。

U型楼梯是上下两段梯级方向相反的楼梯，如图5-89所示，参数与前面所述类似，不再重复。

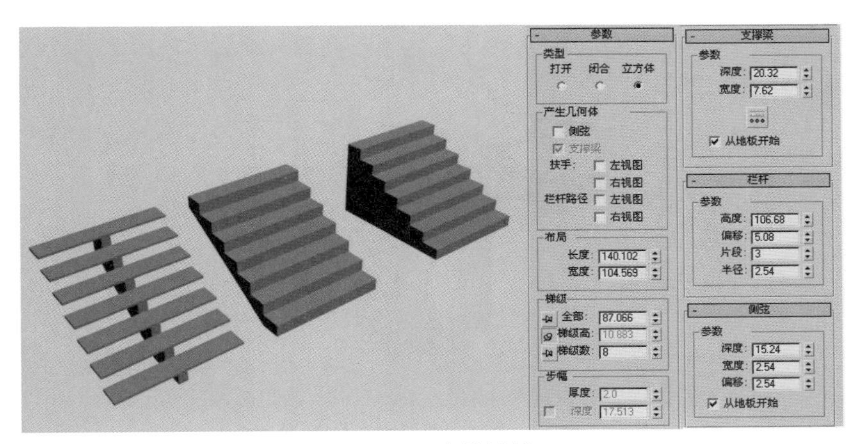

● 图5-88 直线楼梯

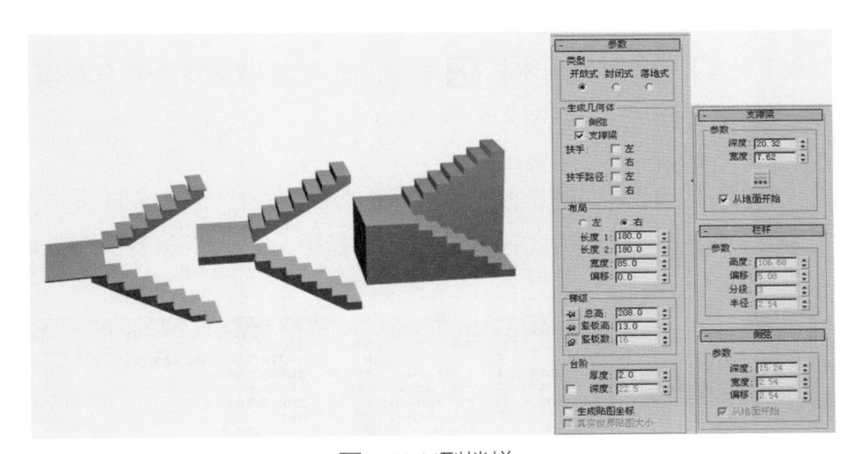

● 图5-89 U型楼梯

（4）螺旋楼梯。

螺旋楼梯是梯级沿圆周逐级升高的楼梯，如图5-90所示，分为开放式、封闭式和落地式3种，可以选择是否要扶手（栏杆）、中心柱、支撑梁和侧弦等结构部分，旋转方向可以选择顺时针或逆时针。其各部分结构和参数如图5-91所示。

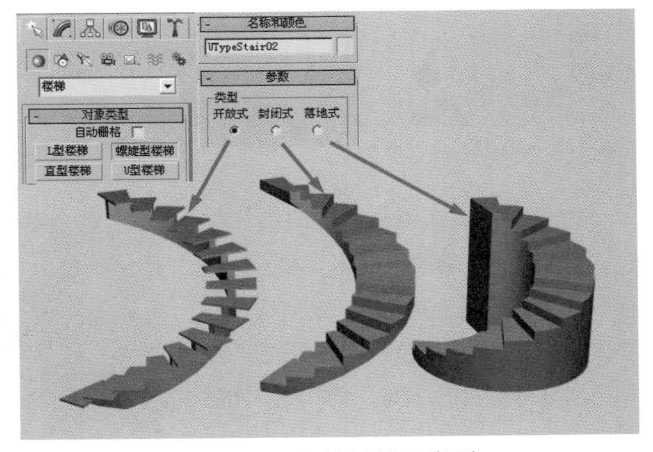

● 图5-90 螺旋楼梯及类别

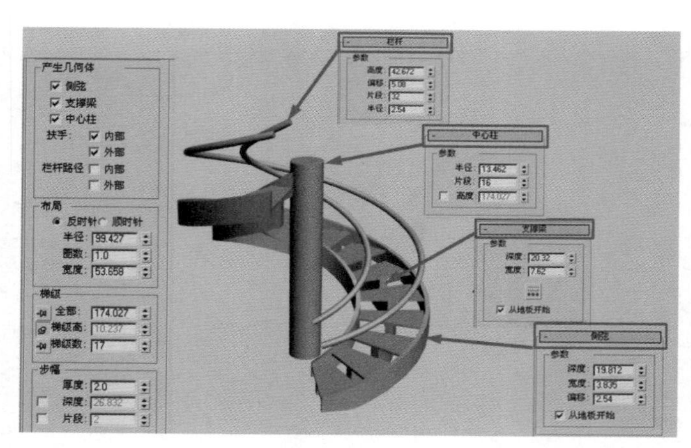

● 图5-91 螺旋楼梯的结构和参数

5.4.3 AEC扩展

单击创建【创建】 /【几何体】 命令，在下拉列表框中选择“AEC扩展”，可以创建植物、栏杆、墙3种对象类型，如图5-92所示。

（1）创建植物。

3ds Max提供一些植物的三维参数模型，单击“AEC扩展”命令面板中的“植物”按钮，列表中列出了多种树可供选择，单击“植物库”按钮，还可以打开更多植物类别，如图5-93所示。

● 图5-92 创建AEC扩展

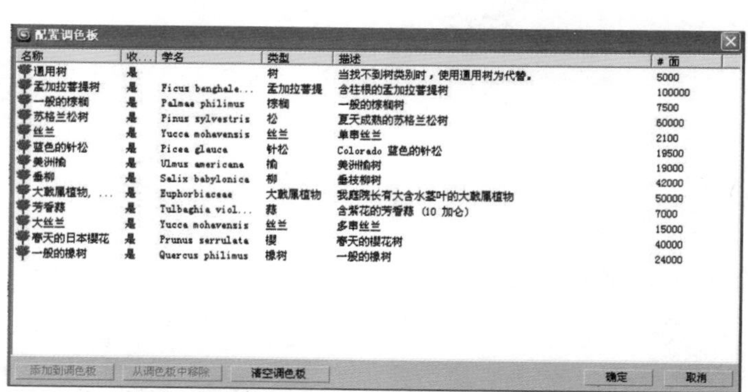

配置调色板

名称	收...	学名	类型	描述	# 面
通用树	是		树	当找不到树类别时，使用通用树为代替。	5000
孟加拉菩提树	是	Ficus benghale...	孟加拉菩提	含柱根的孟加拉菩提树	100000
一般的棕榈	是	Palmae philimus	棕榈	一般的棕榈树	7500
苏格兰松树	是	Pinus sylvestris	松	夏天成熟的苏格兰松树	60000
丝兰	是	Yucca mohavensis	丝兰	单串丝兰	2100
蓝色的针松	是	Picea glauca	针松	Colorado 蓝色的针松	19500
美洲榆	是	Ulmus americana	榆	美洲榆树	19000
垂柳	是	Salix babylonica	柳	垂枝柳树	42000
大戟属植物，...	是	Euphorbiaceae	大戟属植物	我庭院长有大含水茎叶的大戟属植物	50000
芳香蒜	是	Tulbaghia viol...	蒜	含紫花的芳香蒜 (10 加仑)	7000
大丝兰	是	Yucca mohavensis	丝兰	多串丝兰	15000
春天的日本樱花	是	Prunus serrulata	樱	春天的樱花树	40000
一般的橡树	是	Quercus philimus	橡树	一般的橡树	24000

添加到调色板　从调色板中移除　清空调色板　确定　取消

● 图5-93 打开植物库

直接在顶视图中单击即可创建植物，然后单击【修改】 ，在参数栏修改参数，如图5-94所示。高度控制植物大小，密度控制树叶的疏密程度，修剪可以获得形状的变化。在“显示”栏中还可以选择是否保留树叶、树干、树

● 图5-94 植物参数

枝和根，因为植物的面很多，视口显示可以选择树冠方式，这可以加快显示速度。

（2）创建栏杆。

先建立一个二维线作为栏杆路径，如图5-95所示，选择栏杆命令，指定（拾取）路径并设置主要参数：分段数和上、下围栏的形状（圆形或长方形）。其中分段数直接影响栏杆形状，栏杆以所设分段数直线来逼近路径曲线，如图5-95中两个栏杆的路径都是相同形状的椭圆，但分段数分别为40和3，即得到形状不同的栏杆；上、下围栏可以采用圆形或方形截面，并可设置截面尺寸。

栏杆的其他结构包括立柱、栅栏（支柱），如图5-96所示。每部分结构均可以设置尺寸形状，数量分配可以单击立柱间距 按钮，在各自的对话框内设置数量或间距，设立柱数量为3，始端偏移和末端偏移分别设置立柱在路径开始和结束处的位置偏移量。

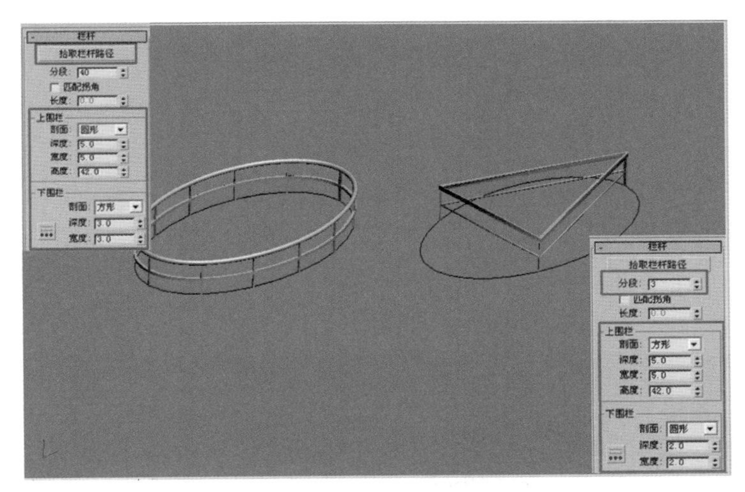

● 图5-95 创建栏杆

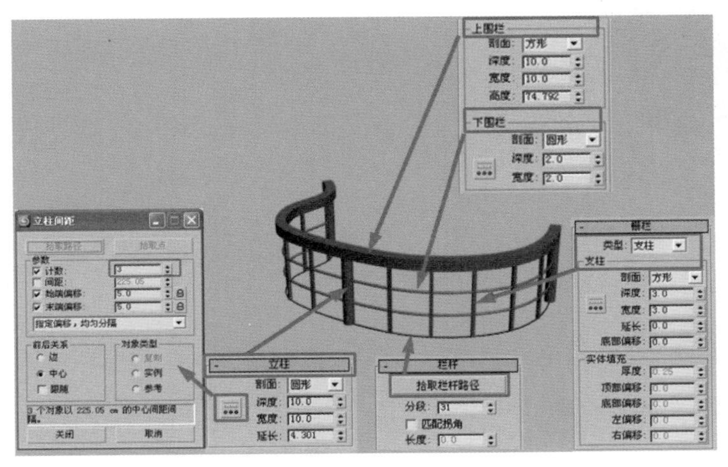

● 图5-96 栏杆选项及参数

5.4.4 弯曲修改器

弯曲命令使三维物体沿一定的轴向弯曲变形，通过一系列参数可控制弯曲的角度、方向和范围。

选择三维物体，单击 按钮，在命令列表中选择“弯曲”命令，出现弯曲命令的参数选项面板，如图5-97所示。

（1）角度：设置弯曲部分的角度大小（取值可为正或负，图中为90°）。

（2）方向：设置弯曲的方向。当弯曲轴为Z轴时，以前视图为准。0°向右弯，90°向前弯，180°向左弯，270°向后弯。

（3）弯曲轴：沿X轴、Y轴、Z轴方向控制弯曲轴向。

（4）限制范围：控制弯曲角度的影响范围，当勾选“限制效果”项时起作用。

（5）上限：设置弯曲上限，在此位置以上部分不受弯曲命令影响，如图5-97所示，从坐标原点算起，上限保持不变。

（6）下限：设置弯曲下限，在此位置以下部分不受弯曲命令影响。上下限的数值以坐标中心开始计算。不同物体的中心与创建方法有关。

（7）弯曲命令的子对象：在堆栈中单击Bend前面的“+”，出现Gizmo（控制框）和Center（中心）两个子对象，选择子对象后，在视图中出现黄色线框和黄色十字，即为Gizmo和Center，移动Gizmo或Center，将对弯曲结果产生影响，如图5-98所示。

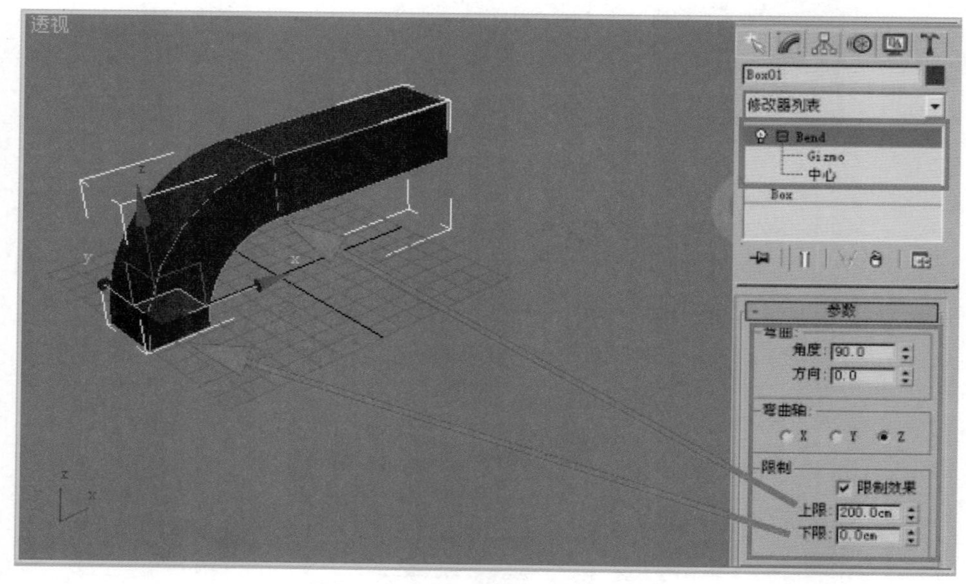

● 图5-97 弯曲命令及参数选项面板

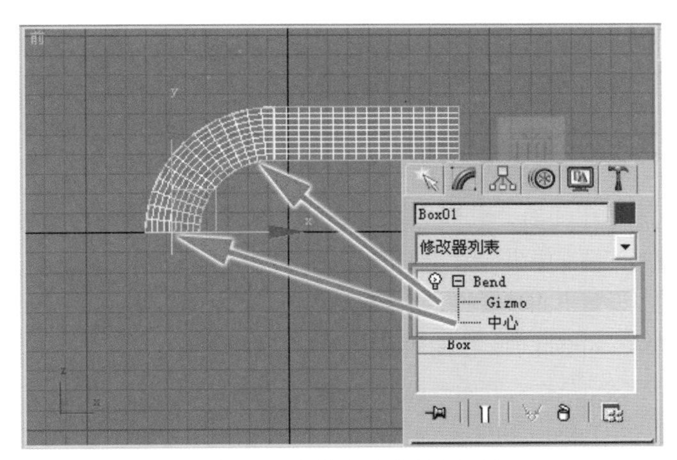

图5-98 弯曲修改器的子对象

下面以圆柱体的弯曲为例说明各参数选项对弯曲效果的影响。

（1）创建圆柱体，半径40cm，高度500cm，高度分段数16（分段数太少则影响弯曲光滑度），如图5-99所示。

（2）设置弯曲角度为90°，方向为0°，下限为0，上限为200cm，圆柱弯曲情况如图5-100所示。黄色十字为中心，两个黄色框为上下限位置。

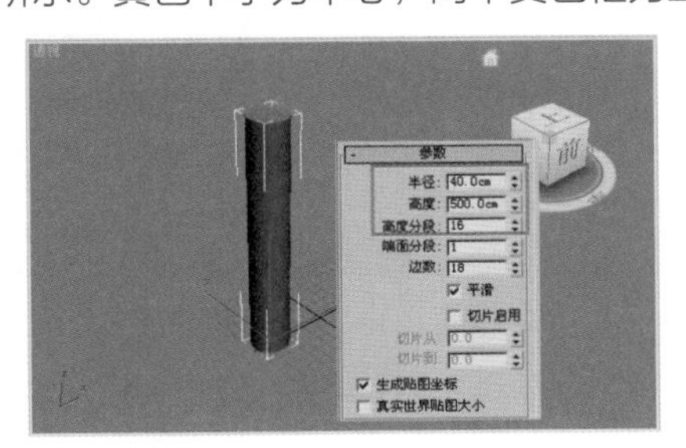

图5-99 创建圆柱体

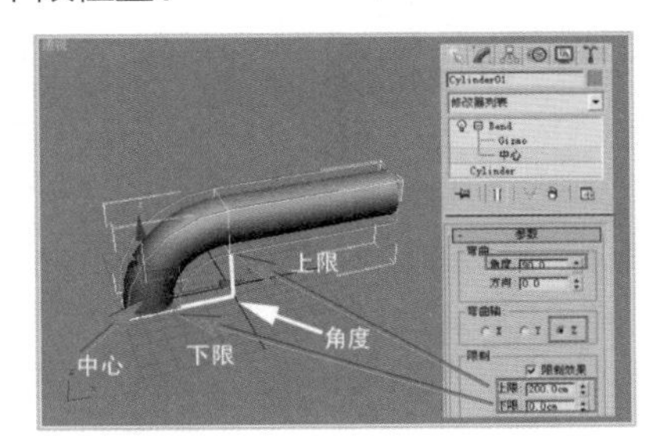

图5-100 弯曲圆柱

（3）保持参数不变，向上移动中心200cm左右，结果如图5-101所示。

（4）保持其他参数不变，改变下限为－200cm，上限为0，弯曲结果如图5-102所示。

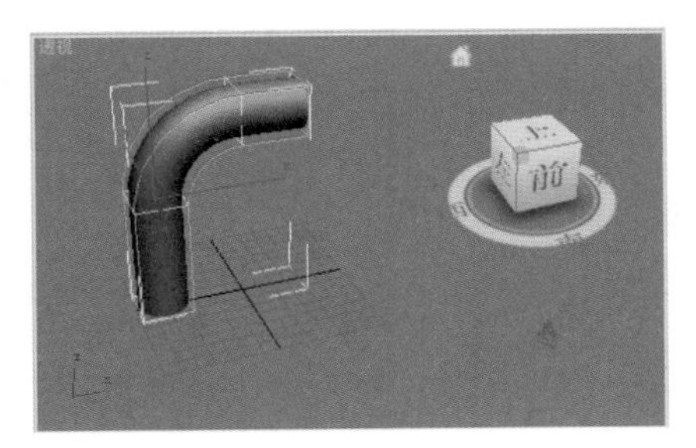

图5-101 中心点上移

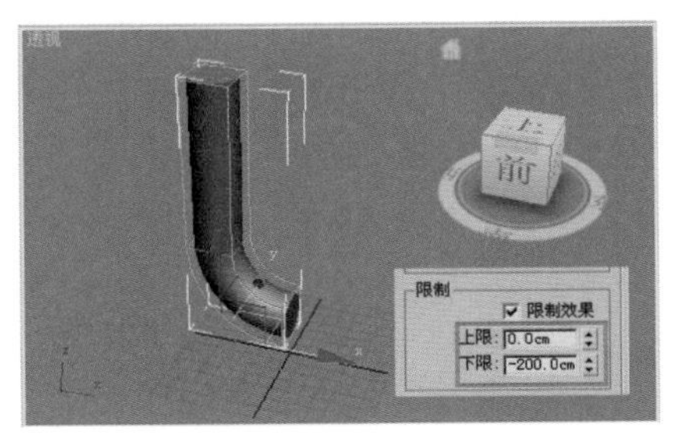

图5-102 改变上下限

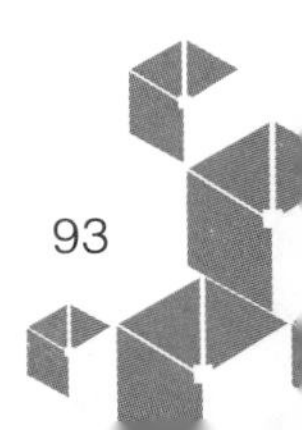

5.4.5 扭曲修改器

扭曲修改器使三维物体的各截面沿着扭曲轴产生扭转变形。选择三维物体，单击 按钮，在命令列表中选择“扭曲”命令，出现扭曲命令的参数选项面板，如图5-103所示。

（1）角度：设置扭转角度。

（2）偏移：设置扭曲轴上扭曲程度的偏差。偏差值为0，扭曲程度均匀；偏差值大于0，扭曲量向上增加；偏差值小于0，扭曲量向上减小。

（3）扭曲轴：设置扭曲产生的轴线方向。

（4）限制效果：勾选此项，扭曲效果控制在上下限之间。

（5）上限、下限：从中心开始计算，数值可以为正或负。

（6）单击堆栈中Twist（扭曲）左侧的“+”，出现扭曲命令的子对象：Gizmo（控制框）是以黄色显示的范围，移动该框将影响扭曲形态；中心以黄色十字显示，是偏移和上下限计算的坐标原点，如图5-104所示。

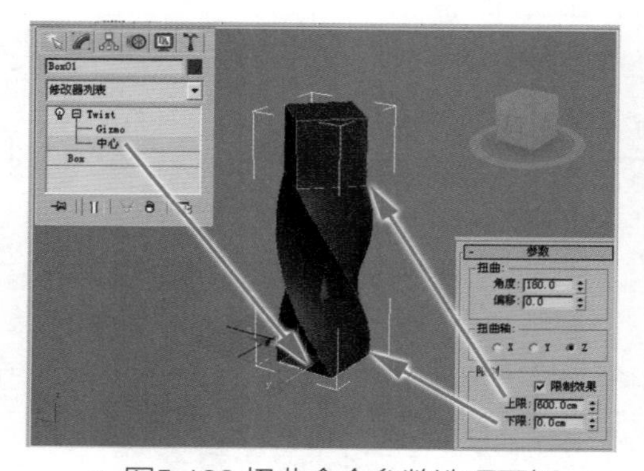

● 图5-103 扭曲命令参数选项面板

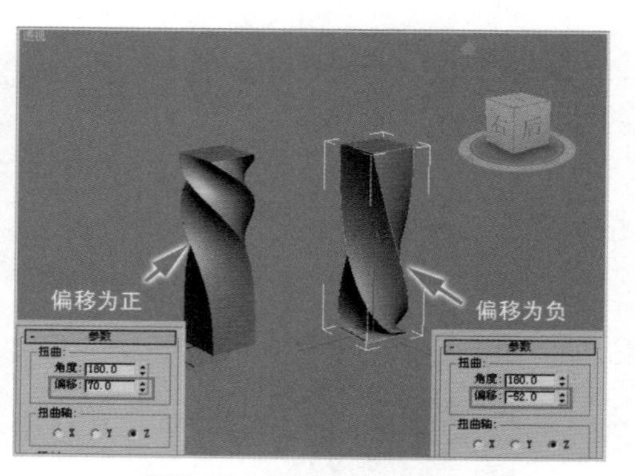

● 图5-104 偏移对扭曲的影响

5.4.6 锥化修改器

锥化命令使三维物体沿轴线产生锥度变化，通过参数设置可控制锥度大小、轮廓线的凹凸弯曲程度、锥化的范围。

1.锥化（Taper）命令的参数选项面板

选择三维物体，单击 按钮，在命令列表中选择“锥化”，参数面板如图5-105所示。

（1）数量：设置锥化量。其值为0时，不产生锥化；大于0时，顶面大于底面；小于0时，顶面小于底面，如图5-106所示。

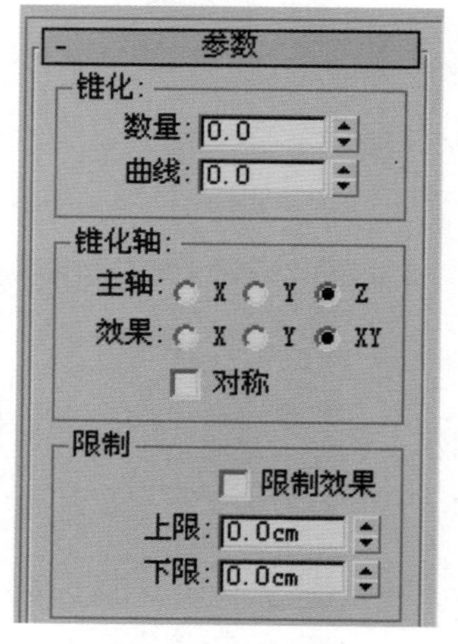

● 图5-105 锥化参数

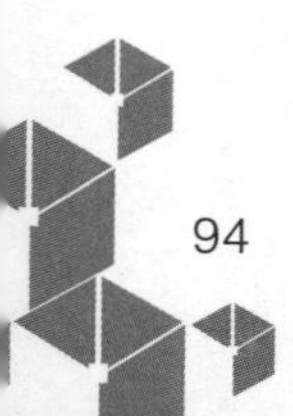

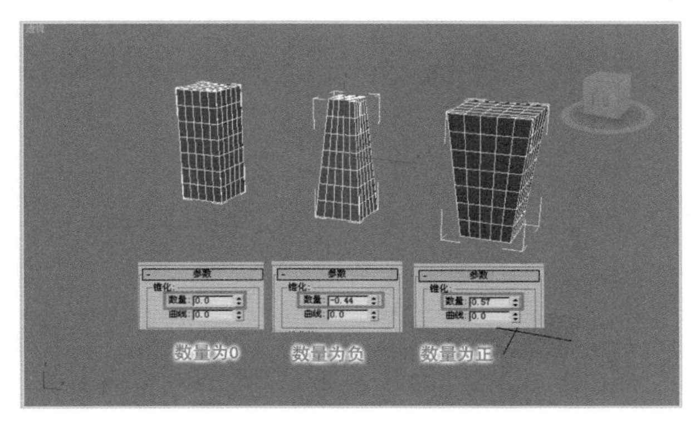

● 图5-106 锥化数量的影响

（2）曲线：设置锥化的凹凸程度。其值为0时，锥化轮廓为直线；大于0时，锥化轮廓曲线向外凸；小于0时，锥化轮廓曲线向内凹。锥化曲线的影响如图5-107所示。

（3）主轴：设置锥化轴。

（4）效果：设置锥化效果的影响方向。

（5）对称：设置对称的影响效果。

（6）限制：设置锥化的区域范围，由上限和下限控制锥化区，勾选“限制效果”时上下限起作用。

单击堆栈框中Taper（锥化）左侧的“+”，出现子对象Gizmo（控制框）和中心，移动线框或中心将影响锥化对象的形态，如图5-108所示，右边两个立方体的锥化量和曲线值相同，上下移动中心，其锥化结果不一样；左边的两个立方体锥化量和曲线值也相同，上下移动中心，其锥化结果也不一样。

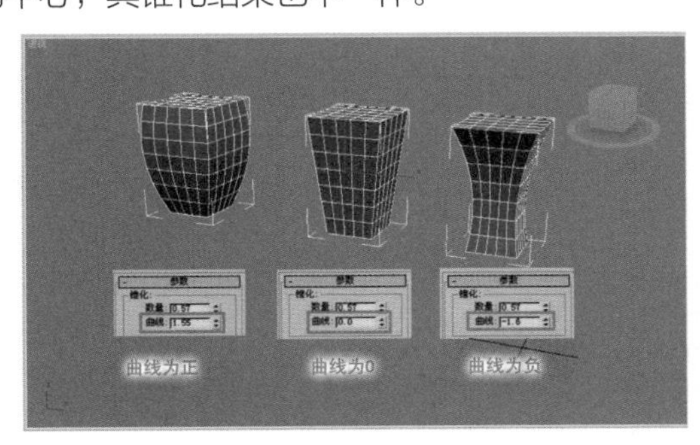

● 图5-107 曲线数值的影响

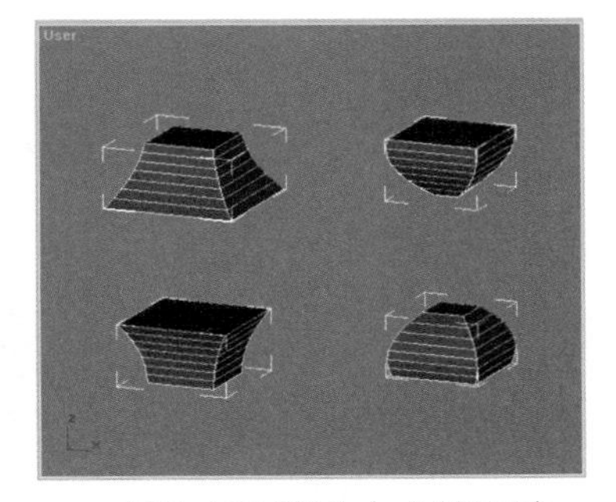
● 图5-108 移动中心的影响

2.锥化命令应用实例：伞的造型

（1）在顶视图中创建星形，参数如图5-109所示。

（2）单击 按钮，在命令列表中选择“挤出”命令，数量150cm，分段8，去除“封口始端”的勾选，如图5-110 所示。

（3）单击 按钮，在命令列表中选择“锥化”命令，设置锥化参数，如图5-111所示。

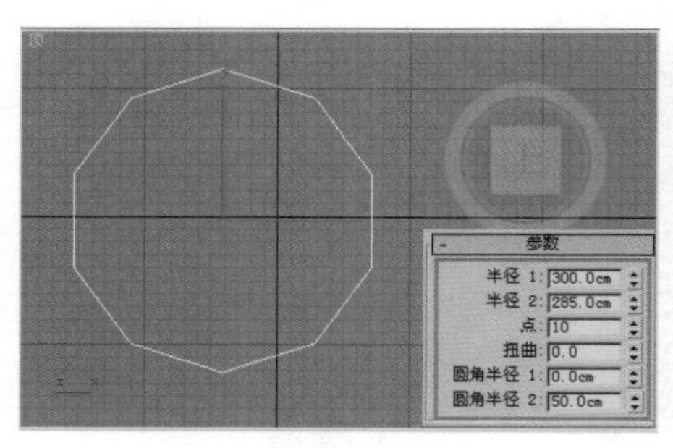

● 图5-109 创建星形

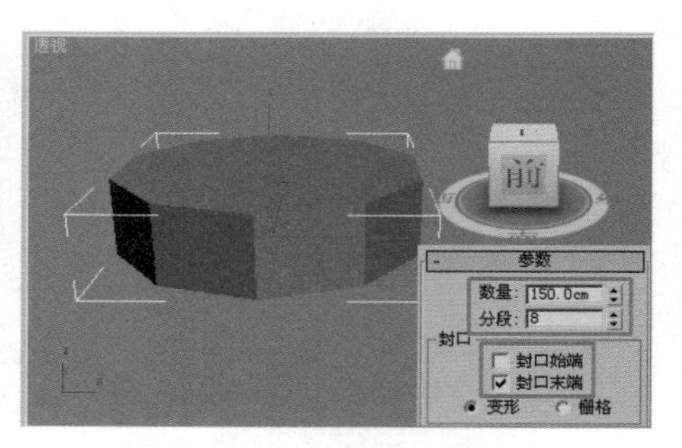

● 图5-110 使用挤出修改器

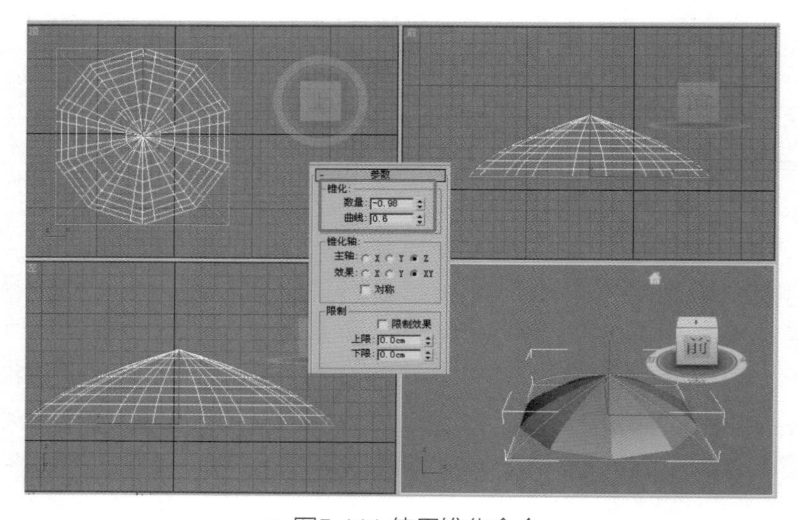

● 图5-111 使用锥化命令

（4）由于在挤出时去除了“封口始端”的勾选，使伞的内部为不可见。所以要单击 按钮，选择命令“壳”，在参数栏设置外部量为2cm，使对象产生一定的厚度，可以看到伞的内部，完成了伞的造型，如图5-112所示。

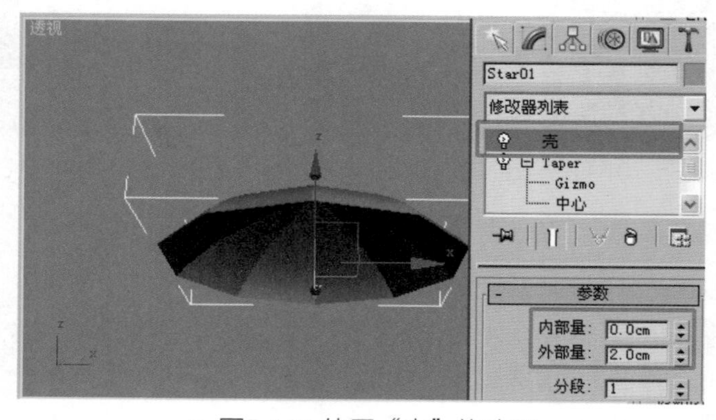

● 图5-112 使用“壳”修改器

（5）用直接画线的方法创建伞把，设置线的粗度和可渲染特性，编辑线的形状使其符合要求。最后得到图5-113所示的效果图。

图5-113 伞的效果图

本章小结

本章主要讲解了用三维布尔运算进行建模的方法，学会使用弯曲、扭曲、锥化、布料、FFD变形等修改器完成复杂建模，熟练掌握修改器的操作与设置。

知识点：布尔运算、扭曲、FFD等修改器的运用。

拓展实训

1.布尔运算有哪几种方式？经布尔运算后，对象还能回到建模之初，修改参数吗？

2.完成图5-114所示的石凳造型效果。

3.完成图5-115所示的洗发水瓶的造型。

图5-114 石凳造型

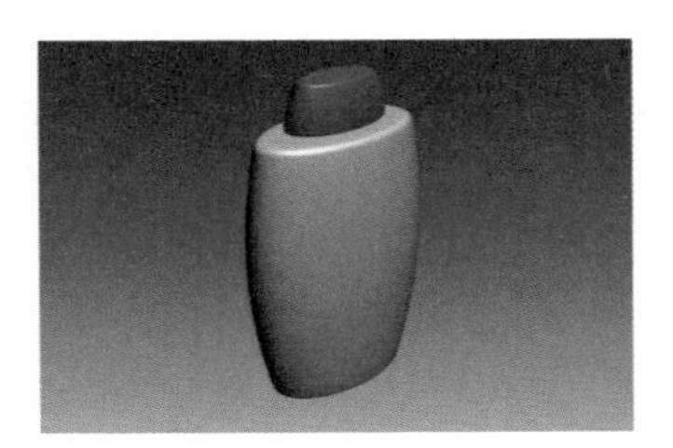

图5-115 洗发水瓶造型

第6章 VRay简介与渲染参数解析

VRay是目前行业内最常用的渲染插件之一，其真实而高效的渲染能力得到行业内大多数设计师的认可。本章主要了解VRay for 3ds Max软件的历史，并对VRay渲染器、VRay灯光与VRay材质及VRay渲染面板参数有初步的了解，为后面章节中项目实践部分的学习奠定基础。

课堂学习目标

- 熟悉VRay的操作流程。
- 掌握VRay的参数含义和设置。
- 对全局照明有深刻的认识。
- 理解VRay灯光的类型和基本制作。
- 理解VRay材质的特点和基本制作。

6.1 渲染器介绍

3ds Max犹如一个大的容器，将建模、渲染、动画、影视后期融为一体，为客户提供一个多功能的操作平台，其最优秀的功能之一是其支持外挂模块。从最早期的版本至今，外挂插件也随着3ds Max的发展而不断更新换代，功能操作也更加人性化。

3ds Max插件中最引人注目的，莫过于渲染器插件系统了。3ds Max中默认的渲染器系统先天不足，虽然用默认设置也可以做出逼真的效果，但是仍达不到影视照片集所需要的效果，渲染器插件系统应运而生。目前市场上最受欢迎的渲染插件系统是VRay渲染器。

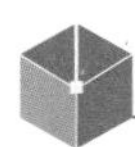

6.2 VRay渲染器简介

VRay是一款能够运行在多种三维程序环境中的强大渲染插件。此软件在2001年由挪威的Chaos Group公司开发，虽然在发布此软件时，三维渲染市场中已经有了Lightscape、Mentalray、FinalRender、Maxwell等渲染器，但VRay仍然凭借其良好的兼容性、易用性和逼真的渲染效果成为渲染界的后起之秀。目前此软件的用户已经远远超过了其他渲染软件的用户，其中文汉化版界面如图6-1所示。

● 图6-1 VRay2.0中文汉化版本的界面

VRay渲染器的特点如下。

1.优秀的全局光照系统（GI）

VRay是一种结合了光线跟踪和光能传递的渲染器，其真实的光线计算能创建专业的照明效果。VRay拥有强大的全局光照系统，同时，提供了许多可供选择的优秀渲染引擎，配合VRay的天光系统，可以模拟出接近真实的大气环境，如图6-2所示。

● 图6-2 VRay全局光照效果图

2.强大的焦散效果

在渲染界，VRay渲染器的焦散效果是最好的。VRay渲染面板中拥有强大的焦散设置系统，可以轻松地模拟出真实环境中灯光透过玻璃等透明物体所形成的表面反射和折射效果，如图6-3所示。VRay的焦散系统独立但又紧密相连，可以通过单独的灯光参数设置来改变焦散的效果，操作简单灵活。VRay是制作类似效果的首选渲染器。

● 图6-3 VRay焦散效果

3.HDRI动态贴图渲染

VRay渲染器支持的另一个重要功能就是HDRI高范围动态贴图。VRay渲染器对HDRI贴图提供了很好的兼容性。HDRI贴图广义上可以归纳在全局照明的设置中，在实际应用中也是与全局照明系统互相配合来创造真实的环境光照及反射和折射。VRay渲染器内置HDRI贴图的导入系统，可以很方便地进行编辑。编辑好的HDRI贴图可以通过环境、天光、反射和折射系统作用于场景环境，这是VRay渲染器效果表现的一项明显优势。HDRI贴图效果如图6-4所示。

● 图6-4 HDRI贴图效果

4.高效的渲染速度

VRay渲染器内置的渲染引擎十分优秀，对画面的采样处理也进行了很多不同级别的细分，可以满足任何情况的需要。它的平均速度比FinalRender渲染器快了接近20%，比Brazil渲染器快了接近60%。渲染速度快、效果真实，使VRay渲染器成为目前市场上最火爆的渲染器。

5.简易的参数设置界面

VRay渲染器材质和渲染控制面板的参数设置简单，对初学者来说入门比较轻松。VRay材质和全局光照的调整都比较容易，即使没有基础的人也可以快速掌握。虽然VRay为用户提供了一个很好的操作环境，但还是需要设计师不断提高自身对画面的感觉、对光的理解和对颜色的处理能力，这样才能够通过VRay渲染器将效果图技能提高到一个新的境界。VRay渲染效果图如图6-5所示。

● 图6-5 优秀的VRay渲染效果图案例

6.3 VRay渲染参数设置

选择【渲染】命令开启【渲染设置】对话框，在【公用】菜单栏【选择渲染器】卷展栏中指定VRay为当前渲染器，如图6-6所示。【渲染设置】对话框自动生成VRay渲染器参数设置面板，包括【VR基项】、【VR间接照明】、【VR设置】，通过这些卷展栏即可设置各种渲染参数。

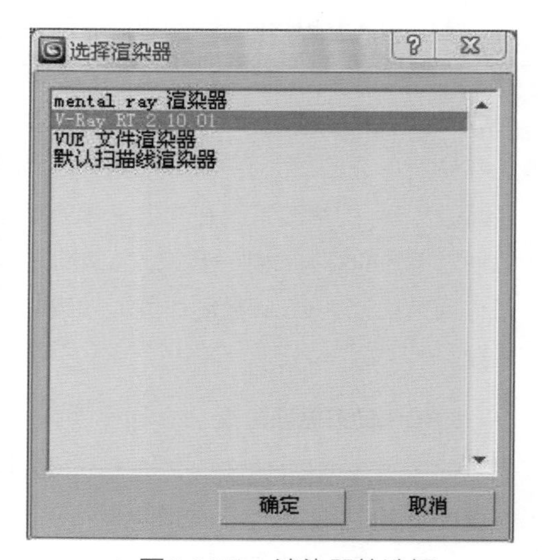

● 图6-6 VRay渲染器的选择

1.VRay帧缓冲器

3ds Max拥有帧缓冲器，VRay也自带一个帧缓冲器。通过这个帧缓冲器可以单独设置VRay渲染器的分辨率、缓冲通道等，而不影响3ds Max的帧缓冲器。

技巧：通常使用VRay帧缓冲器时，需要将3ds Max默认的公用栏帧缓冲器输出尺寸调整为1，这样可以节约内存。

【V-Ray::帧缓存】卷展栏如图6-7所示，其中各主要参数含义如下。

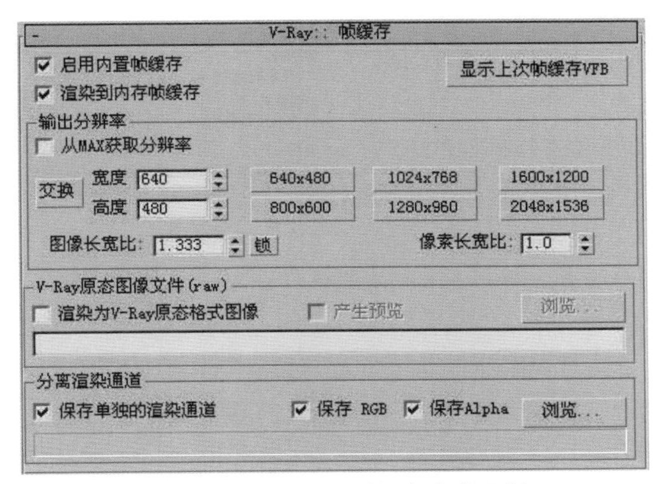

● 图6-7 【V-Ray::帧缓存】卷展栏

【启用内置帧缓存】复选框：勾选该对话框将启用VRay内置帧缓冲器，渲染时将直接使用VRay内置帧缓冲器，如图6-8所示。

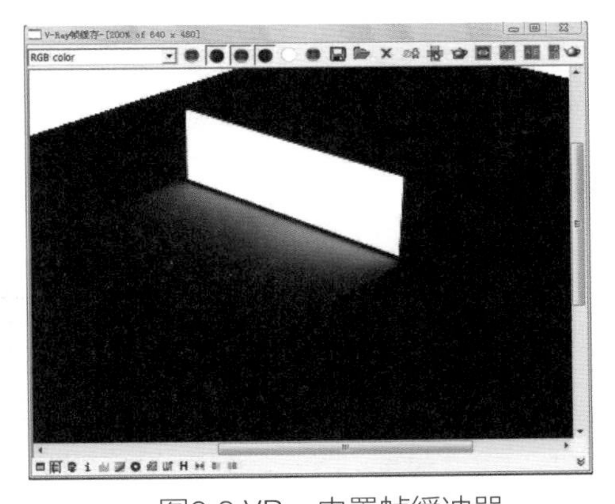

● 图6-8 VRay内置帧缓冲器

【渲染到内存帧缓存】复选框：勾选该复选框，系统将在内存中建立一个用于VRay渲染的帧缓存，用于储存颜色数据及渲染前后的图像观察数据。一般在渲染分辨率较小的图像时勾选该选项，可以提高渲染速度；如果是分辨率较大的图像，勾选该选项将占用大量内存，反而会降低渲染速度。

【输出分辨率】选项组：通过该选项组可以设置渲染图像的大小，如果勾选【从MAX获取分辨率】复选框，将以3ds Max【公用】选项卡中设置的分辨率作为渲染图像的分辨率。

【渲染为V-Ray原态格式图像】复选框：勾选该复选框，渲染时将不在内存中保存任何数据，而是将数据保存在通过单击【浏览】按钮设置保存路径指定的位置。如果是分辨率较大的图像，勾选该选项将节省内存，可以提高渲染速度。

【分离渲染通道】选项组：该选项组主要是设置单个颜色通道的保存参数。

2.VRay全局开关

【V-Ray::全局开关】卷展栏控制着VRay渲染场景时所有全局光照和贴图的渲染状态，

相当于一个总控制器，如图6-9所示。

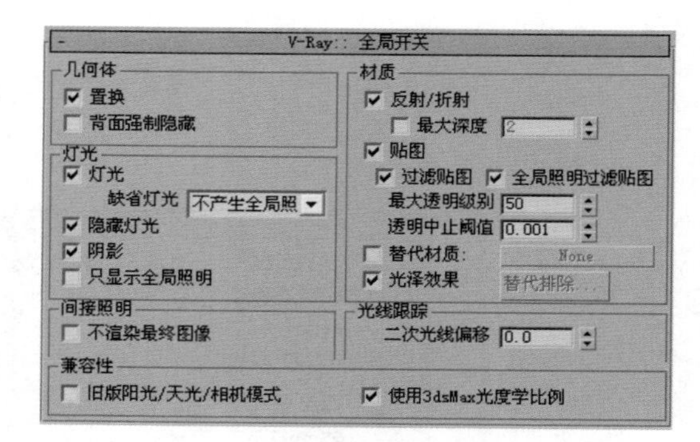

● 图6-9【V-Ray::全局开关】卷展栏

【V-Ray::全局开关】卷展栏中各主要参数含义如下。

【置换】：勾选该选项，渲染时可以使用VRay置换贴图，同时不会影响3ds Max自身的置换贴图。

【灯光】：场景中直接光照的总开关，勾选时可以渲染直接关照，不勾选则只渲染间接光照。

【缺省灯光】：勾选时使用3ds Max默认灯光，不勾选则只渲染场景中人工置放的灯光。

【隐藏灯光】：勾选该选项时只渲染灯光光线而不渲染灯光模型。

【阴影】：勾选该选项将渲染场景中物体投射的阴影。

【只显示全局照明】：勾选该选项，最终渲染效果中只渲染间接光照。

【不渲染最终图像】：勾选该选项，VRay只计算全局光照贴图，常用于动画渲染。

【反射/折射】：勾选该选项可以渲染反射和折射贴图。

【最大深度】：控制场景中透明对象的透明度。

【贴图】：勾选该选项可以渲染贴图材质。

【过滤贴图】：勾选该选项可以使用过滤贴图。

【二次光线偏移】：设置光线二次反弹偏移量。

3.VRay图像采样器

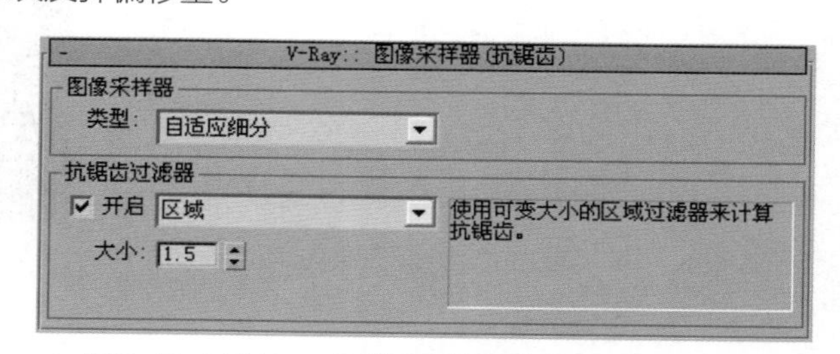

● 图6-10【V-Ray::图像采样器（抗锯齿）】卷展栏

VRay图像采样器又被称为反锯齿采样，该参数决定了图像质量的好坏。通过【V-Ray::图像采样器（抗锯齿）】卷展栏可以设置图像采样质量的高低和采样方式，如图6-10所示，图像采样器类型可以设定为【固定】、【自适应DMC】和【自适应细分】3种分类。

【固定】比率采样器：这是VRay中最简单的采样方法，对每个像素采用一个固定数量的样本。

【自适应DMC】采样器：这个采样器根据每个像素和它相邻像素的亮度差异产生不同数量的样本。

【自适应细分】采样器：在没有VRay模糊特效（直接GI、景深、运动模糊等）的场景中，它是最好的采样器。

VRay支持所有3ds Max抗锯齿过滤器，同时通过【抗锯齿过滤器】选项组可以设置12种不同的抗锯齿类型。当选择各抗锯齿类型时，VRay将在右侧提示框中显示该过滤器的特征。是否开启抗锯齿参数，对于渲染时间的影响非常大，一般在最终渲染高品质图像及需要观察反射模糊效果时，需要开启抗锯齿参数。

4.VRay自适应图像细分采样器

当选择【自适应细分】采样器时，在卷展栏自动激活【自适应图像细分采样器】面板，细节如下。

【最小采样比】文本框：该值决定每几个像素执行一个采样数目。如0时表示每个像素只有一个采样，-1表示每2个像素只有一个采样，-2表示每4个像素只有一个采样。

【最大采样比】文本框：该值决定每个像素的最大采样数目。如0时表示每个像素只有一个采样，1表示每个像素有2个采样，2表示每个像素有4个采样。

【颜色阈值】文本框：确定采样器灵敏度，值越小效果越好，速度越慢。

【对象轮廓】复选框：勾选该选项将无论是否需要都会在每个对象边缘进行高级采样。

【法线阈值】复选框：勾选该项后，高级采样将沿法线方向急剧变化。

【随机采样】复选框：勾选该选项后，采样点将在采样像素内随机分布，这样能够产生较好的视觉效果。

5.VRay环境

VRay环境是用来指定使用全局光照明和反射及折射时使用的环境颜色和环境贴图。如果没有指定环境颜色和环境贴图，那么Max的环境颜色和环境贴图将被采用，通常在室内外效果图制作中将这里设置的环境叫做“天光”，如图6-11所示。

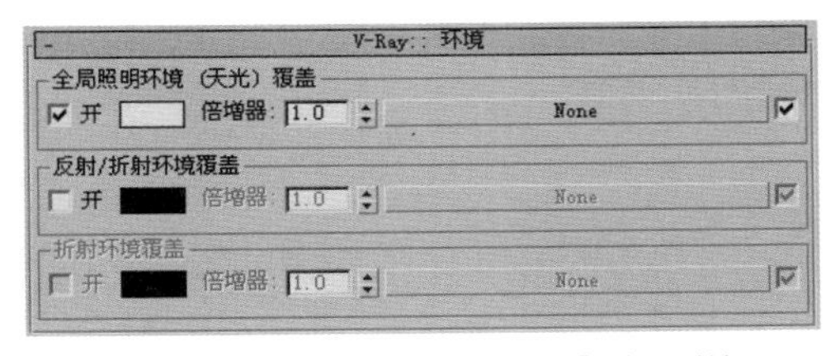

● 图6-11【V-Ray::环境】卷展栏

勾选【全局照明环境（天光）覆盖】复选框，VRay将使用指定的颜色和纹理贴图进行全局照明和反射折射计算，下方的颜色色块用于指定背景颜色。而【倍增器】值控制天光的强度，值越大天光越亮，单击“None”按钮还可以为场景指定环境贴图。

6.VRay颜色映射

【V-Ray::颜色映射】卷展栏中的各参数控制最终渲染图像的亮度和对比度等效果，相当于Photoshop中对图像的调节。

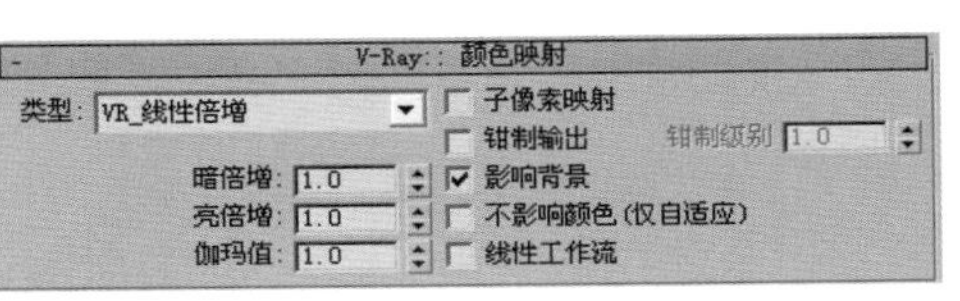

● 图6-12【V-Ray::颜色映射】卷展栏

在室内效果制作过程中一般选择【VR-线性倍增】曝光类型，如果需要保持背景艳丽则可以取消【影响背景】复选框，如图6-12所示。

7.VRay像机

VRay中的像机通常用来定义场景中产生的光影，它主要体现出场景如何显示在屏幕上。VRay支持7种类型的像机：【标准】、【球形】、【圆柱（中点）】、【圆柱（正交）】、【鱼眼】、【盒】和【包裹球形】等。通过【V-Ray::像机】卷展栏还可以为动画设置【景深】和【运动模糊】效果，如图6-13所示。

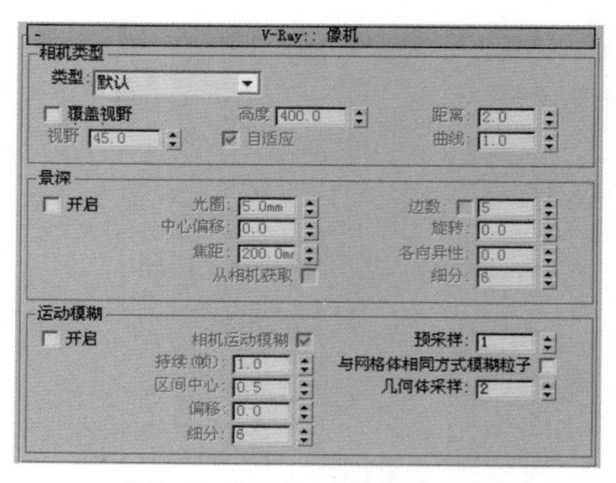

● 图6-13 【V-Ray::像机】卷展栏

8.VRay间接照明

VRay采用两种方法进行全局照明计算——直接照明计算和光照贴图。直接照明计算是一种简单的计算方式，它对所有用于全局照明的光线进行追踪计算，能产生准确的照明结果，但是需要花费较长的渲染时间，而光照贴图是一种使用相对复杂的技术，能够以较短的渲染时间获得准确度较低的图像。

在室内外效果图制作过程中，【V-Ray::间接照明（全局照明）】卷展栏中的参数都是最常用的，这些参数控制着光线反弹的全局光引擎类型和强度，如图6-14所示。

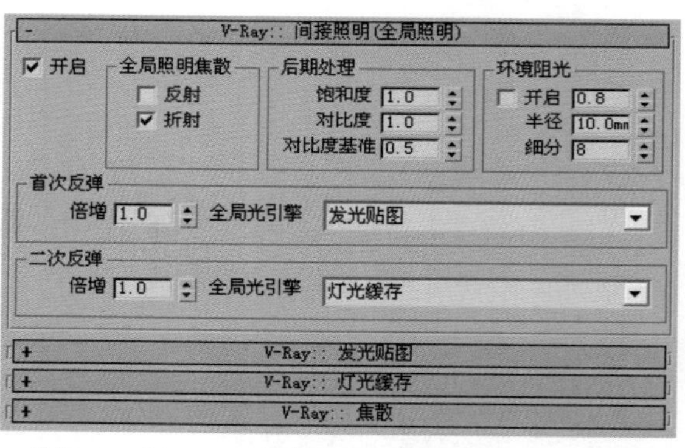

● 图6-14 【V-Ray::间接照明（全局照明）】卷展栏

【V-Ray::间接照明（全局照明）】卷展栏中各主要参数含义如下。

【开启】复选框：打开或关闭间接照明。

【全局照明焦散】选项组：通过【反射】和【折射】两个选择框控制全局光是否参与反射焦散和折射焦散，但是由直接光产生的焦散不受此选项控制，将在后面【VRay焦散】卷展栏中进行设置。

【首次反弹倍增】：该值决定首次光线反弹对最终的图像照明起多大作用。默认值1.0能够取得很精确的效果，需要特殊计算可以修改为其他值，但是没有默认值计算准确。

【首次反弹全局光引擎】列表：这里提供了4种专业的全局光照引擎，其具体特征和应用将在后面分类进行详细讲解。

【二次反弹倍增】：该值决定首次光线反弹对最终的图像照明起多大作用，一般设置参数在0.5~1可以取得很好的效果。

【二次反弹全局光引擎】列表：这里提供了3种专业的全局光照引擎，其具体特征和应用将在后面分类进行详细讲解。

【饱和度】文本框：该值控制反弹光线颜色饱和度的强弱，值越大，渲染后的物体受到旁边物体颜色的影响就越大。

【对比度】文本框：该值控制反弹光线照亮的物体明暗对比度，值越大对比度越强。

【对比度基准】文本框：该值控制渲染图像的基本对比度，一般保持默认的0.5。

9.VRay发光贴图

VRay发光贴图是基于发光缓存技术的一项命令，其基本原理是计算场景中某些特定点的间接照明，然后剩余的进行插值计算。

如果在【V-Ray::间接照明（全局照明）】卷展栏【首次反弹全局光引擎】列表中选择【发光贴图】选项，系统将在【V-Ray::间接照明（全局照明）】卷展栏下方显示【V-Ray::发光贴图】卷展栏，如图6-15所示。

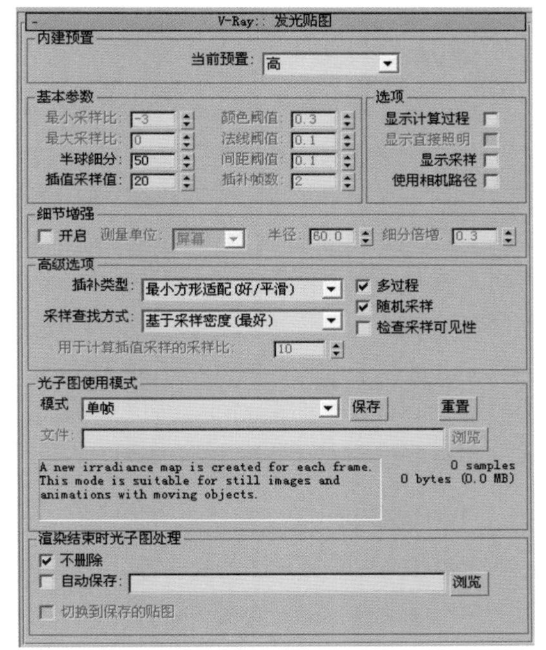

图6-15 【V-Ray::发光贴图】卷展栏

【V-Ray::发光贴图】卷展栏各主要参数含义如下。

【当前预置】下拉列表：系统提供了8种系统预设的模式供选择，如无特殊情况，这几种模式应该可以满足一般需要。各种预设模式拥有不同的渲染速度和效果，可以根据实际情况选择使用。

【最小采样比】文本框：该值确定全局光首次传递的分辨率。通常需要设置它为负值，以便快速地计算大而平坦的区域全局光，这个参数类似于【自适应细分】图像采样器的【最小采样比】参数。

【最大采样比】文本框：该值类似于采样最大的比率，控制最终渲染图像光照精度。

【半球细分】文本框：这个参数决定单独的全局光样本的品质。较小的取值可以获得较快的速度，但是也可能会产生黑斑；较大的取值可以得到更为平滑的图像。

【插值采样值】文本框：差值的样本值决定被用于插值计算的全局光样本的数量。较大的值意味着较小的敏感性，较小的值将使光照贴图对照明的变化更加敏感。

【法线阈值】文本框：这个参数确定光照贴图算法对表面法线变化的敏感程度。

【间距阈值】文本框：这个参数确定光照贴图算法对两个表面距离变化的敏感程度。

【显示计算过程】复选框：勾选该选项，在渲染的时候将显示计算过程。

【显示采样】复选框：勾选该复选框，VRay将在VFB窗口以小原点的形态直观显示发光贴图中使用的样本情况。

【高级选项】选项组：手动设定采样插补类型，在室外效果图制作过程中一般保持默认参数。

【光子图使用模式】选项组：设定光照贴图的渲染方式，一般渲染静态图像选择【单帧】选项；如果渲染动画则选择【多帧添加】选项；如果渲染先前已经保存了光照贴图，可以选择【来自文件】选择并设置来源位置，节省渲染光照贴图的时间。

【渲染结束时光子图处理】选项组：设置是否保存光照贴图数据以备调用。

10.VRay灯光缓存

灯光缓存被称作灯光贴图，是一种近似于场景中全局光照明的技术，它可以直接使用，也可以被用于使用发光贴图或直接计算时的光线二次反弹计算。在【V-Ray::间接照明（全局照明）】卷展栏【首次反弹全局光引擎】或者【二次反弹全局引擎】列表中选择【灯光缓存】，系统将在【V-Ray::间接照明（全局照明）】卷展栏下方显示【V-Ray::灯光缓存】卷展栏，如图6-16所示。

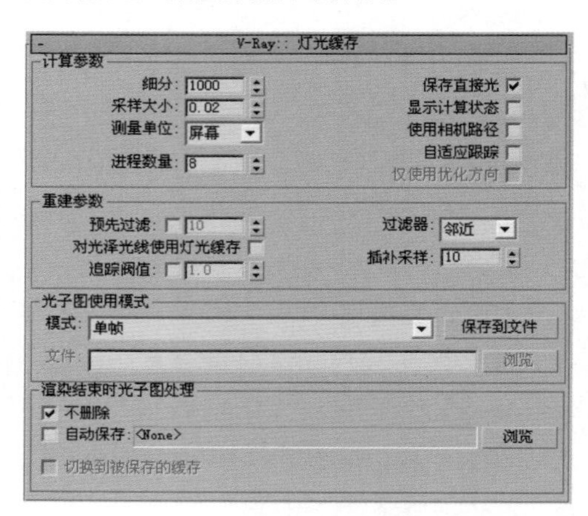

● 图6-16 【V-Ray::灯光缓存】卷展栏

11.VRay系统

通过【V-Ray::系统】卷展栏可以设置很多VRay渲染参数，如VRay渲染区域排序、帧标记等，如图6-17所示。一般在制作效果图的时候不需要专门设置这里的参数，很多参数保持默认即可，所以这里就不再详细讲述【V-Ray::系统】卷展栏中的各项参数。

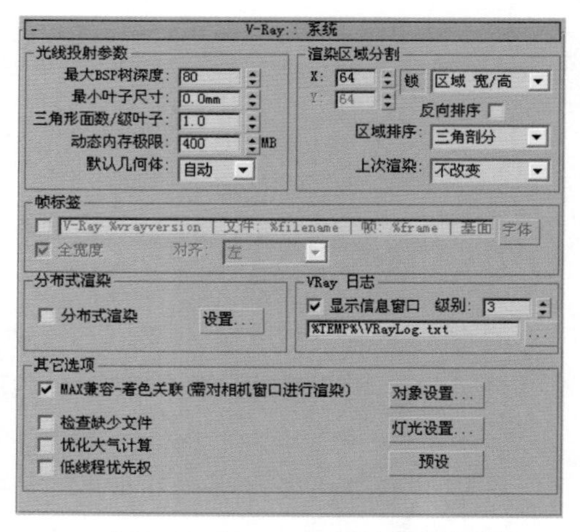

● 图6-17 【V-Ray::系统】卷展栏

本章小结

本章系统地讲解了VRay专业渲染中VRay灯光、VRay材质及VRay渲染参数面板中的各个知识点。通过本章的学习能够了解VRay的大部分常用功能，为后面使用VRay渲染器渲染各种效果图打下坚实的基础。

拓展实训

创建台灯小场景的灯光部分，如图6-18所示（提示：使用VRay灯光中球体类型模拟台灯效果，平面类型模拟环境光效果）。

图6-18 台灯效果图

第7章 VRay材质与灯光表现

本章主要学习VRay材质球及灯光设置。VRay不仅是一个渲染系统，还拥有独立的材质和灯光系统，通过合理地搭配VRay提供的灯光、材质和渲染器可以制作出美妙绝伦的效果。在VRay渲染器参数设置面板中可以设置完美的全局光照（GI系统）、焦散效果、摄影机景深等3ds Max默认渲染器无法达到的效果。

VRay支持3ds Max中大多数材质类型，同时，使用VRay自带的材质系统可以加快渲染速度且达到更好的渲染效果。

课堂学习目标

- 掌握VRay材质球的设置。
- 学习各种材质的材质参数设置。
- 学习室内外灯光布置。

7.1 VRay材质

7.1.1 认识VRay材质

1.VRay材质类型

VRayMtl是VRay专有材质中最重要的材质类型，合理设置该材质类型中的各种参数可以创建出自然界中各类型的材质效果。

该材质能够获得更加准确的物理照明（光能分布）、更快的效果渲染，反射和折射参数的调节也很方便。同时，使用VRayMtl还可以应用不同的纹理贴图，控制其反射和折射参数，增加凹凸贴图、衰减变化等效果。

通过【基本参数】卷展栏可以设置VRay材质的漫反射、反射、折射及透明度等参数，如图7-1所示。

【基本参数】卷展栏中各主要参数含义如下。

【漫反射】：右方的色块表示该材质的漫反射颜色（物体表面颜色）。如果需要使用贴图，可以单击 按钮打开【材质/贴图浏览器】对话框，选择一种贴图来覆盖漫反射颜色。

【反射】：该选项通过右方块亮度控制具有反光度的材质反射强度，颜色亮度越高，反光度越强烈。也可以单击 按钮打开【材质/贴图浏览器】对话框，选择一种贴图来覆盖反射颜色。

【高光光泽度】和【反射光泽度】文本框：控制材质表面粗糙度，值为1.0时表示完全光滑，值越小越粗糙。

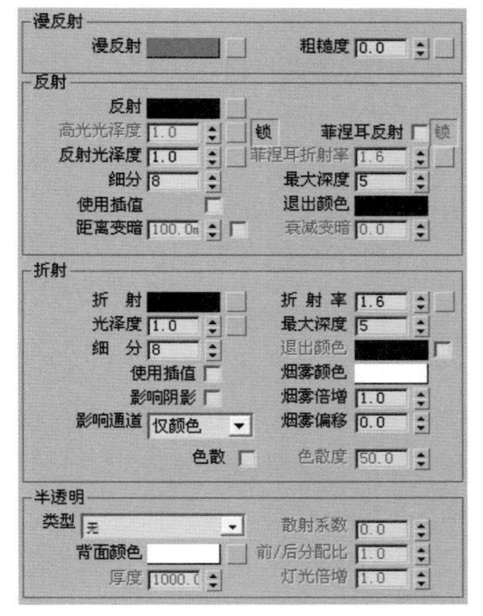

● 图7-1 【基本参数】卷展栏

【细分】文本框：控制反射的光线数量，当该材质的【光泽度】值为1.0时，该选择无效。

【菲涅耳反射】复选框：勾选该选框时，光线的反射就像真实世界的玻璃反射一样。当光线和表面法线的夹角接近0°时，反射光线减少直至消失；光线和表面法线的夹角接近90°时，反射光线将达到最强。

【最大深度】文本框：控制贴图的最大光线反射深度，大于该选择值时贴图将反射回下方设定的颜色。

【折射】：该选项通过右方色块亮度控制材质透明度，颜色亮度越高越透明，也可以单击 按钮打开【材质/贴图浏览器】对话框，选择一种贴图来覆盖折射颜色。

【光泽度】文本框：光泽度值表示该材质的光泽度。当该值为0.0时表示特别模糊的折射，当该值为1.0时将关闭光泽。

【折射率】文本框：控制折射率，如玻璃应该是1.5。

【烟雾颜色】色块：填充对象内部的雾的颜色。

【烟雾倍增】文本框：数值越小产生越透明的雾。

【半透明】复选框：打开半透明功能。

【厚度】文本框：厚度值决定透明层的厚度，当光线进入物体达到该值深度时将停止传递。

【散射系数】文本框：控制透明物体内部散射光线的方向。当该值为0.0时，表示物体内部的光线将向所有方向散射；当该值为1.0时，表示散射光线的方向与原进入该物体的初始光线的方向相同。

【正/背面系数】文本框：该值控制在透明物体内部有多少散射光线沿着原进入该物体内部的光线的方向继续向前传播或向后反射。当该值为1.0时，表示所有散射光线将继续向前传播；当该值为0.0时，表示所有散射光线将向后传播；当该值为0.5时，表示向前和向后的传播的散射光线的数量相同。

【灯光倍增】文本框：即光线亮度倍增，它描述该材质在物体内部所反射的光线的数量。

2.VRay材质包裹器

VRay材质包裹器不是一种独立的材质，该材质类型只是在其他材质类型上增加VRay散射和VRay全局照明效果，其参数卷展栏如图7-2所示。

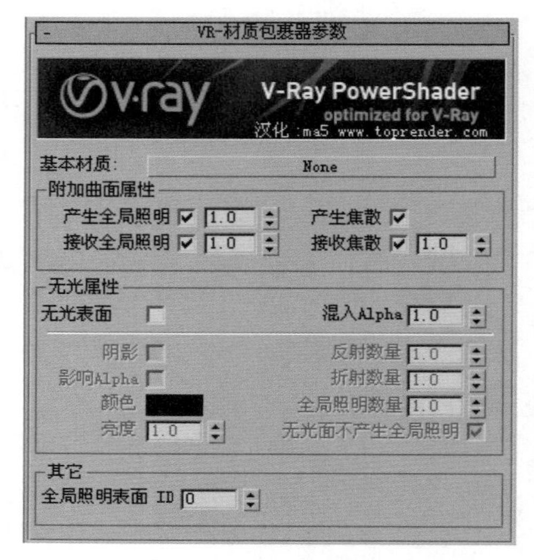

● 图7-2【VR-材质包裹器参数】卷展栏

【VR-材质包裹器参数】卷展栏中各主要参数含义如下。

【基本材质】：单击“None”按钮可以选择一种材质作为该材质包裹器的基本材质。

【产生全局照明】：勾选该复选框，当前材质将反射全局光照光线，其文本框中的数值可以控制反射全局光线的强度，值越大，反射越强烈，“1.0”表示标准反射。

【接收全局照明】：勾选该复选框，当前材质将受到全局光照光线的照射，其文本框中的数值可以控制接收全局光线的程度，值越大，接收到的光线越多。

● 图7-3 焦散光线效果

【产生焦散】复选框：勾选该复选框，当前材质将产生焦散光线，如图7-3所示。

【接收焦散】复选框：勾选该复选框，当前材质将接收其他对象产生的焦散光线照射。

【焦散倍增器】文本框：接受焦散后面的数值框为焦散倍增器文本框，用于设置焦散光线的强度，值越大焦散光线越强烈。

【无光属性】选项组：通过该选项组可以设置没有光泽度材质的阴影、颜色等属性，如布匹、纸张等。

3.VRay双面材质

VRay双面材质通常用于透明或者半透明空心物体或者双面物体，可以分别设置外层和内层材质，如图7-4所示。VRay双面材质【参数】卷展栏中各参数设置较为直观，这里就不再详细讲述，如图7-5所示。

● 图7-4 VRay双面材质渲染效果

● 图7-5 VRay双面材质【参数】卷展栏

4.VRay灯光材质

VRay灯光材质是一种很简单的材质类型，设置这种材质可以模拟发光的效果，同3ds Max标准材质中的自发光效果相似。

VRay灯光材质的参数非常简单，仅有【颜色】、【倍增器】等几个参数选项，并且各个参数的名称都很直观，这里就不再详细解释。

7.1.2 VRay常用材质参数详解

1.白色乳胶漆

打开材质编辑器，选择一个空白材质球，在材质类型菜单栏中选择VRayMtl材质，将材质球命名为“白色乳胶漆”，其他参数如图7-6所示。

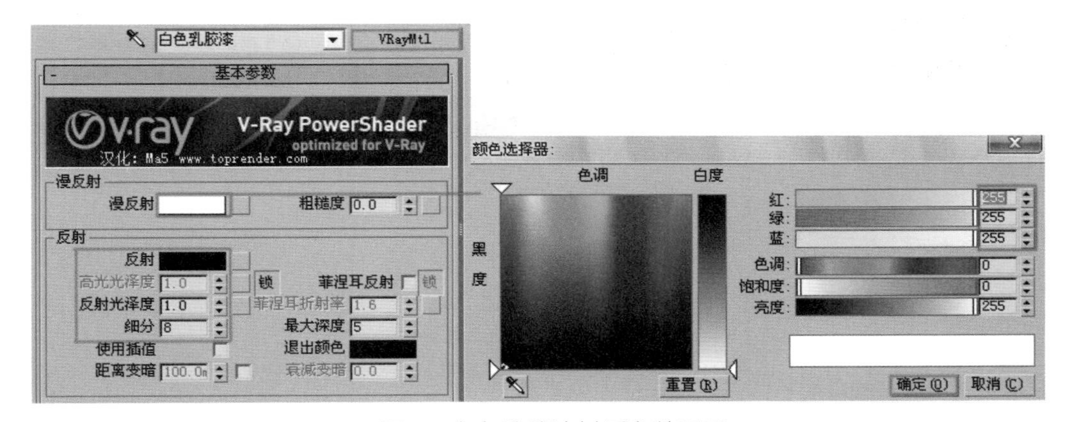

● 图7-6 白色乳胶漆材质参数设置

2.反光漆

打开材质编辑器，选择一个空白材质球，在材质类型菜单栏中选择VRayMtl材质；将材质球命名为“反光漆”；在VRayMtl材质层级进行参数设置，首先设置漫反射颜色，然后为反射通道添加一个“衰减”贴图。参数设置如图7-7所示。

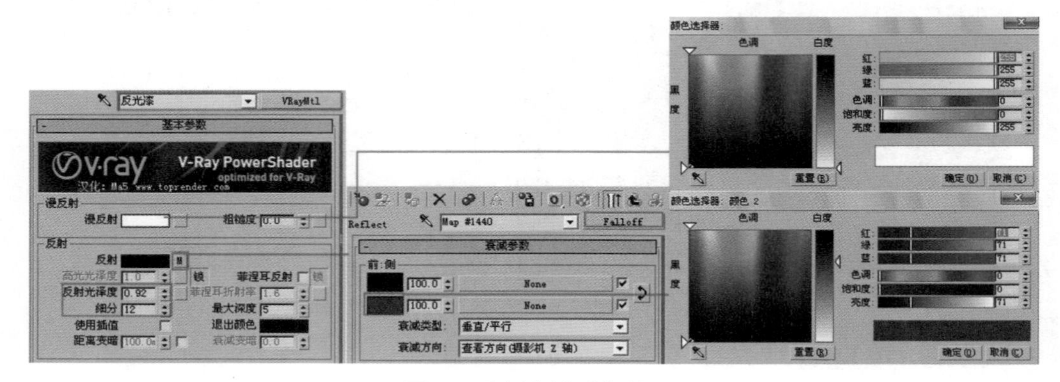

● 图7-7 反光漆材质参数设置

注：反射是靠颜色的灰度来控制的，颜色越白反射越强，越黑则反射越弱。

3.米黄色漆

打开材质编辑器，选择一个空白材质球，在材质类型菜单栏中选择VRayMtl材质；将材质球命名为“米黄色漆”；参数设置同白色乳胶漆基本类似，调整漫反射颜色参数即可，如图7-8所示。

● 图7-8 米黄色漆材质参数设置

4.壁纸

（1）打开材质编辑器，选择一个空白材质球，在材质类型菜单栏中选择VRayMtl材质，将材质球命名为“壁纸”。

（2）单击漫反射右侧的贴图按钮，为其添加一个Bitmap贴图，具体参数设置如图7-9所示。

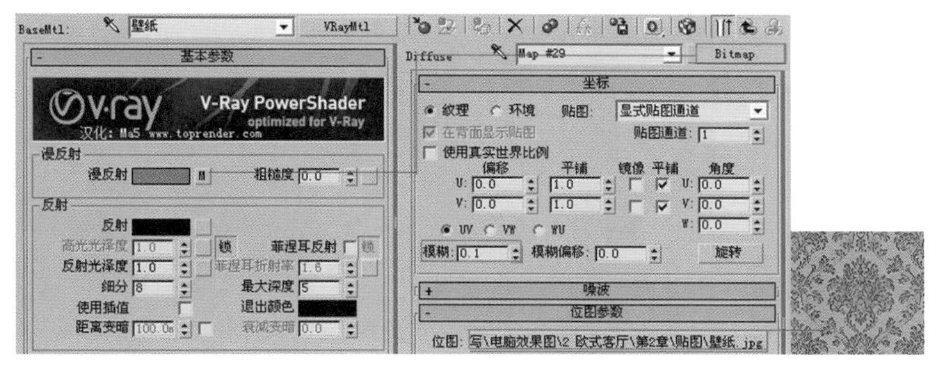

● 图7-9 壁纸材质参数设置

（3）通常情况下，壁纸颜色较深，且壁纸占空间的面积较大，容易对空间产生色溢现象。为了避免产生明显的色溢，需要为材质添加VRay材质包裹器，具体参数设置如图7-10所示。

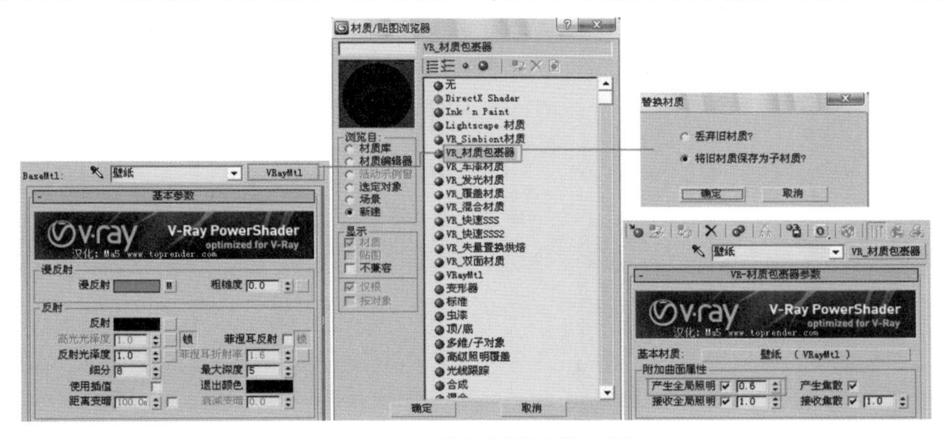

● 图7-10 壁纸材质参数设置

5.亚光瓷砖

（1）打开材质编辑器，选择一个空白材质球，在材质类型菜单栏中选择VRayMtl材质，将材质球命名为“亚光瓷砖”。

（2）单击漫反射右侧的贴图按钮，为其添加一个Bitmap贴图，具体参数设置如图7-11所示。

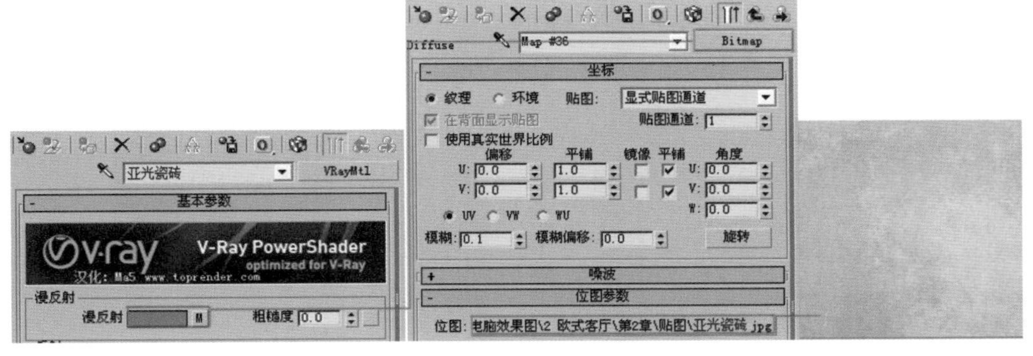

● 图7-11 亚光瓷砖材质漫反射参数设置

（3）为反射通道添加一个“衰减”贴图，颜色参数设置如图7-12所示。

● 图7-12 亚光瓷砖材质反射参数设置

（4）再次返回VRayMtl材质层级，进入贴图卷展栏，将漫反射右侧的贴图按钮拖曳到凹凸右侧的贴图按钮上，复制方式为复制，凹凸值设置为60，参数设置如图7-13所示。

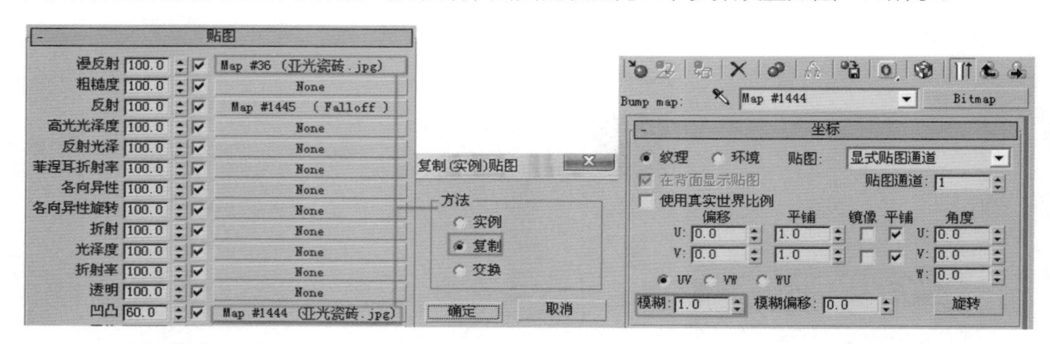

● 图7-13 亚光瓷砖材质凹凸参数设置

注：光面瓷砖或光面石材的材质设置可将反射/衰减/衰减类型更改为“菲涅尔”，衰减颜色调整为浅白色，同时需将贴图菜单栏的凹凸参数取消勾选，其他参数的设置与亚光瓷砖参数保持一致。

6.木纹材质

（1）打开材质编辑器，选择一个空白材质球，在材质类型菜单栏中选择VRayMtl材质，将材质球命名为“木纹材质”。

（2）单击漫反射右侧的贴图按钮，为其添加一个Bitmap贴图，具体参数设置如图7-14所示。

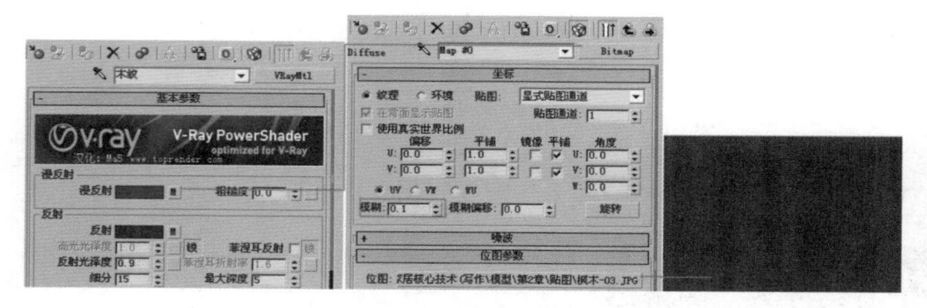

● 图7-14 木纹材质漫反射参数设置

（3）为反射通道添加一个“衰减”贴图，颜色参数设置如图7-15所示。

● 图7-15 木纹材质反射参数设置

7.黄色金属

打开材质编辑器，选择一个空白材质球，在材质类型菜单栏中选择VRayMtl材质，将材质球命名为“黄色金属”，其参数设置如图7-16所示。

● 图7-16 金属材质参数设置

8.玻璃材质

打开材质编辑器，选择一个空白材质球，在材质类型菜单栏中选择VRayMtl材质，将材质球命名为“吊灯玻璃”，参数设置如图7-17所示。

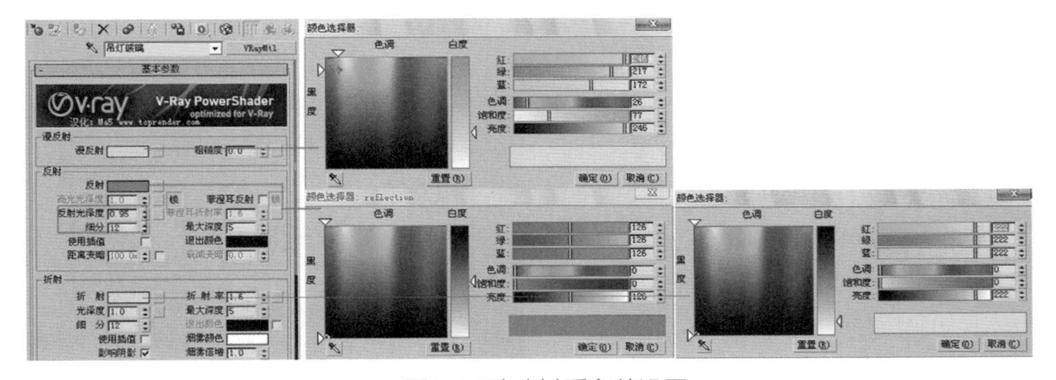

● 图7-17 玻璃材质参数设置

7.1.3 VRay材质素材库的应用

VRay常用材质的参数设置与3ds Max材质设置类似，仅仅在选择材质类型时有所不同。具体的操作实例请参照本书第7章7.1节案例教学进行学习。

具体操作如图7-18所示。

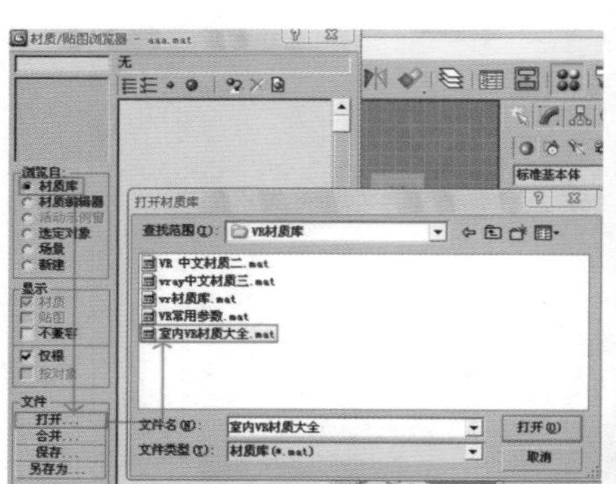

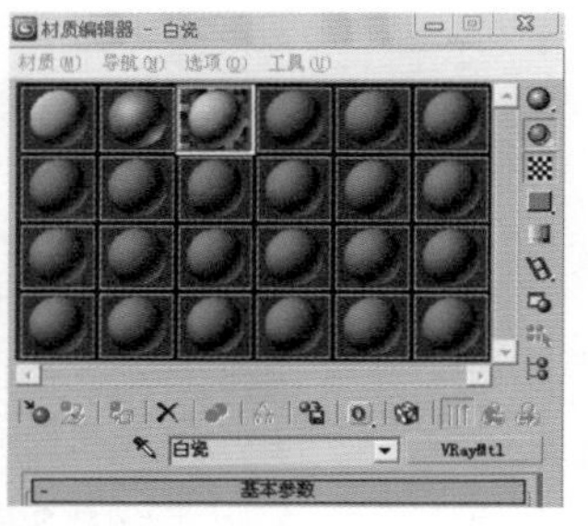

● 图7-18 VRay材质库素材的导入及材质的选择与应用

7.2 灯光表现

7.2.1 灯光表现构成

计算机效果图的灯光构成主要分为自然光源与人为光源。顾名思义，自然光源主要指室外太阳光，而人为光源主要指空间环境的灯光。

图7-19所示是以室外光源为主的效果图，图中绝大多数光源来源于室外的阳光照射。室外光源可以表现不同时间段的场景氛围，如清晨、正午、黄昏等。

图7-20所示是以人为光源为主的效果图，图中绝大多数光源来源于人为设置的灯光，如筒灯、射灯、灯槽等。这种效果图的场景氛围通常用于夜晚时段或是没有室外采光的环境空间中。

● 图7-19 室外光源为主的效果图

● 图7-20 室内光源为主的效果图

通常情况下，效果图的灯光构成会采用两种光源结合的形式进行塑造，这样可以增加场景空间的层次感，使场景的氛围表现更加到位。如图7-21所示，场景自然光源以冷色为主，进入室内后，人为光源以暖色调为主，这种冷暖色调的变换使场景空间展视变得更加生动。

图7-21 室内外混合灯光的效果图

7.2.2 灯光类型

目前，计算机效果图行业常用的灯光类型主要包括VRay光源、VRay阳光、目标灯光（光域网）等。

1.VRay光源

VRay渲染器自带光源中的常用光源包括VRay灯光和VRay阳光。安装VRay软件包到3ds Max目录后，启动3ds Max就可以在灯光创建面板的【标准】下拉列表中找到VRay灯光类型，如图7-22所示。

普通VRay光源默认形状与3ds Max光学度灯光中的自由面光源相似，默认呈面状，灯光平面的法线方向就是光线照射方向，如图7-23、图7-24所示。

图7-22 VRay灯光创建面板

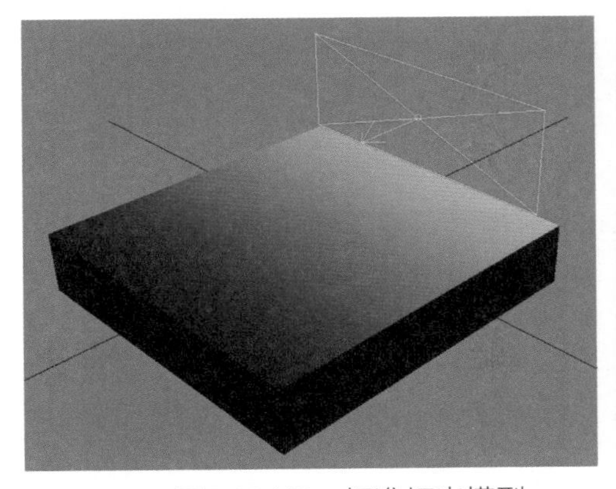

图7-23 VRay标准灯光模型

图7-24 VRay灯光发光效果

单击【VR光源】按钮，在场景中拖曳鼠标即可创建VRay灯光，同时系统将在创建面板下方自动显示出VRay光源【参数】卷展栏，VRay灯光的参数设置很简单，可以在【参数】卷展栏中设置所有参数，如图7-25所示。

【参数】卷展栏中各参数具体含义如下。

【开】复选框：打开或关闭VRay灯光。

【排除】按钮：单击该按钮将弹出【排除/包含】对话框，通过该对话框可以控制场景中的对象哪些被当前光源照射，哪些不被光源照射。

【类型】下拉列表：该列表中有4种VRay灯光类型，即【平面】、【球体】、【穹顶】和【网格】。当选择【平面】选项时，如图7-26所示，VRay光源具有平面的形状；当选择【球体】选项时，如图7-27所示，光源呈球体状；当选择【穹顶】选项时，如图7-28所示，VRay光源呈半球穹顶状；当选择【网格】选项时，如图7-29所示，VRay光源呈现网格状。

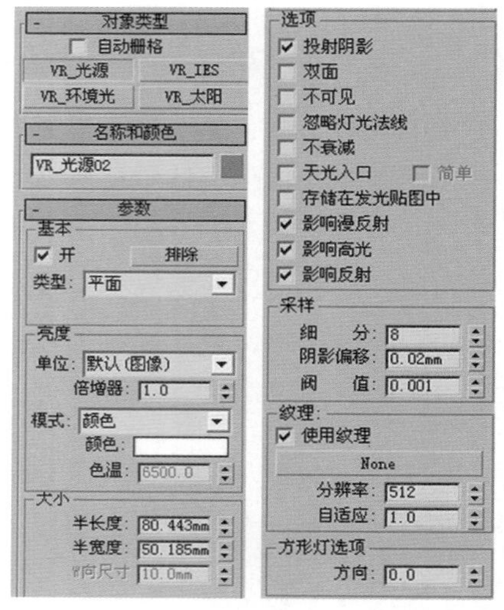

● 图7-25 VRay灯光【参数】卷展栏

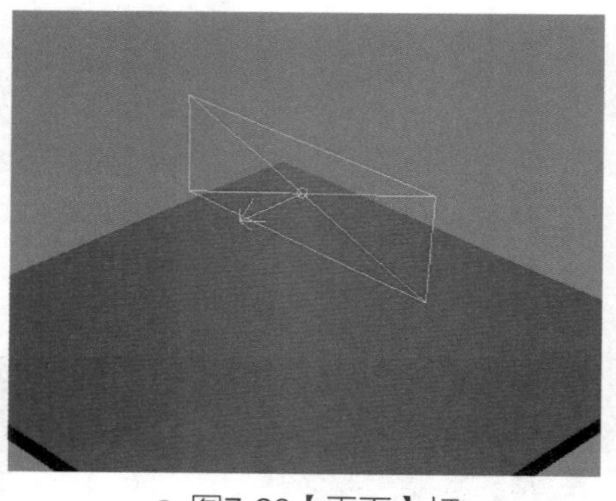

● 图7-26【平面】灯

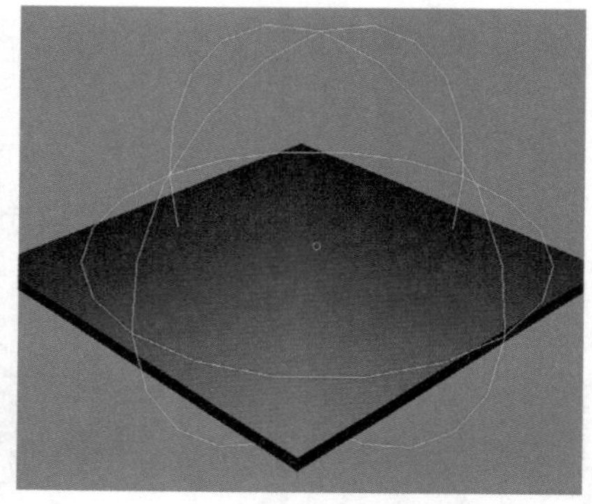

● 图7-27【穹顶】灯

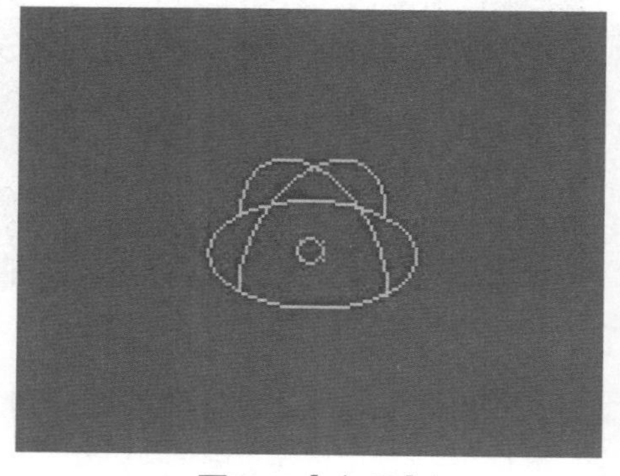

● 图7-28【穹顶】灯

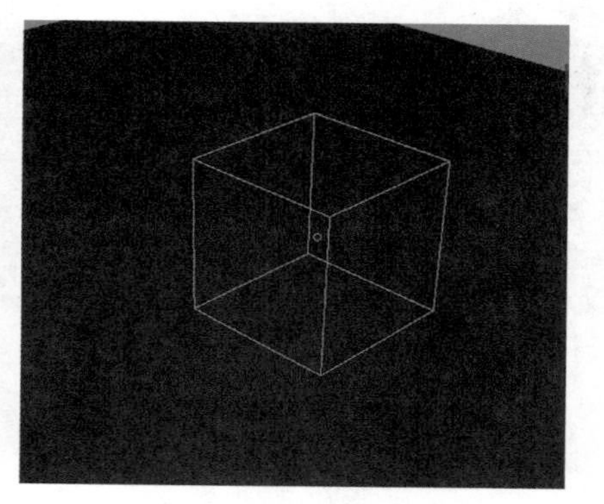

● 图7-29【网格】灯

【单位】下拉列表：设置VRay光源的亮度单位，其中选择【默认（图像）】选项，将使用与3ds Max标准光源通用的照明单位；选择【功率】选项，将使用与现实灯光同样的单位——瓦（W）；选择【辐射率】选项，将使用辐射单位W/（m^2 · sr）。

【颜色】选项：设置VRay光源发出的光线的颜色。

【倍增器】文本框：使用一定的单位设置光源的亮度，值越大越亮。

【大小】选项组：如果是平面灯光类型，该选项组可以设置VRay平面灯光在U、V、W各方向的尺寸大小；如果是球体灯光类型，该选项组可以设置光源球体半径大小；如果是穹顶光源类型，则该选项组不可用。

【双面】复选框：当VRay灯光为平面光源时，该选项控制光线是否从面光源等两个面发射出来（当选择球面光源时，该选项无效），如图7-30、图7-31所示。

● 图7-30 未勾选【双面】复选框效果

● 图7-31 勾选【双面】复选框效果

【不可见】复选框：该选项控制VRay光源体的形状是否在最终渲染场景中显示出来。当该选项打开时，发光体不可见；该选项关闭时，VRay光源体会以当前光线的颜色渲染出来，如图7-32、图7-33所示。

● 图7-32 未勾选【不可见】复选框效果

● 图7-33 勾选【不可见】复选框效果

【忽略灯光法线】复选框：控制VRay灯光光线是否是沿法线发射。

【不衰减】复选框：当该选项选中时，VRay灯光所产生的光将不会随着距离而衰减，否则，光线将随着距离而衰减。

【天光入口】复选框：勾选该复选框，VRay灯光将变成天光的照射入口，通常用于模拟室内窗口光线、室外天空反光等。

【存储在发光贴图中】复选框：勾选该复选框，当前光源将在渲染时以光照贴图的形式保存，光照贴图的具体内容我们将在后面关于渲染的内容中讲述。

【细分】文本框：该文本框中的值控制VRay，用于计算照明时VRay灯光阴影的采样点数量，值越大效果越好，但是渲染速度越慢。

【阴影偏移】文本框：控制阴影偏移量，已达到更加接近真实的效果。

【穹顶灯光】选项组：只有选择【穹顶】灯光类型，该选项组才可用，通过该选项组可以设置【穹顶】灯光的贴图纹理，如使用HDRI贴图可以很真实地模拟环境光照。

【光子发射】选项组：设置穹顶灯光的光照效果。

2.VRay阳光

VRay阳光是VRay1.47版才加入的功能，通过设置VRay阳光可以很真实地模拟室外效果图中日光照射的效果和室内效果图中窗口阳光的效果，如图7-34所示。

单击【VR阳光】按钮，在场景中拖曳鼠标即可创建VRay阳光。同时系统将在创建面板下方自动显示出【VR_太阳参数】卷展栏，如图7-35所示。

● 图7-34 VRay阳光在室内外设计效果图中的应用

VR_太阳参数	
开启	☑
不可见	☐
影响漫反射	☑
影响高光	☑
投射大气阴影	☑
混浊度	3.0
臭氧	0.35
强度 倍增	0.02
尺寸 倍增	1.0
阴影 细分	3
阴影 偏移	0.2mm
光子 发射 半径	50.0mm
天空 模式	Preetham et
地平线间接照度	25000.
排除...	

● 图7-35【VR_太阳参数】卷展栏

通过【VR_太阳参数】卷展栏可以设置VRay阳光的各种参数，各参数含义如下。

【开启】复选框：打开或关闭VRay阳光。

【混浊度】文本框：设置阳光光色的纯度，一般晴朗的天空浊度值较小，阴天则较大。

【臭氧】文本框：模拟现实中的空气含臭氧程度，含量越高光线色调越偏黄色，含量越低光线越偏蓝色。

【强度 倍增】文本框：设置VRay阳光的亮度。

【尺寸 倍增】文本框：设置VRay阳光的照射衰减范围。

【阴影 细分】文本框：该值控制VRay用于计算照明时阳光阴影的采样点数量，值越大效果越好，但是渲染速度越慢。

【阴影 偏移】文本框：控制阴影偏移量，以达到更加接近真实的效果。

【光子 发射 半径】文本框：控制阳光渲染效果，值越小光子发射半径越小，光线越细腻。

3.目标灯光（光域网）

● 图7-36 【光域网】灯光效果

目标点光源主要应用于计算机效果图中筒灯、射灯等集中照明的灯具表现当中，如图7-36所示。

单击灯光按钮，在灯光类型下拉菜单中选择【光度学】，里面包含目标灯光、自由灯光、mr Sky门户3种灯光，如图7-37所示。在计算机效果图制作过程中，目标灯光是最常用的。单击【目标灯光】，在场景立面图中拖曳鼠标左键就可创建一盏目标灯光。

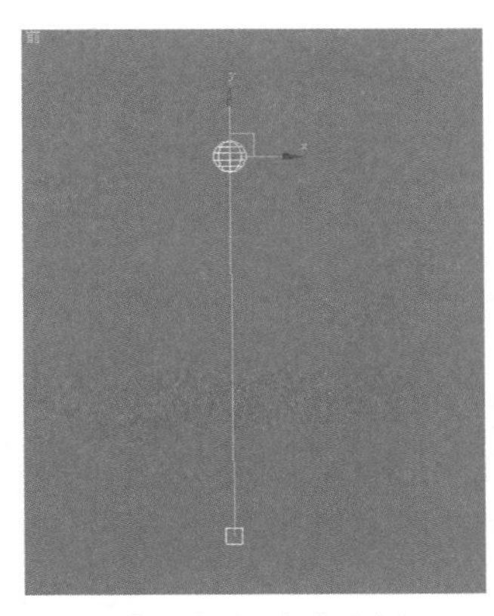

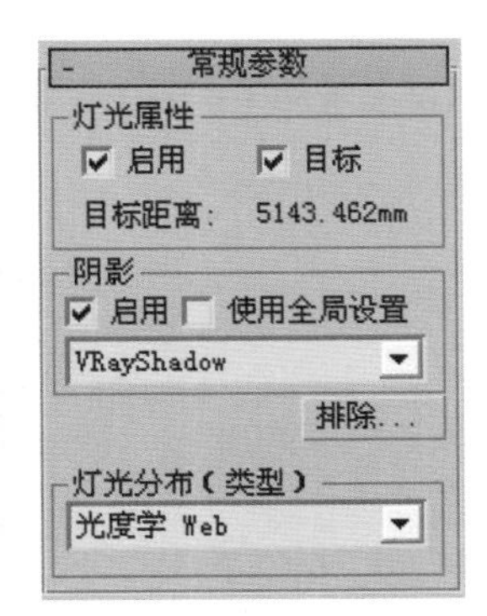

● 图7-37 【目标灯光】创建

创建完毕后，系统将在创建面板下方自动显示出目标灯光的【参数】卷展栏，可以在【参数】卷展栏中设置所有参数，常规参数设置如图7-37所示。在灯光分布（光度学Web）卷展栏中可以选择光度学文件。设计师可以根据灯光设计要求选择所需要的灯光类型及其照明方式，图7-38所示为4盏筒灯的光域网效果（光域网资料见本书配套资源包）。其他参数设置如图7-38所示。

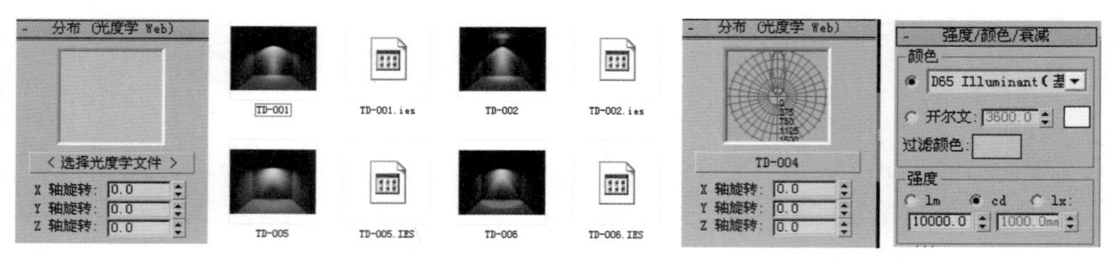

● 图7-38 添加【光域网】文件

目标灯光时常采用阵列形式排列，可以运用复制或实例工具进行复制，如图7-39所示。

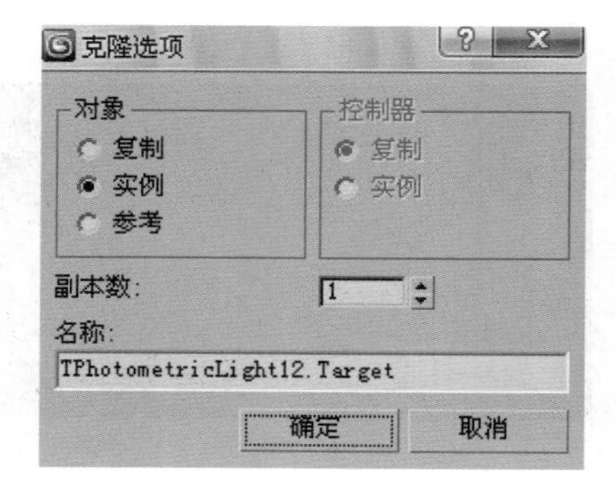

● 图7-39 关联筒灯

4.泛光灯

使用VRay渲染器渲染时，泛光灯通常可作为辅助光源。单击灯光按钮，在灯光类型下拉菜单中选择【标准】，单击泛光灯按钮。在场景中单击鼠标左键创建一盏泛光灯，参数设置如图7-40所示。

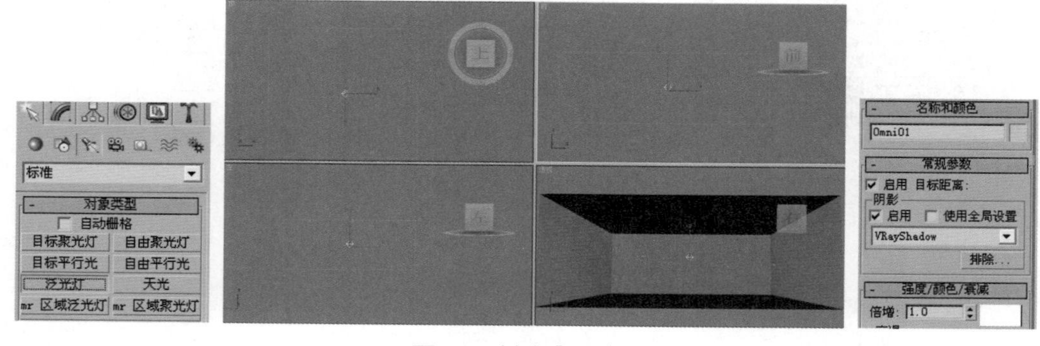

● 图7-40 创建【泛光灯】

单击渲染按钮，最终效果如图7-41所示。

图7-41 渲染效果

本章小结

本章主要了解VRay材质与VRay灯光，在VRay材质部分学习了常见的几种材质参数设置，在VRay灯光部分学习了平面、球体、穹顶、网格等不同类型光源、VR-太阳、目标灯光（光域网）的相关知识。

拓展实训

创建玻璃陶瓷陈列品小场景的灯光与材质部分的效果，如图7-42所示（提示：使用VRay灯光中球体类型模拟台灯效果，平面类型模拟环境光效果、玻璃材质与陶瓷材质）。

图7-42 玻璃陶瓷陈列品

第2篇

3ds Max +VRay项目实训篇

第8章 室内空间场景建模

在室内设计效果图行业中，3ds Max场景建模通常采用两种方法。第一种，运用3ds Max标准几何体进行墙体模型的堆砌。本方法对初学者来说比较容易掌握，但因为使用标准几何体建模，所以随着场景中模型的面数增加，效果图制作的操作时间和渲染时间均有所增加。第二种，采用3ds Max线性工具、挤出工具等进行场景模型单面建模，此方法操作简单，同时因为是单面模型，场景模型占用计算机内存较少，能够有效减少操作时间和渲染时间。

目前，第二种方法在室内设计效果图行业中被广泛应用，本章主要讲述3ds Max单面建模的方法。

课堂学习目标

- 了解室内场景效果图模型绘制的基本流程及要点。
- 了解室内场景效果图中摄像机的设置方法。
- 了解室内场景效果图中模型的合并与导入。

8.1 导入CAD图纸

1.打开CAD模型

室内空间场景建模的图纸文件如图8-1所示。在对场景进行建模之前，需要设计师对设计图纸进行分析，并对CAD文件进行整理。本案例主要是对场景中的客厅、餐厅部分进行效果图制作，整理后的图纸如图8-2所示。

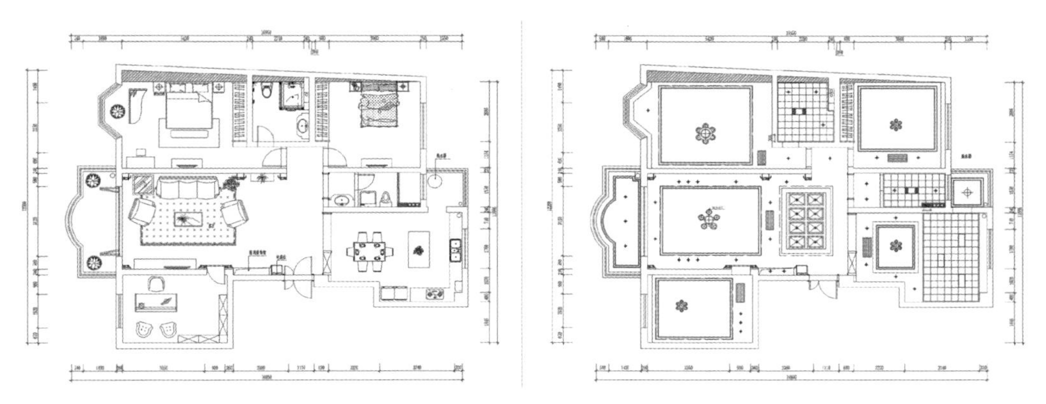

● 图8-1 室内空间CAD图纸

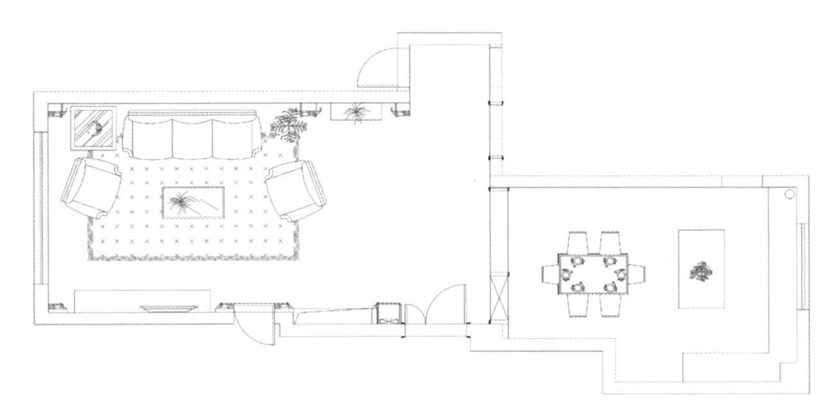

● 图8-2 精简后的CAD图纸

2.单位设置

室内设计效果图制图应与CAD图纸尺寸保持统一，以毫米为单位。单击【3ds Max菜单栏/自定义/单位设置】，弹出【单位设置】菜单栏。在【公制】选项选择【毫米】为单位；单击【系统单位设置】选项，弹出【系统单位设置】菜单栏，选择【毫米】为单位，如图8-3所示。

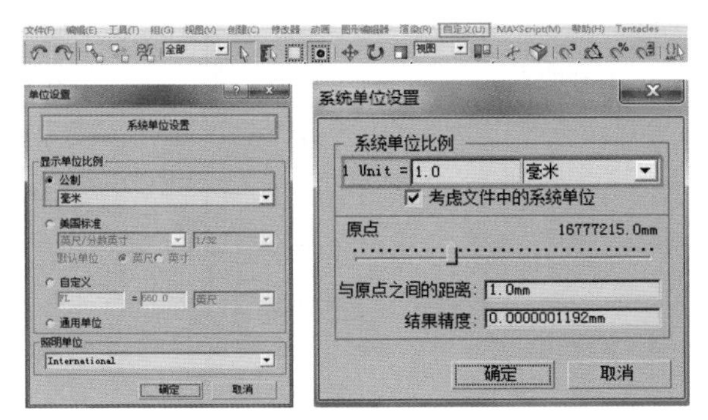

● 图8-3 3ds Max场景单位设置

3.取消网格显示

为了方便后面的模型绘制，应当将3ds Max视图网格取消显示。单击鼠标左键使场景视图处于被选中状态，按键盘G键，将3ds Max视图网格取消显示，如图8-4所示；再次按键盘G键，视图网格再次显示。

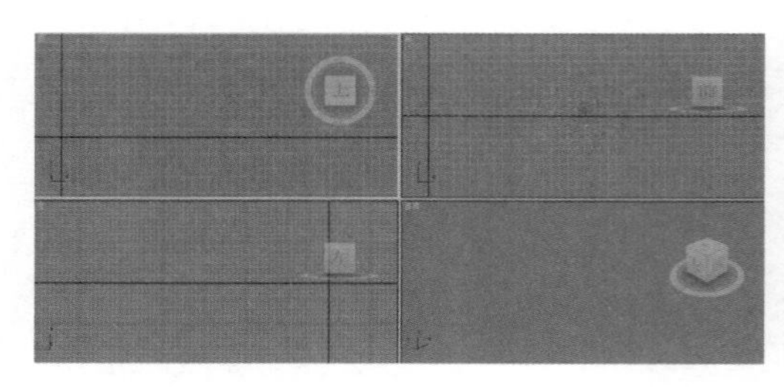

● 图8-4 取消网格显示

4.CAD模型导入

单击【3ds Max菜单栏】/【文件】/【导入】，弹出【选择要导入的文件】菜单栏，在文件类型选项栏选择【AutoCad图形（DWG）】，将之前修改完毕的“平面图”CAD文件导入，具体选项如图8-5所示。

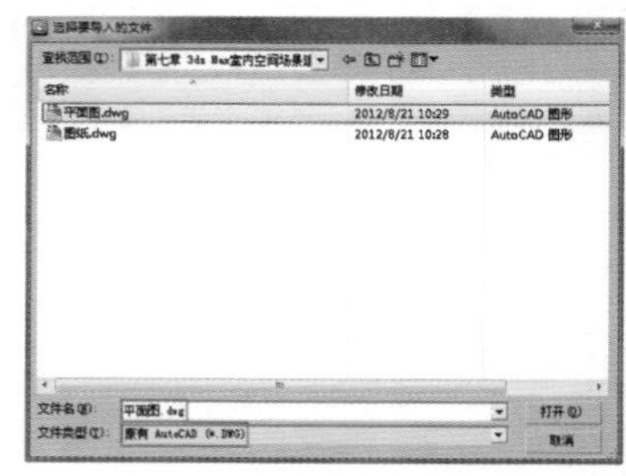

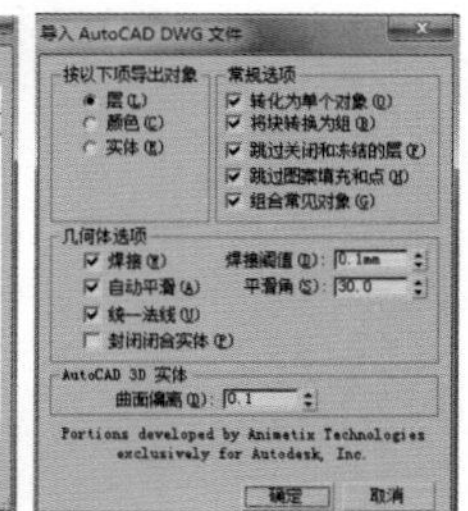

● 图8-5 CAD模型导入

5.CAD模型整理

导入CAD文件后，要对CAD文件进行整理，步骤如下。

（1）将CAD模型立面保持平面统一，导入3ds Max场景的CAD文件在立面图中有时并未保持平面标高一致，如图8-6所示。单击对齐工具，弹出【对齐工具】对话框，选择Y位置，【当前对象】中选【中心】对齐，【目标对象】选【中心】对齐，如图8-7所示。

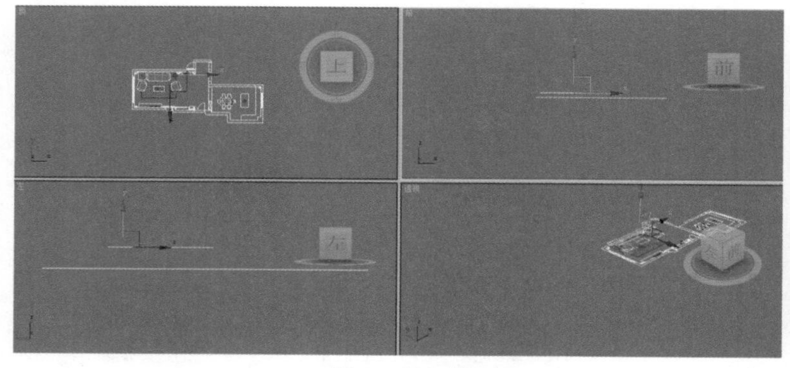

● 图8-6 导入模型

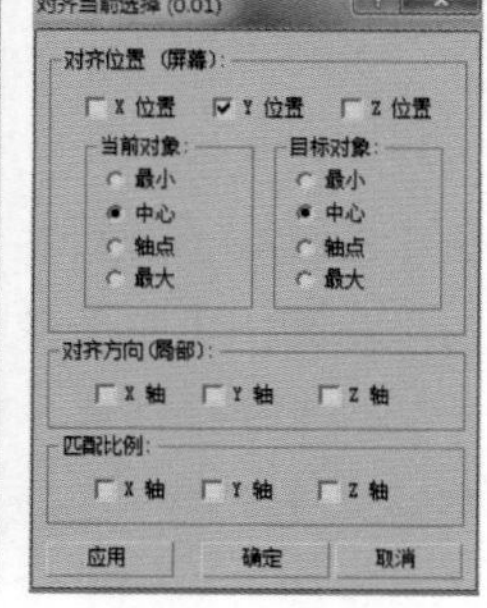

● 图8-7 对齐调整

（2）将CAD模型进行成组，方便后面进行模型创建。按组合键“Ctrl +A”，全选CAD模型；单击【菜单栏】/【组】/【成组】命令，弹出【组】菜单栏，对成组模型命名为“CAD”，单击确定按钮，如图8-8所示。

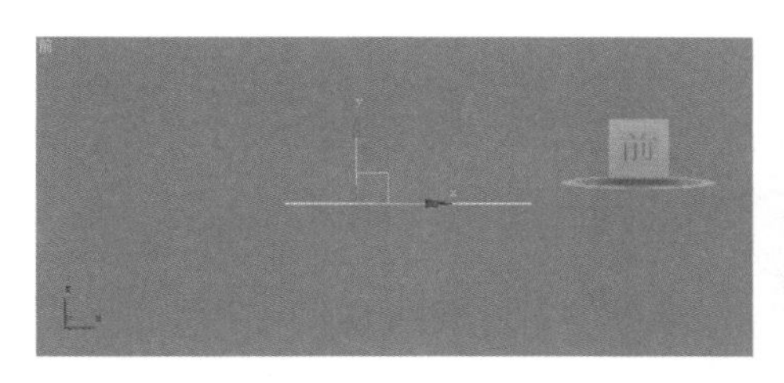

● 图8-8 对齐后模型效果

（3）将CAD模型坐标归零。步骤：选择CAD模型，单击 移动工具，将鼠标移动至图8-9所示位置；在X/Y/Z轴箭头位置分别单击鼠标右键，模型坐标自动还原清零。单击视图最大化显示键，效果如图8-9所示。

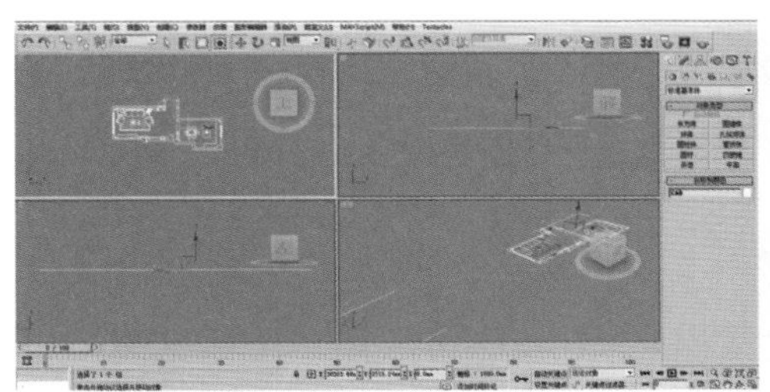
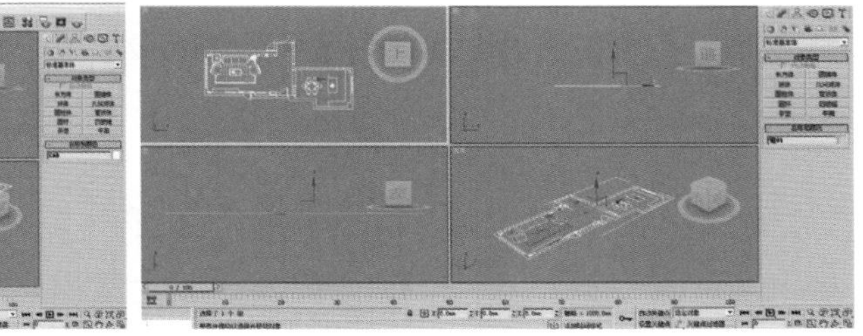

● 图8-9 CAD坐标归零

（4）选择CAD文件，单击修改面板 组01 的名称和颜色键，将模型颜色进行统一。如图8-10所示。

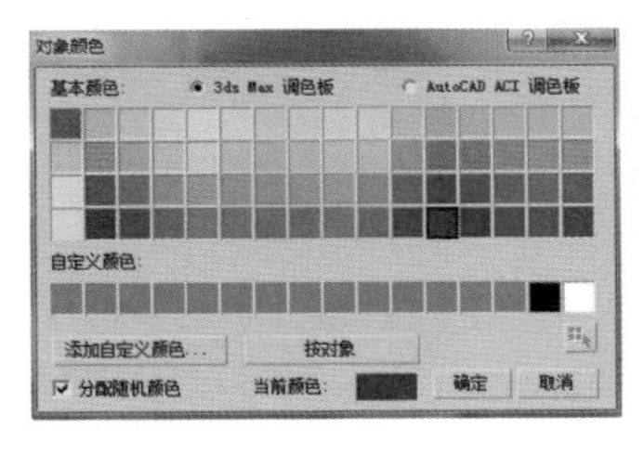

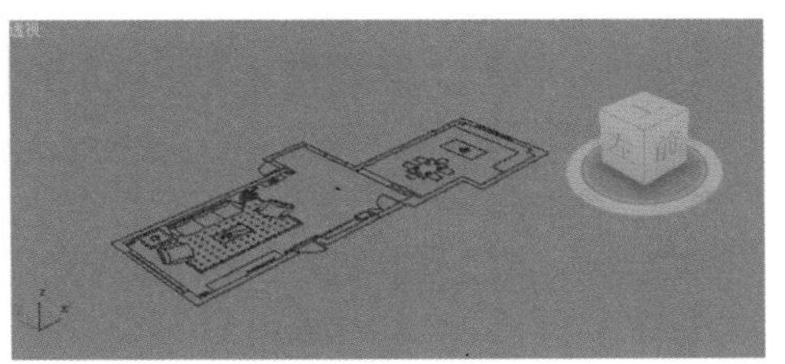

● 图8-10 统一CAD模型颜色

8.2 墙体建模

（1）单击【捕捉开关】 并按住不放，选择【2.5D捕捉】命令；将鼠标放在【捕捉】命令上单击右键，弹出【捕捉命令】菜单栏，选择【顶点】选项，如图8-11所示。

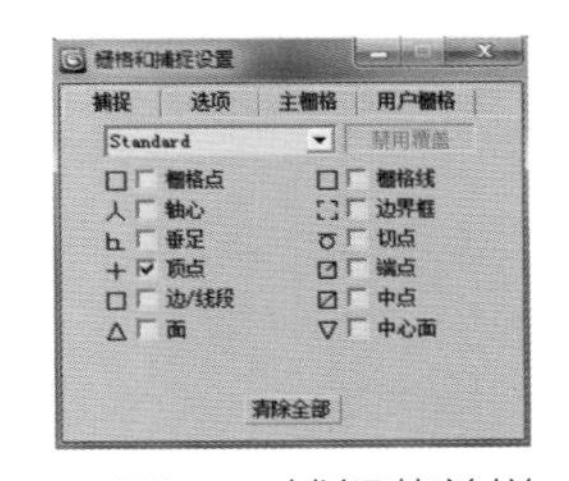

● 图8-11 捕捉菜单栏

（2）单击 键将平面图视口最大化。单击修改命令面板 工具，单击 线 ，在墙体内侧创建线型，逢门窗处需单击

点。当单击至墙体线型闭合时弹出【样条线】对话框，在【是否闭合样条线】选项中单击【是】，如图8-12所示。

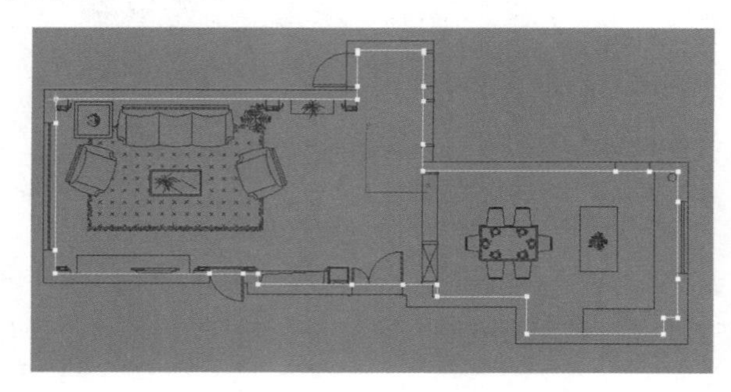

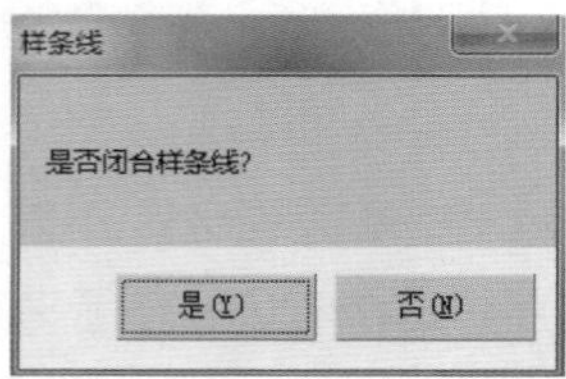

● 图8-12 墙体线型及闭合曲线

备注：当墙体线型的点创建错误需要撤销时，可按键盘退格键进行取消，再继续进行绘制。

（3）选取模型，单击 【修改】命令，选择【挤出】命令。将【参数】菜单栏中的【数量】设置为场景的实际高度3000mm，如图8-13所示。

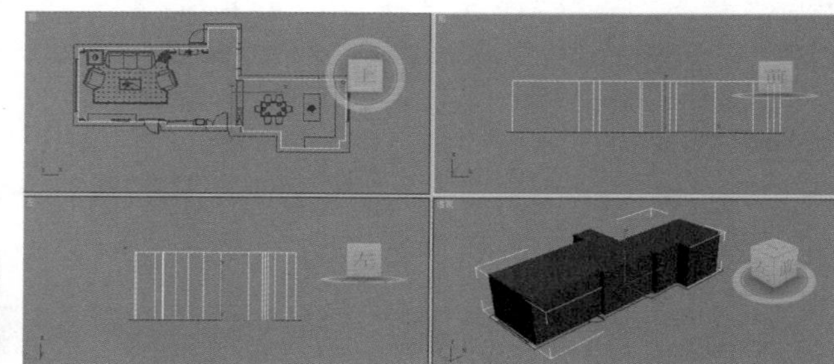

● 图8-13 挤出模型

（4）选取模型，单击 修改命令，选择法线命令，将墙体模型翻转法线，模型整体呈黑色状。单击鼠标右键，选择【对象属性】选项，弹出【对象属性】对话框，选中【背面消隐】选项，如图8-14所示。

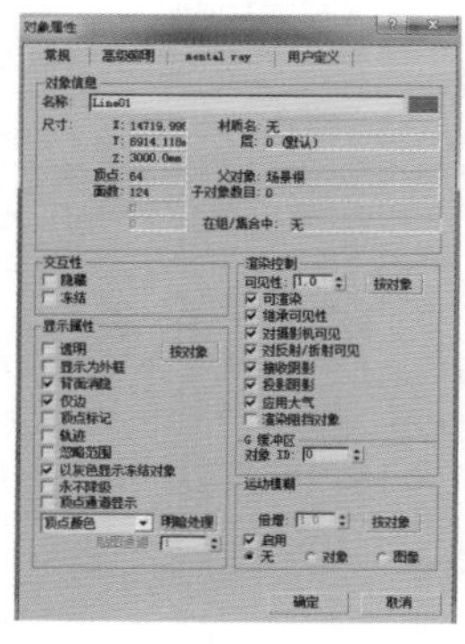

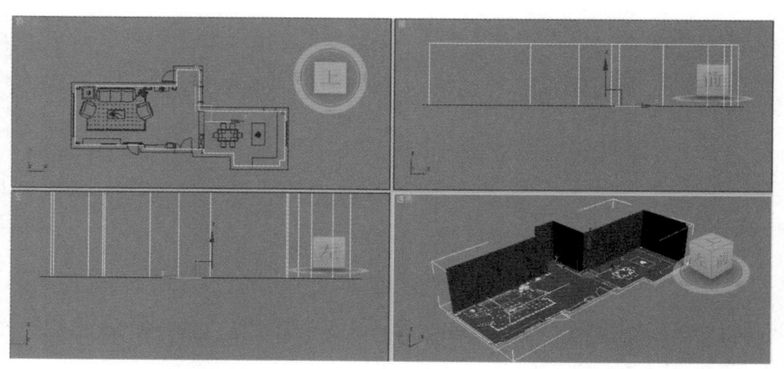

● 图8-14 背面消隐

8.3 门窗洞口创建

（1）选取模型。单击鼠标右键并选择【转换为可编辑多边形】，在透视窗口标题处单击右键选择线框模式，如图8-15所示。

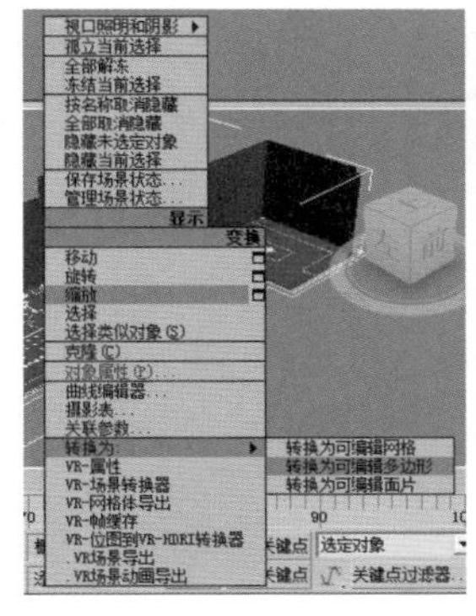

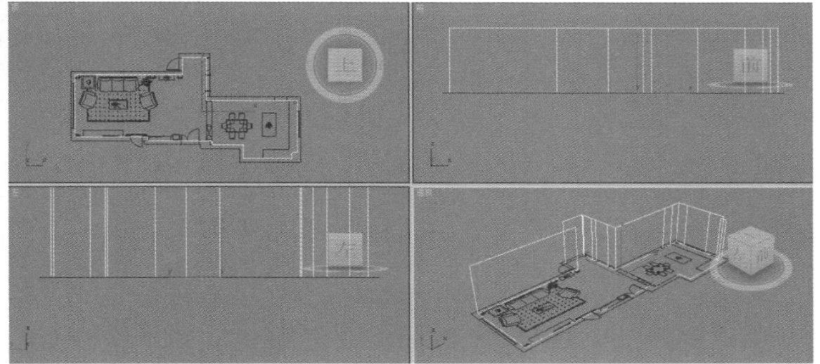

图8-15 转换为可编辑多边形

（2）创建门洞。选择墙体并单击修改命令面板，选择【线】层级，按住Ctrl键选择门洞创建的两个线条；单击【修改命令面板】/【编辑边】/【连接】命令，在之前选择的门洞线条中间出现一条横向线条；单击移动工具，将坐标系Z轴标注改为2100mm；选择门洞面，按Delete键将此面删除，如图8-16所示。

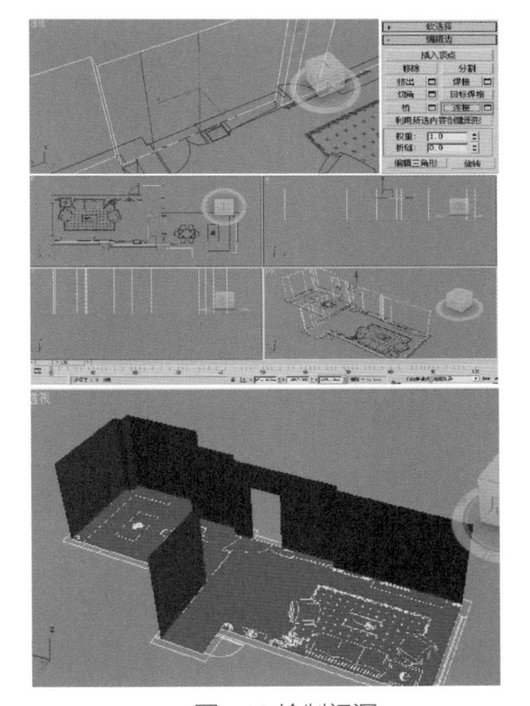

图8-16 绘制门洞

（3）创建窗洞，单击修改命令面板，选择 线层级；按住Ctrl键选择需要进行窗洞创建的两个线条；单击“修改命令面板/编辑边”选项卡，单击连接命令后面的方框图标 连接 ，弹出连接边对话框在分段处选择2；此时，在之前选择的窗洞线条中间出现两条横向线条；单击移动工具，分别将坐标系Z轴标注改为900mm、2100mm；单击修改命令面板，选择多边形层级 ，选择门洞面，按Delete键将此面删除，得到门洞效果，继续按照上述方法对场景模型进行门洞窗洞的绘制，如图8-17所示。

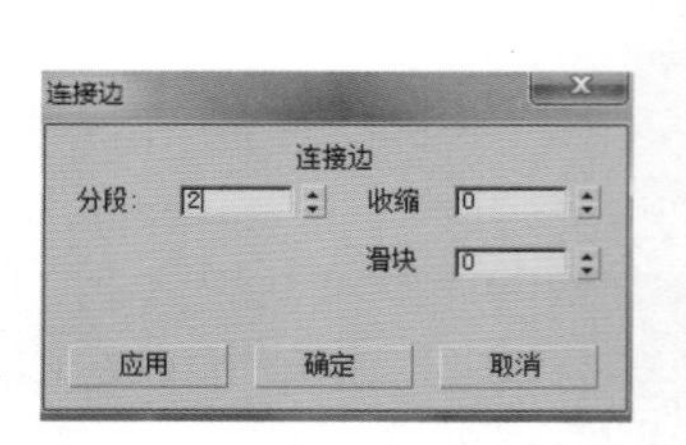

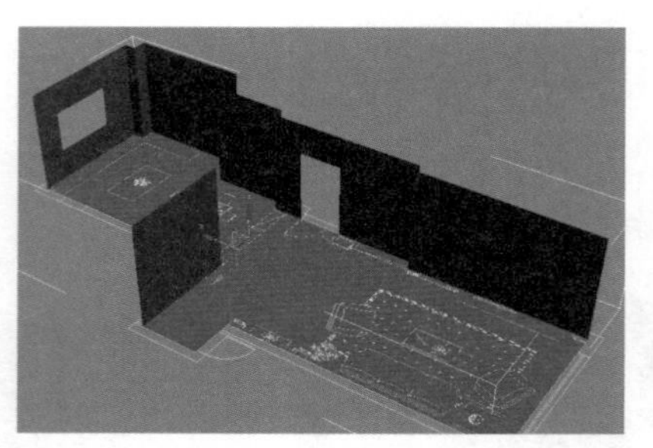

● 图8-17 创建窗洞

8.4 门框建模

门框的绘制操作步骤如下。

（1）将场景立面图最大化显示，运用 线 工具进行门洞的绘制。单击鼠标右键结束绘制，选择所创建的门洞样条线，单击右键将模型转换为“可编辑样条线”，单击【修改】命令面板，选择 样条线层级，在轮廓命令后面输入门框的宽度60mm；单击【修改】命令面板/【挤出】命令，将门框样条线挤出场景模型墙体的厚度150mm，选择【移动工具】将模型与门框实际位置进行对齐（通常门框会突出墙体15mm），如图8-18所示。

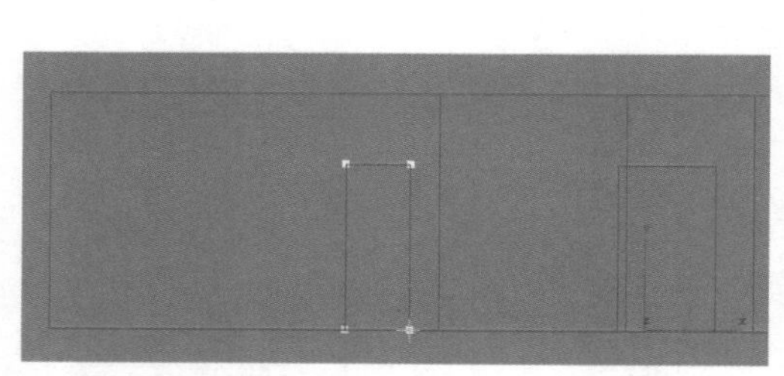

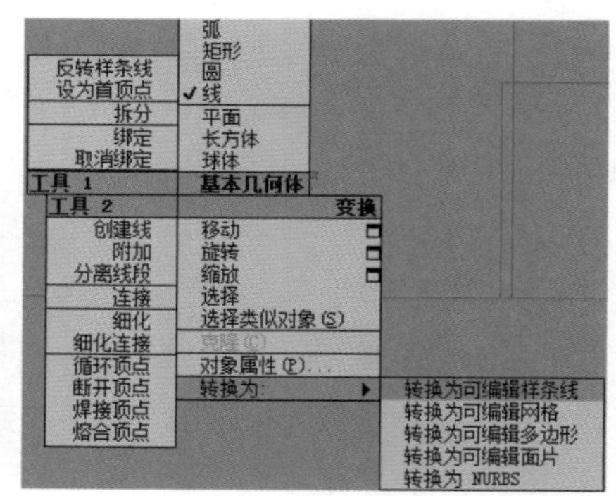

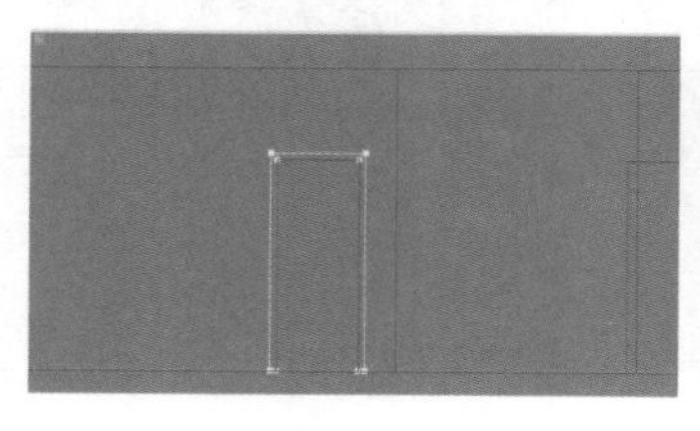

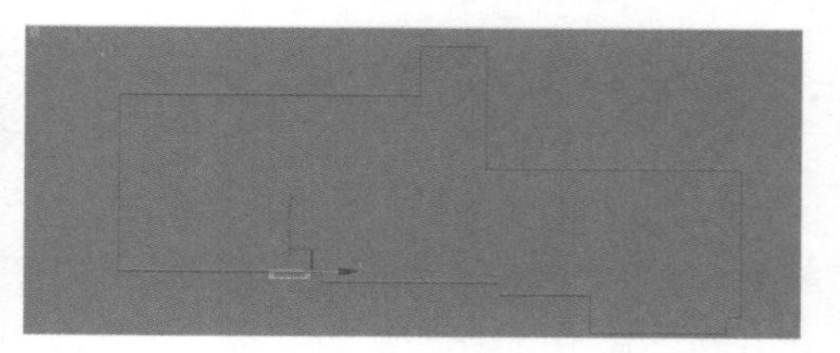

● 图8-18 门框位置的移动对齐

（2）按照上述方法继续创建场景模型的门框，进行成组，并将模型颜色进行统一，如图8-19所示。

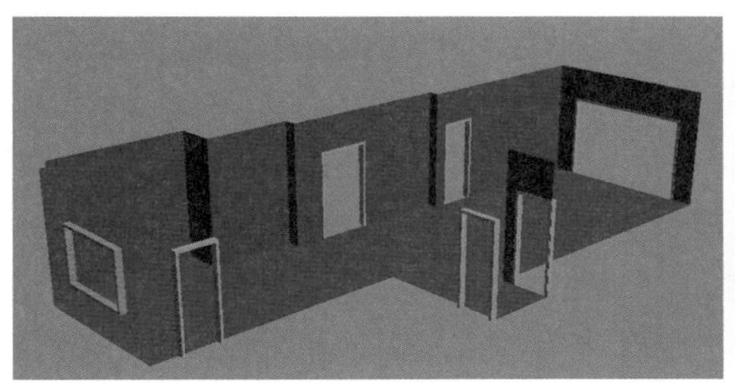

图8-19 模型成组

8.5 天花造型建模

接下来绘制室内场景天花造型建模，步骤如下。

（1）分析CAD图纸，对建模场景的天花设计进行分析，了解场景的标高、造型及施工做法等要素，为场景建模做好准备工作，简化天花造型的CAD图纸，如图8-20所示。

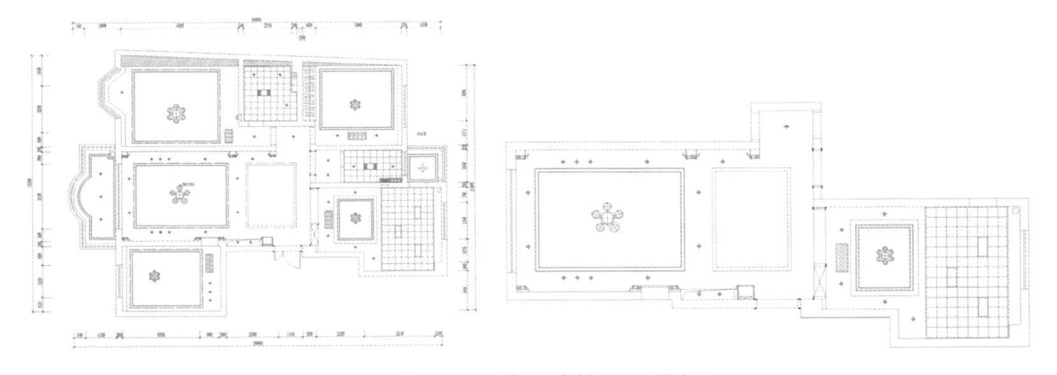

图8-20 天花设计的CAD图纸

（2）将简化后的天花造型CAD图纸导入3ds Max；将其成组，对齐墙体模型，如图8-21所示。

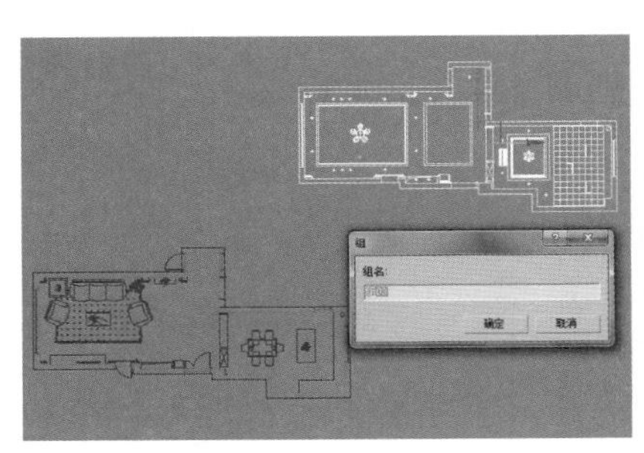
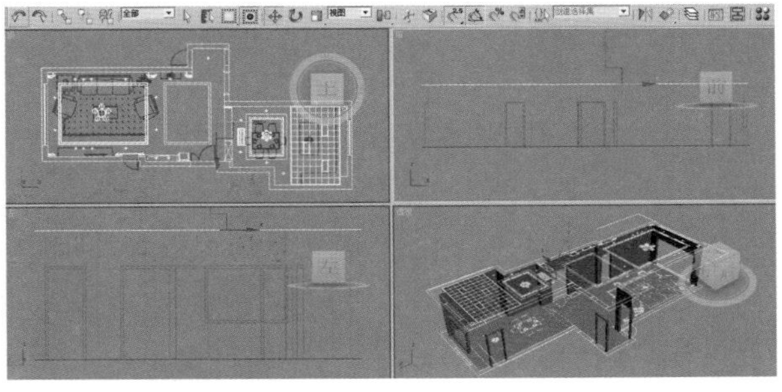

图8-21 天花CAD成组并对齐天花图纸

（3）将【开始新图形】命令取消勾选，保持天花模型的整体性；单击 线 工具，选择【捕捉】命令面板2.5层级，沿墙体内侧绘制线条，闭合样条线；单击【修改命令面板】/【挤出】命令，参数值输入80mm，最后得到线型如图8-22所示。

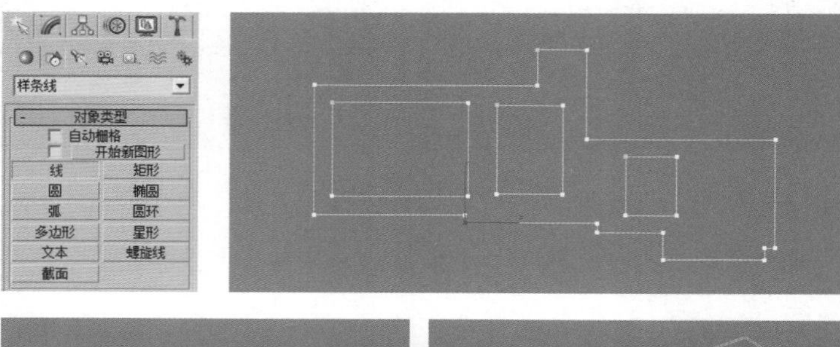

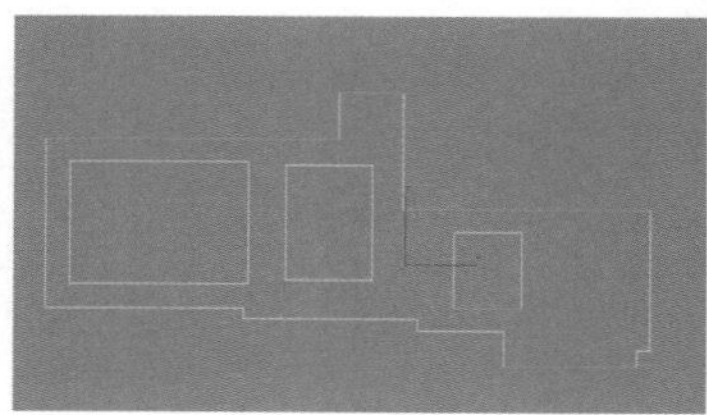

● 图8-22 绘制天花造型

（4）将天花模型转化为可编辑多边形，进入“多边形”层级，将吊顶上部单面删除；进入“边层级”选择图8-23红色所示位置，单击 挤出 【挤出】命令后面的图标，弹出【挤出】菜单栏，参数设置如图8-24所示；进入立面视图，按住键盘上的Shift键，单击移动工具向上移动120mm，如图8-25所示，全部取消隐藏；将天花模型对齐墙体模型，选择墙体模型，单击 附加 【附加】命令，将天花模型与墙体模型附加为一个整体，如图8-26所示。

● 图8-23 选择边线

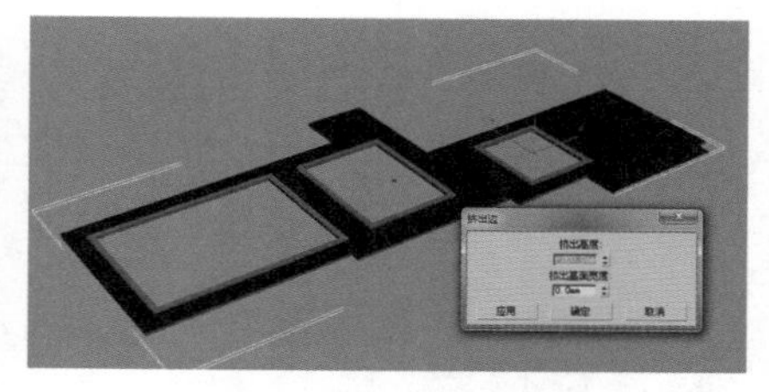

● 图8-24 挤出灯槽宽度

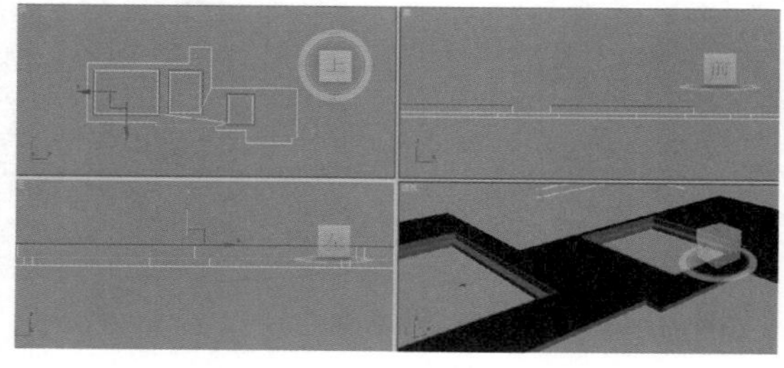

● 图8-25 挤出灯槽高度

● 图8-26 墙体附加天花模型

8.6 建立摄像机

单击“摄像机/目标”工具，在平面图视图创建一盏目标摄像机；单击【修改面板】/【参数】，调整镜头宽度为20mm；进入立面图视图，运用移动工具调整摄像机高度为1100mm，进入摄像机视图，效果如图8-27所示。

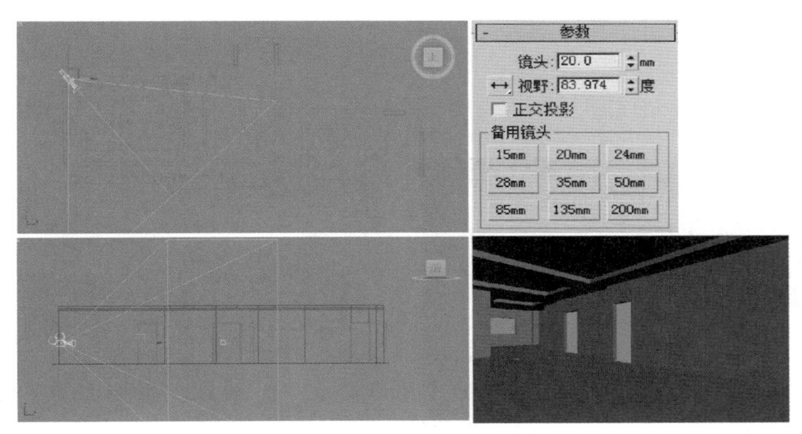

● 图8-27 建立摄像机

8.7 立面造型建模

运用3ds Max二维线建模与放样建模工具继续创建场景立面模型。

（1）建立入户门处装饰柜模型，得到效果如图8-28所示。

（2）建立电视背景墙主立面，如图8-29所示。

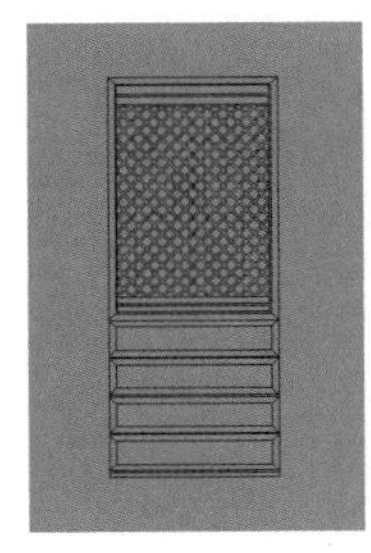
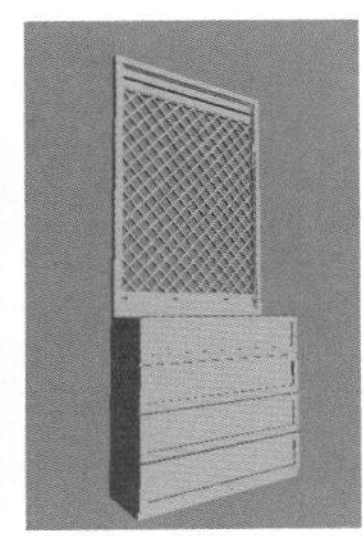

● 图8-28 摄像机视图效果

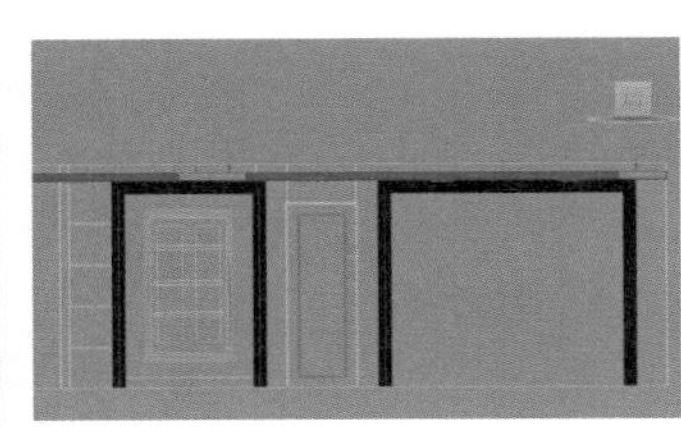

● 图8-29 电视背景墙效果

8.8 模型的合并与导入

近年来，效果图行业发展迅速，计算机效果图的素材模型亦层出不穷。作图时，设计师可以充分利用平时积累的素材模型进行辅助建模，可以大大减少建模制图的时间。

3ds Max支持多种文件的合并与导入，常用的文件类型有Max/3Ds/Skp等。单击【文件】/【合并】命令，选择需要合并的Max模型对象，调整模型至场景中合适的位置。单击【文件】/【导入】命令，选择需要导入的模型对象，调整模型至场景中合适的位置。在计算机效果图制作过程中，模型合并与指定材质等步骤需要循环进行，以避免材质贴图的丢失。

室内空间场景建模完成后，可以根据场景风格需要进行家具搭配，为了减少建模制图时间，我们可以找到需要的家具模型进行合并与导入，参见配套资源包。本章室内设计建模部分最后的效果如图8-30所示。

最终渲染效果图如图8-31所示。

图8-30 场景模型最终效果

图8-31 客厅效果图

本章小结

本章主要介绍将CAD文件导入3ds Max中绘制三维模型，通过对场景模型的分析设置摄像机，合并导入相应的单体模型，最终渲染导出效果图。

拓展实训

利用资源包中的拓展实训素材，通过二维图形创建三维模型，并导入相应的单体模型，创建摄像机及灯光。拓展实训最终效果如图8-32所示。

图8-32 简欧风格客厅效果图

第9章 现代简约风格客厅空间效果图表现

本章以3ds Max建模得到的简约客厅三维模型为对象，通过对场景模型的材质属性分析和灯光构成分析，运用VRay for 3ds Max进行材质调整、灯光设定和渲染成图，最终完成现代简约客厅效果图的制作。

案例操作视频

课堂学习目标

- 掌握室内场景效果图绘制的制作流程及要点。
- 掌握室内场景效果图的灯光构成及灯光设置方法。
- 掌握室内场景效果图常见材质的构成及设置方法。
- 掌握测试渲染和最终渲染的参数设定方法。

9.1 现代简约风格客厅场景简介

本章实例演示案例运用3ds Max软件结合VRay渲染器进行。

案例展现的是现代简约风格客厅空间效果图的表现过程。空间采用具有现代风格的家具及装饰元素，让人感受到大气、简洁的气息。

本场景模拟的光线主要以室内的人工照明为主，同时，透过白色窗帘隐约能看出白天的光景，如图9-1所示。

图9-1 现代简约风格客厅最终渲染效果

9.2 场景测试渲染设置

打开资源包中的场景源文件，可以看到这是一个模型已经创建好的场景，并且场景中的摄影机也已经创建好。

下面首先进行测试渲染参数设置，然后进行灯光设置。

测试渲染参数的设置步骤如下。

（1）按F10键打开【渲染场景】对话框，在【公用】选项卡的【指定渲染器】卷展栏中单击“产品级”右侧的按钮，然后在弹出的【选择渲染器】对话框中选择安装好的V-Ray Adv 3.00.03 渲染器，如图9-2所示。

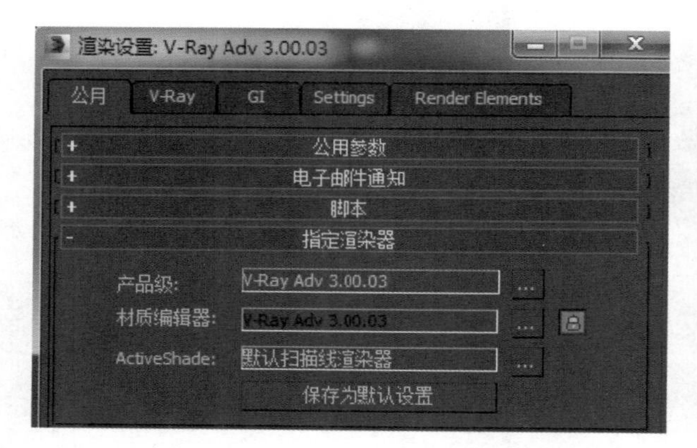

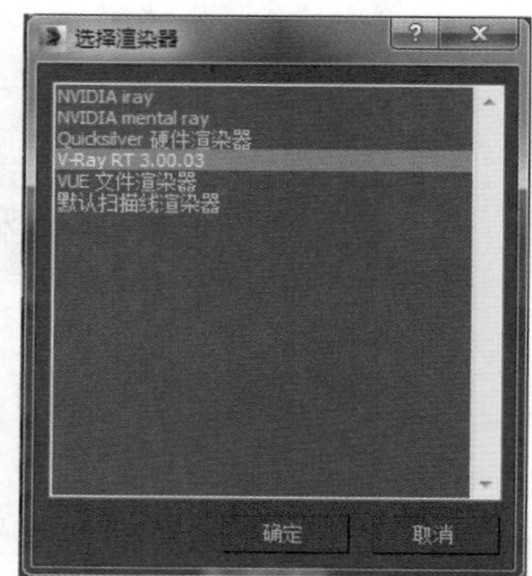

● 图9-2 V-Ray渲染器的选择

（2）在【公用】选项卡的【公用参数】卷展栏中设置较小的图像尺寸，如图9-3所示。

● 图9-3 测试渲染输出尺寸

（3）进入【V-Ray】选项卡，在【Global switches】（全局开关）卷展栏中进行参数设置，如图9-4所示。

（4）进入【Image sampler（Antialiasing）】【图像采样器（抗锯齿）】卷展栏中进行参数设置，如图9-5所示。

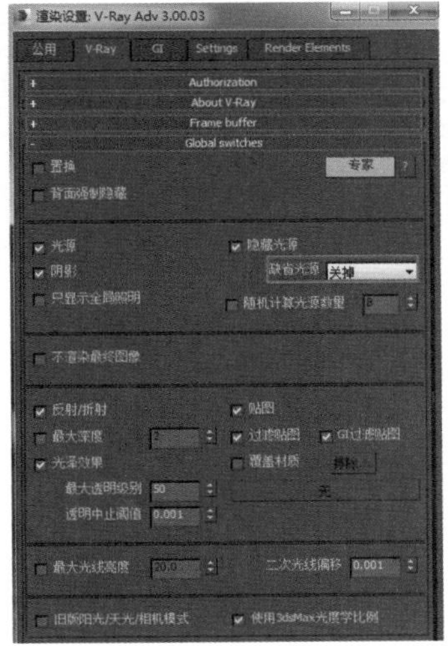

● 图9-4 V-Ray全局开关参数设定

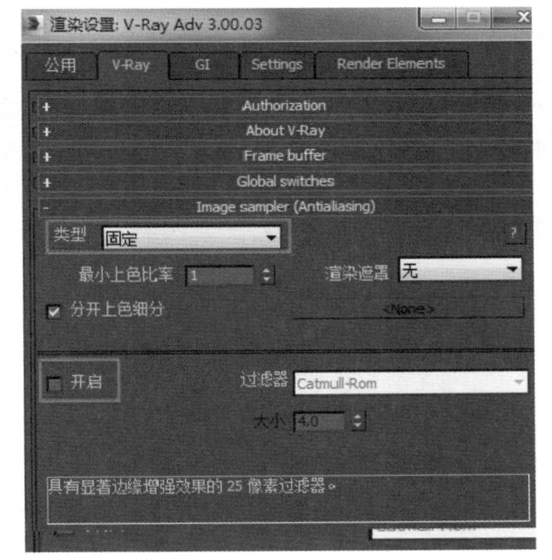

● 图9-5 V-Ray图像采样器参数设定

（5）打开【Environment】（环境）卷展栏，在【全局照明环境】选项中勾选复选框，如图9-6所示。

（6）在【GI】卷展栏中进行参数设置，如图9-7所示。

● 图9-6 V-Ray环境参数设定

● 图9-7 V-Ray间接照明参数设定

（7）在【Irradiance map】（发光贴图）卷展栏中进行参数设置，主要是为当前预设选择“低”或“中”渲染效果图质量，如图9-8所示。

（8）在【Light cache】（灯光缓存）卷展栏中进行参数设置，主要是针对“细分值”的大小进行改动，如图9-9所示。

（9）其他“卷展栏”保持默认状态。

预设渲染参数是根据自己的经验和计算机本身的硬件配置得到的一个相对比较低的渲染设置，书中所设置的参数可以作为参考，也可以尝试一些其他的参数设置。

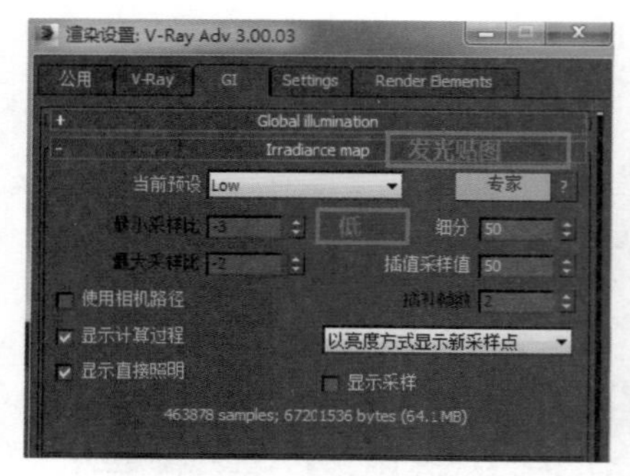

● 图9-8 V-Ray发光贴图参数设定

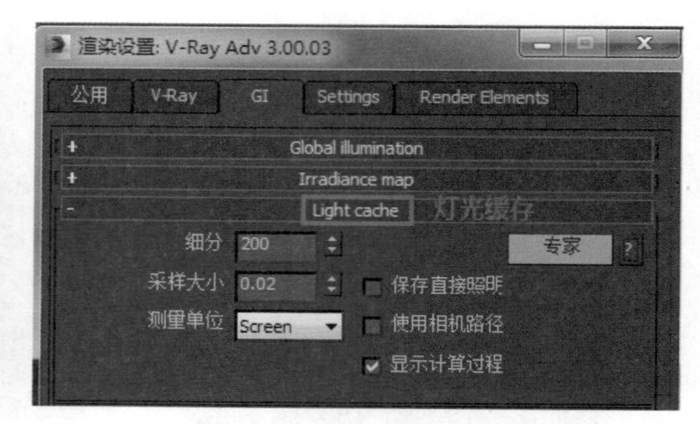

● 图9-9 V-Ray灯光缓存参数设定

9.3 布置场景灯光

该客厅场景的光主要由室外的天光和室内的人工照明组成，其中室内光源作为主要照明光，室外太阳光作为辅助光源。下面首先使用【目标平行光】来模拟室外的天光。

（1）单击 进入创建命令面板，单击 【灯光】按钮，在下拉菜单中选择【标准】选项，然后在【对象类型】卷展栏中单击【目标平行光】按钮，在窗户的顶视图创建一个“目标平行光”，参数如图9-10所示。

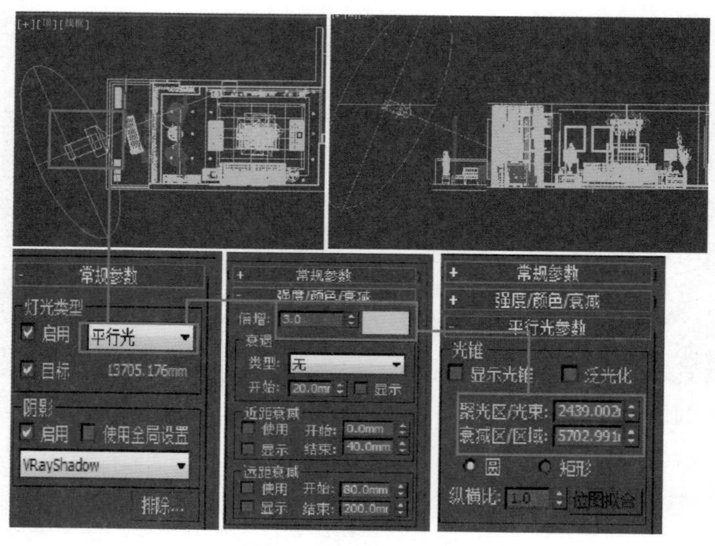

● 图9-10 创建目标平行光

（2）将空间窗户处的“纱帘”隐藏，然后对摄像机视图进行测试渲染，如图9-11所示。

（3）继续为场景布置室外天光。单击 进入创建命令面板，单击 【灯光】按钮，在下拉菜单中选择【VRay】选项，然后在【对象类型】卷展栏中单击【VR Light】（VRay平面光）按钮，在窗户阳台位置创建一个“VR平面光源”，参数如图9-12所示。

图9-11 测试渲染效果

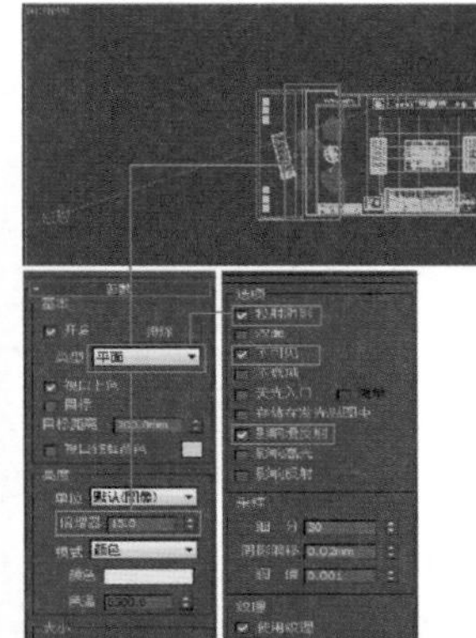

图9-12 创建VRay Light（VRay平面光）

（4）对“VR平面光源”进行参数设置，并进行测试渲染，效果如图9-13所示。

图9-13 测试渲染效果

（5）室外天光已经足够，现在开始布置室内的人工照明。首先要让整体空间的照明更加明亮，单击 进入创建命令面板，单击 【灯光】按钮，在下拉菜单中选择【标准】选项，然后在【对象类型】卷展栏中单击【泛光】按钮，在顶视图吊顶中间处创建一个“泛光灯”，再在【前视图】或【左视图】中调整高度让其位于吊灯下方，注意不要被吊灯挡住，参数如图9-14所示。

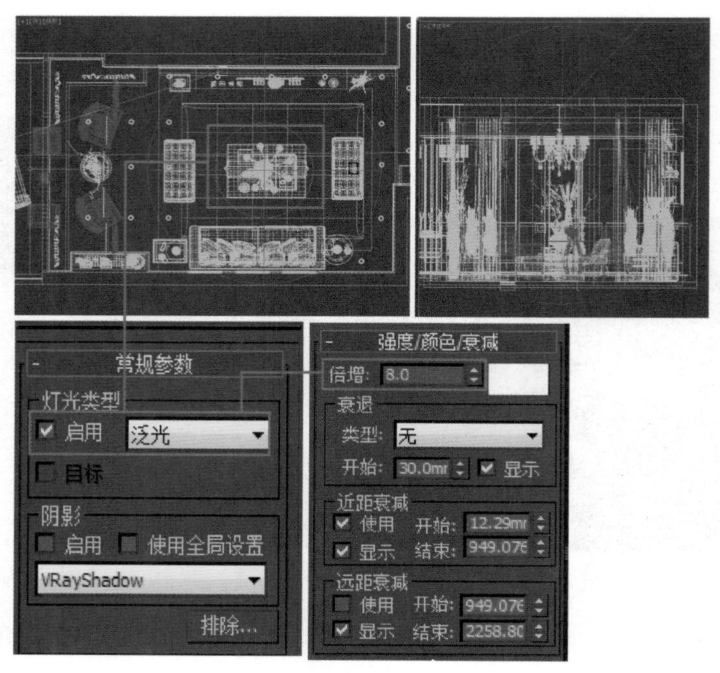

● 图9-14 创建泛光灯图

（6）对摄像机视图进行渲染测试，效果如图9-15所示。

● 图9-15 测试渲染效果

（7）接下来开始进行室内照明设备的灯光布置。首先从吊灯开始，单击 进入创建命令面板，单击 【灯光】按钮，在下拉菜单中选择【标准】选项，然后在【对象类型】卷展栏中单击【泛光】按钮，在顶视图中给每个单头吊灯中间创建一个泛光灯，参数如图9-16所示。

（8）对泛光灯进行参数设置，并进行测试渲染，此时渲染效果如图9-17所示。

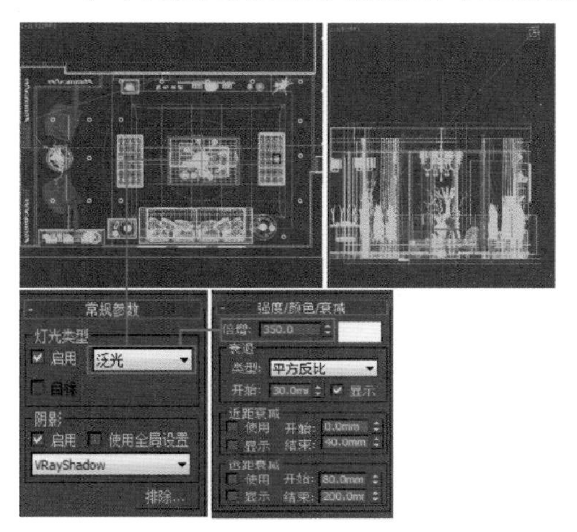

图9-16 创建泛光灯

图9-17 测试渲染效果

（9）下面为场景布置暗藏灯光。单击 进入创建命令面板，单击 【灯光】按钮，在下拉菜单中选择【VRay】选项，然后在【对象类型】卷展栏中单击【VR Light】（VRay平面光）按钮，在天花吊顶两边各创建一个VR平面光源，宽度不宜宽于吊灯平面，长度不宜长于其长度，其他两边关联过去即可。此处应避免两盏平面灯的两端相交，否则会造成阴影，暗藏的可调至偏暖色一些，凸显出家居空间的温馨感，参数如图9-18所示。

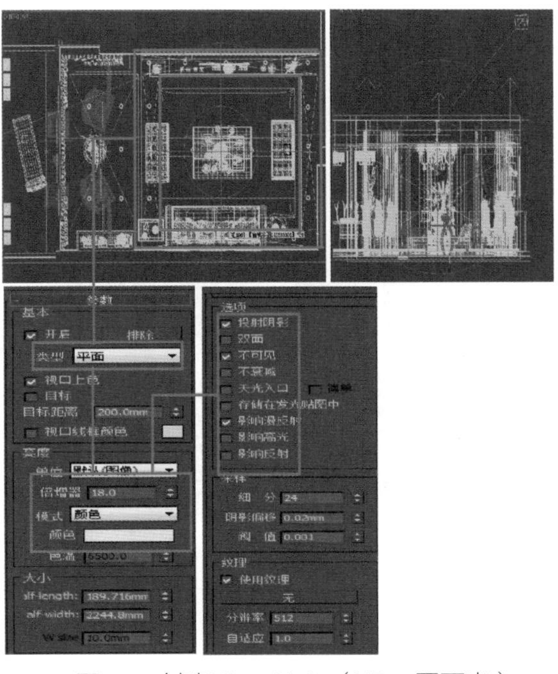

图9-18 创建VRay Light（VRay平面光）

（10）对VRay Light（VRay平面光）进行参数设置，并进行测试渲染，此时渲染效果如图9-19所示。

● 图9-19 测试渲染效果

（11）下面布置左边筒灯的灯光照明。单击 进入创建命令面板，单击 【灯光】按钮，在下拉菜单中选择【光度学】选项，然后在【对象类型】卷展栏中单击【目标灯光】按钮，在“常规参数”中的“灯光分布”下拉菜单中选择“光度学Web”，回到前视图或左视图筒灯的位置下从上往下拉出目标灯光的距离，顶视图核对目标灯光的位置是否正确，再回到修改面板中调整高度，此处的灯光“倍增值”和灯光颜色与上面的暗藏灯光的设定参数是一样的，如图9-20所示。

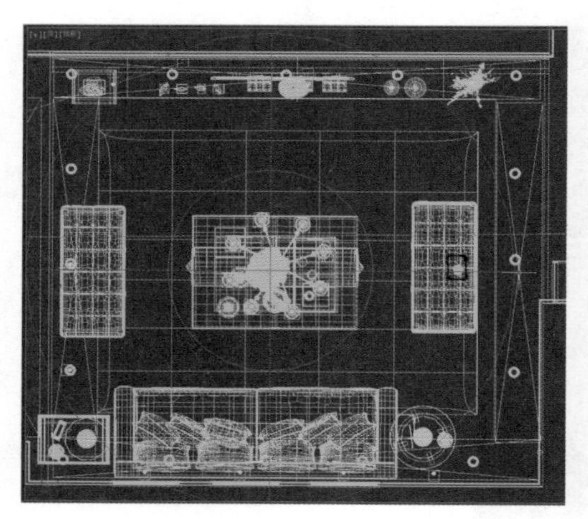

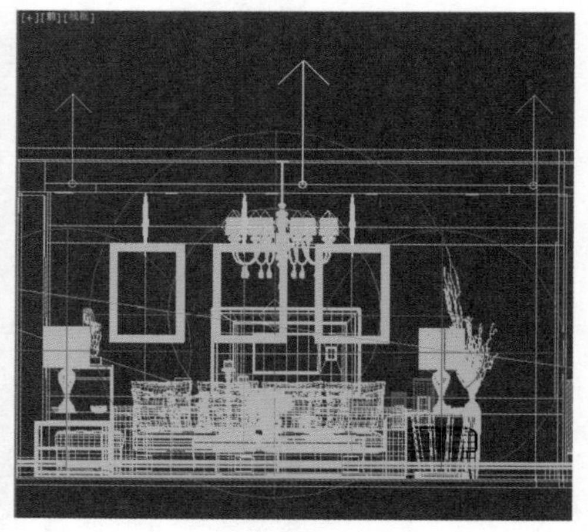

● 图9-20 创建VRay Light（VRay平面光）

（12）此时渲染效果如图9-21所示。

● 图9-21 测试渲染效果

（13）下面布置右边电视背景墙的两个暗藏灯照明。单击 进入创建命令面板，单击 【灯光】按钮，在下拉菜单中选择【VRay】选项，然后选择【VRay Light】，在“参数”中的“类型”下拉菜单中选择“平面”，先在顶视图上绘制出暗藏灯的长宽，再到前视图或左视图设置筒灯的高度，然后运用镜像工具关联复制一个矩形光源并调整位置，参数如图9-22所示。

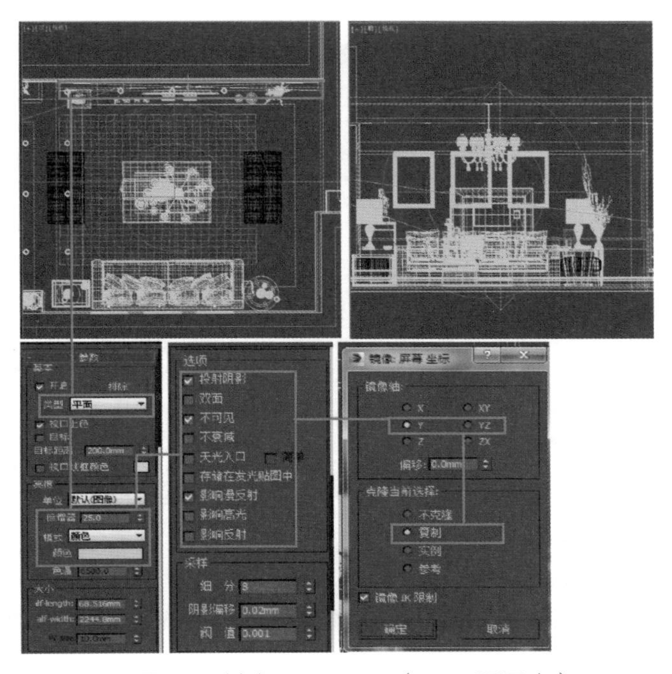

● 图9-22 创建VRay Light（VRay平面光）

（14）对VRay Light（VRay平面光）进行参数设置，并进行测试渲染，渲染效果如图9-23所示。

● 图9-23 测试渲染效果

（15）下面布置台灯的照明。单击 进入创建命令面板，单击 【灯光】按钮，在下拉菜单中选择【标准】选项，在【对象类型】卷展栏中选择【泛光】，“顶视图”把“泛光灯”放在台灯灯罩内，到前视图或左视图台灯位置调整灯的高度，让“泛光灯”位于台灯灯罩的中心处，另外一个台灯直接“关联”过去，如图9-24所示。

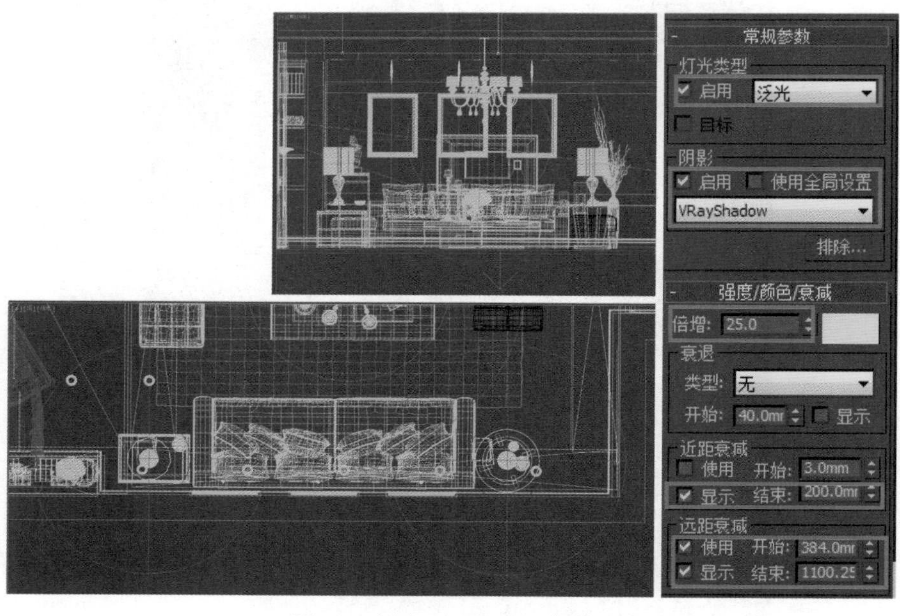

● 图9-24 创建VRay Light参数设定

（16）此时渲染效果如图9-25所示。

● 图9-25 测试渲染效果

上面分别对灯光进行了测试，最终测试结果比较满意。测试完灯光效果后，下面进行材质设置。

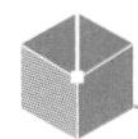

9.4 设置场景材质

1.主体材质设置

（1）首先设置“天花和墙面”材质。按M键打开【材质编辑器】对话框，选择一个空白材质球，将其设置为VRayMtl材质，并将材质命名为“白色乳胶漆”，单击【漫反射】右侧的贴图按钮，为其添加一个【输出】贴图，并将漫反射颜色设置为白色，如图9-26所示。

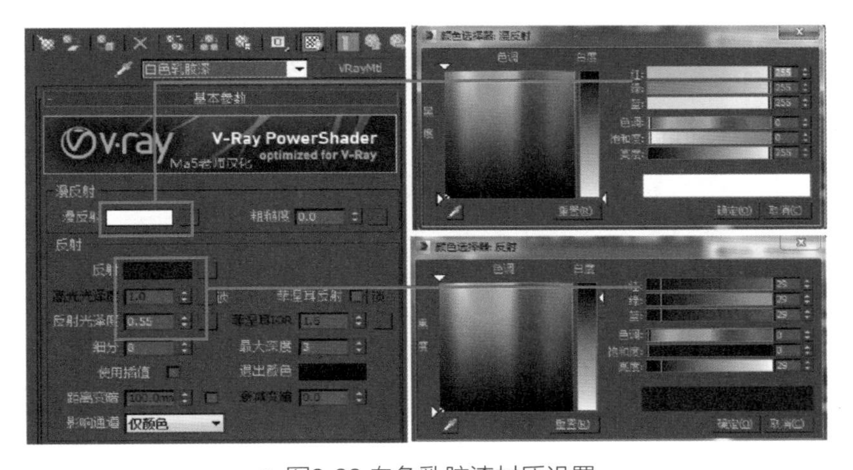

● 图9-26 白色乳胶漆材质设置

（2）“刮漆”设置。选择一个空白材质球，将其设置为VRayMtl材质，并将材质命名为“刮漆”。贴图文件为“刮漆.jpg”文件。返回【VRayMtl】材质层级，单击【反射】颜色面板调整反射程度，并调整高光光泽度和反射光泽度值，如图9-27所示。

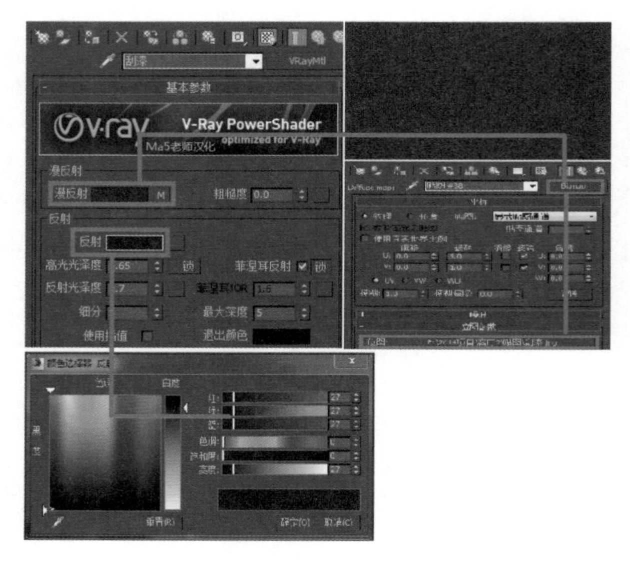

● 图9-27 刮漆材质设置

（3）再次返回【VRayMtl】材质层级，进入【贴图】卷展栏，在【凹凸】右侧的贴图通道中添加一个Bitmap贴图。贴图文件为“刮漆凹凸图.jpg”文件，如图9-28所示。

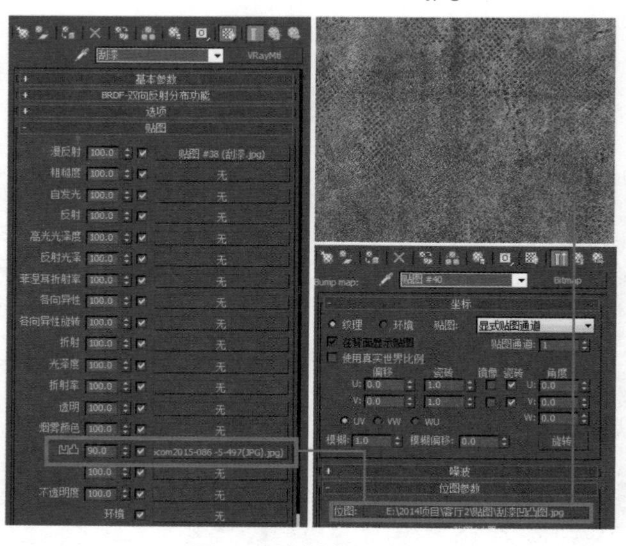

● 图9-28 刮漆材质凹凸设置

（4）下面设置“电视背景墙石材”材质。选择一个空白材质球，将其设置为VRayMtl材质，将其命名为“电视背景墙石材”，单击【漫反射】右侧的贴图按钮，添加一个Bitmap贴图。贴图文件为“电视背景墙石材.jpg”文件，如图9-29所示。

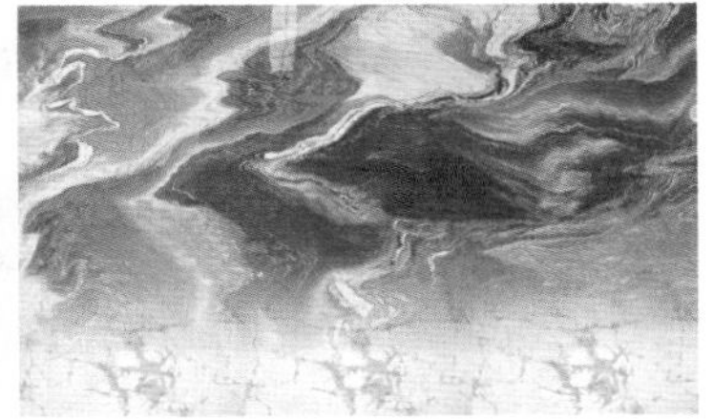

● 图9-29 电视背景墙石材材质设置

（5）返回VRayMtl材质层级，单击【反射】右侧的贴图通道按钮，为其添加一个【衰减】贴图，如图9-30所示。

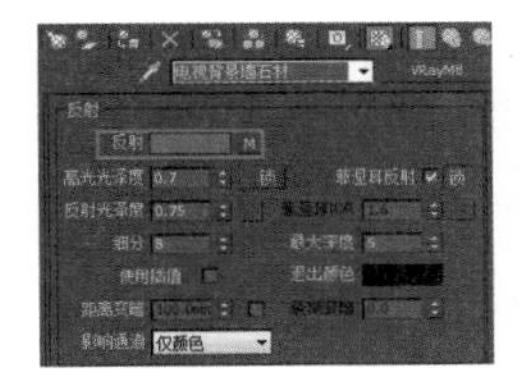
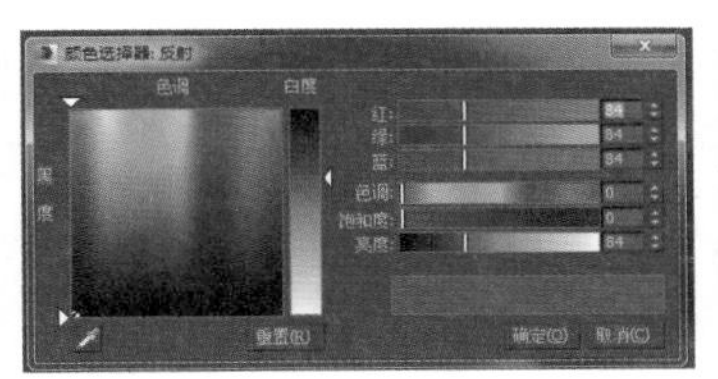
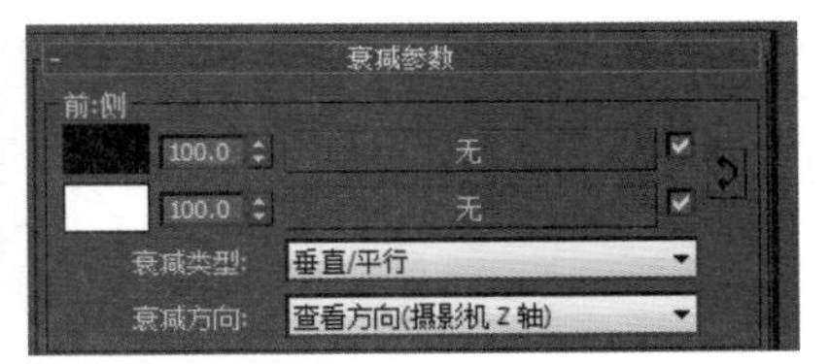

● 图9-30 电视背景墙石材材质设置

（6）“地面”材质设置。按M键打开【材质编辑器】对话框，选择一个空白材质球，将其设置为VRayMtl材质，并将材质命名为“地面”，单击【漫反射】右侧的贴图按钮，为其添加一个【输出】贴图，将材质指定给地面，如图9-31所示。

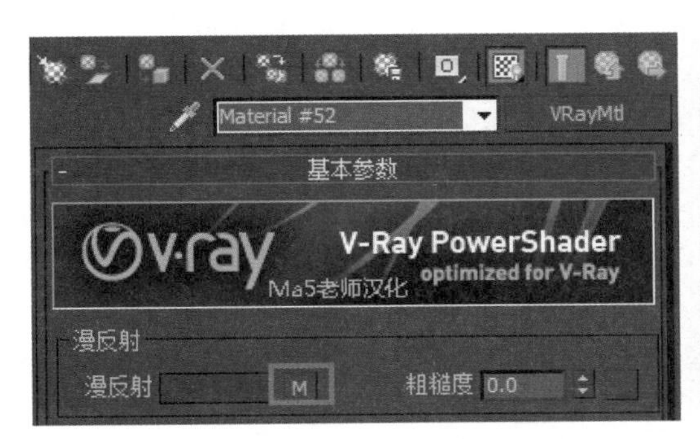

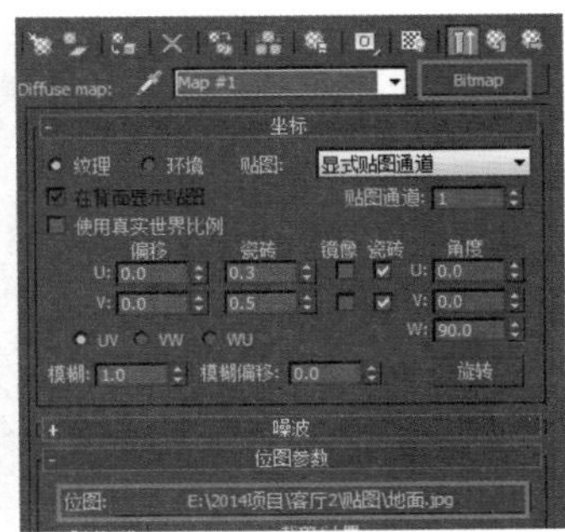

● 图9-31 地面材质设置

（7）返回VRayMtl材质层级，调整反射程度，并调整高光光泽度和反射光泽度值，如图9-32所示。

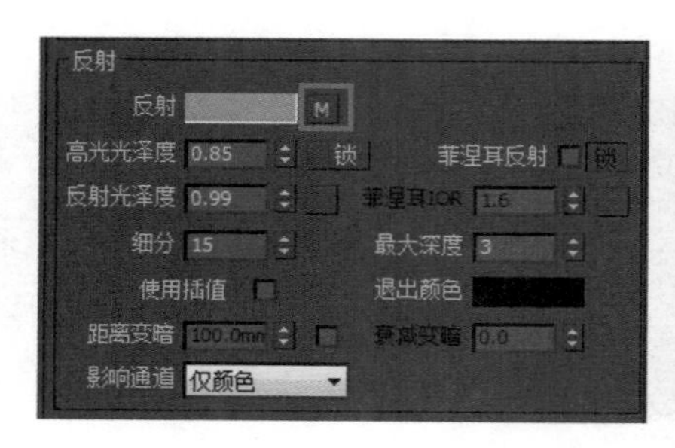

● 图9-32 地面材质设置

2.布艺制品材质设置

首先制作“沙发布艺家具”材质设置，按M键打开【材质编辑器】对话框，选择一个空白材质球，将其设置为VRayMtl材质，并将材质命名为“布艺沙发”，单击【漫反射】右侧的贴图按钮，为其添加一个Bitmap贴图。贴图文件为“布艺沙发.jpg”文件，返回VRayMtl材质层级，单击【贴图】下方的凹凸通道按钮，为其添加一个Bitmap贴图，如图9-33所示。

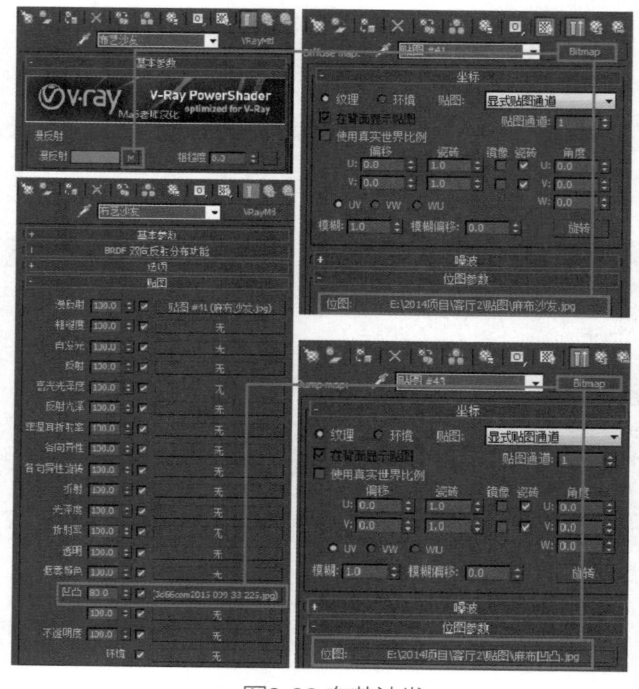

● 图9-33 布艺沙发

3.沙发抱枕材质设置

（1）制作“条纹沙发抱枕”材质。选择一个空白材质球，将其设置为【VRayMtl材质】，并将材质命名为“条纹抱枕”。贴图文件为“抱枕.jpg”文件，如图9-34所示。

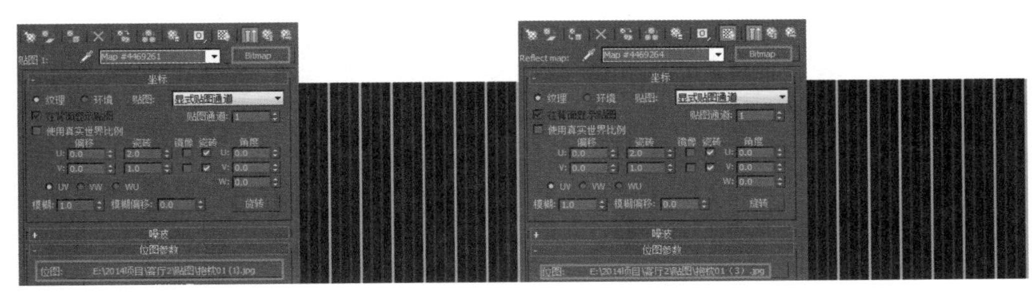

图9-34 条纹抱枕材质设置

返回VRayMtl材质层级，调整反射程度，并调整高光光泽度和反射光泽度值，如图9-35所示。

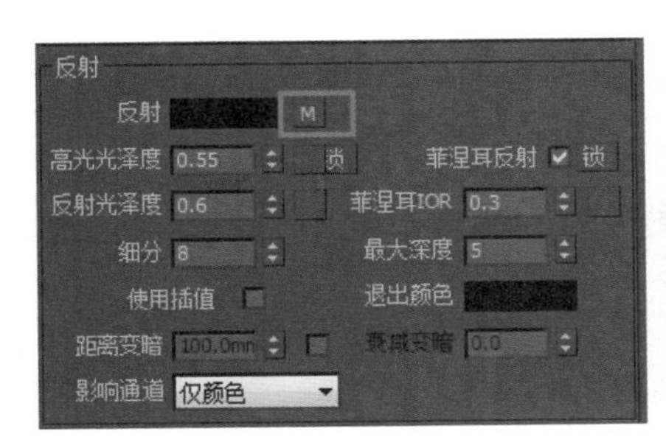

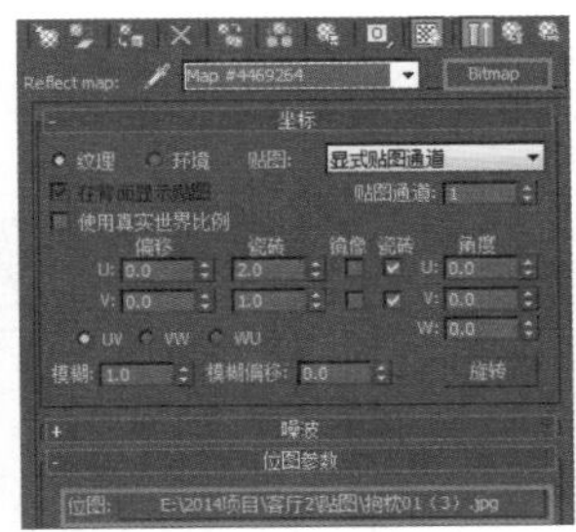

图9-35 条纹抱枕材质设置

（2）下面制作“深色边浅色抱枕”的材质。选择一个空白材质球，将其设置为【Multi/Sub-object】（多维/子对象）材质，并将材质命名为“黑边抱枕”，单击【折射】右侧的贴图按钮，为其添加一个【混合】贴图，如图9-36所示。

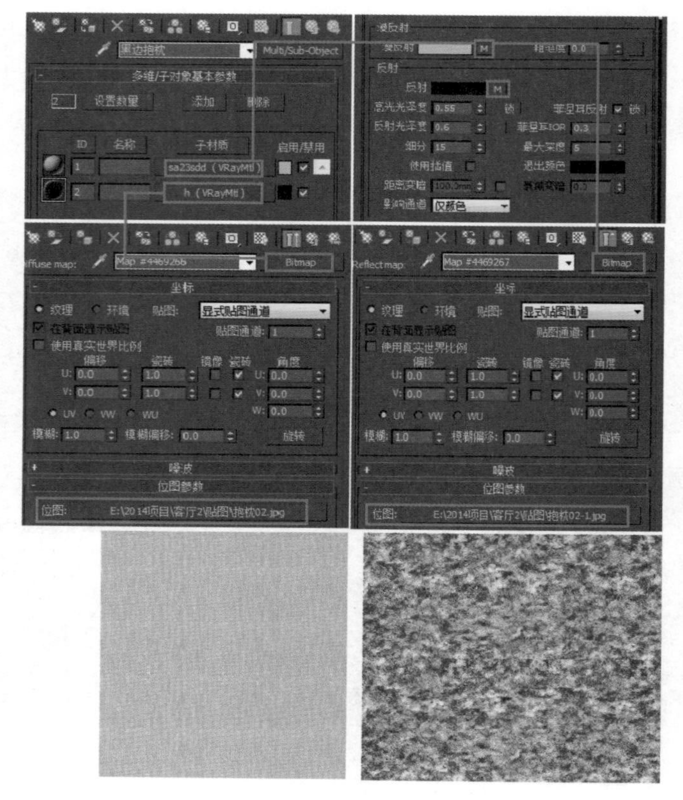

● 图9-36 黑边抱枕材质设置

（3）“桌旗布”材质设置为【多维/子材质】，并将材质命名为“桌旗”，单击【漫反射】右侧的贴图按钮，为其添加一个Bitmap贴图。贴图文件为“桌旗布.jpg”文件，如图9-37所示。

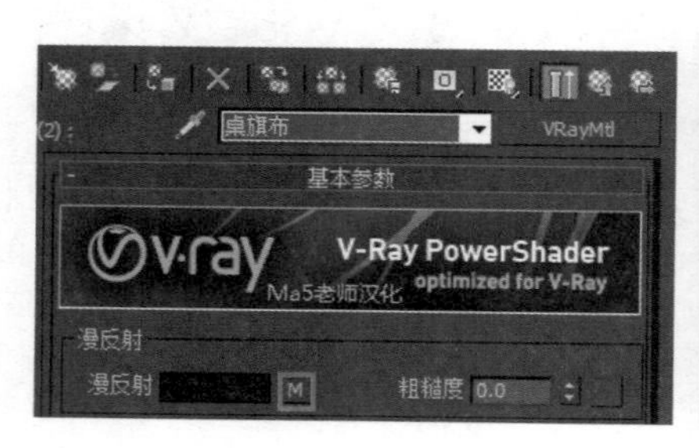

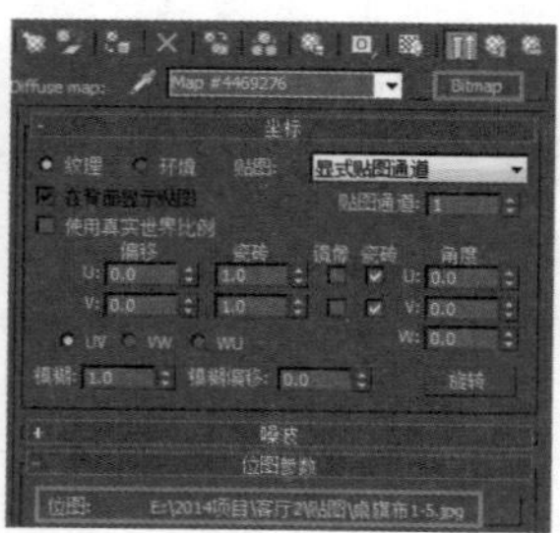

● 图9-37 桌旗布材质设置

返回VRayMtl材质层级，调整反射程度，并调整高光光泽度和反射光泽度值，如图9-38所示。

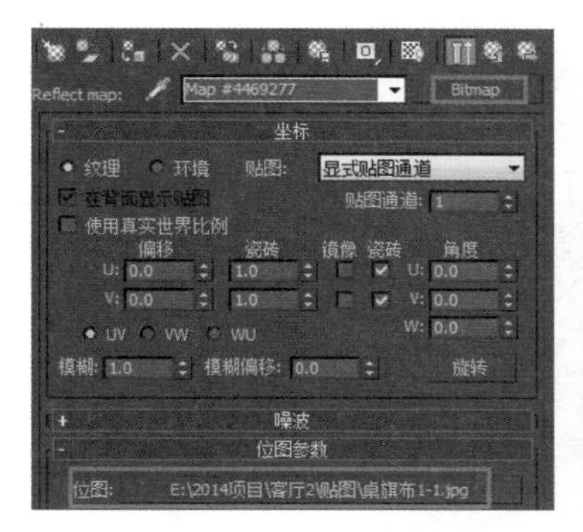

● 图9-38 桌旗布材质设置

（4）接下来制作“窗帘布料”材质。选择一个空白材质球，将其设置为【VRayMtl】，并将材质命名为“窗帘”，单击【漫反射】右侧的贴图按钮，添加一个Bitmap贴图。贴图文件为“布1.jpg”文件，如图9-39所示。

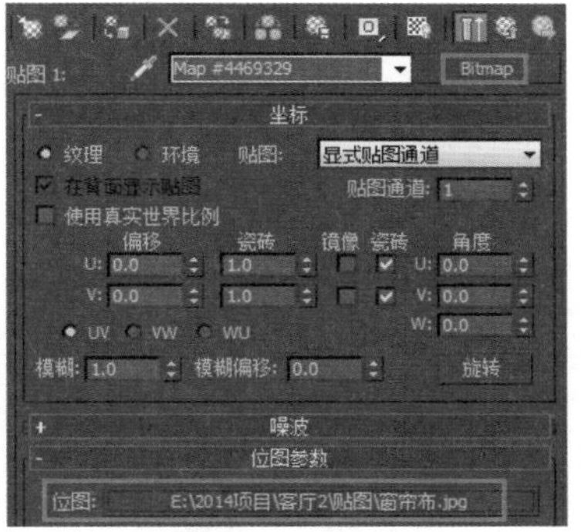

● 图9-39 桌旗材质设置

返回【VRayMtl材质】材质层级，在【反射】中添加一个【衰减】，如图9-40所示。

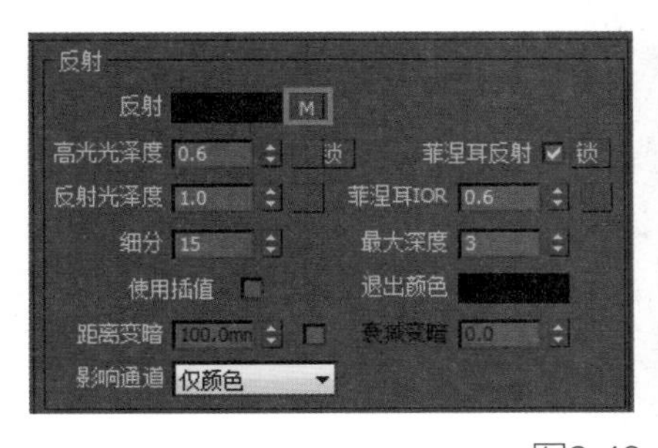

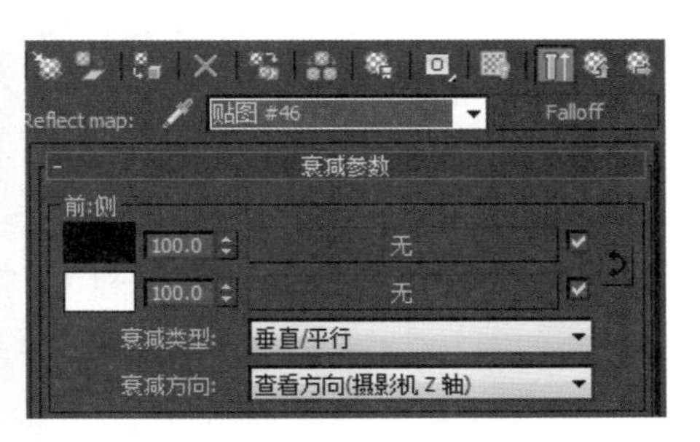

● 图9-40 桌旗材质设置

（5）“纱窗”材质设置。选择一个空白材质球，设置为【VRayMtl】，并将材质命名为“纱窗”，单击【漫反射】把颜色面板改成“白色”。返回【VRayMtl材质】材质层级，纱窗有一定的透明度，单击【折射】后边的颜色面板调整颜色，颜色越白纱窗越透明，如图9-41所示。

● 图9-41 纱窗材质设置

4.地毯材质设置

为了使渲染出的地毯更加真实，事先已经为地毯模型添加了【VRay置换修改器】。下面为地毯制作材质。选择一个空白材质球，将其设置为【VRayMtl材质】，并将材质命名为“地毯”。贴图文件为“地毯.JPG”文件，返回【VRayMtl材质】层级，进入【贴图】卷展栏，将【漫反射】右侧的贴图按钮拖曳到【凹凸】右侧的【无】贴图按钮上进行实例复制，并调整凹凸参数。最后将材质指定给物体“地毯”，如图9-42所示。

● 图9-42 地毯材质设置

5.木材材质设置

（1）“边几”和“沙发脚”的材质设置。选择一个空白材质球，将其设置为【VRayMtl】，并将材质命名为“黑檀木”，单击【漫反射】右侧的贴图按钮，为其添加一个Bitmap贴图，并进行参数设置，如图9-43所示。

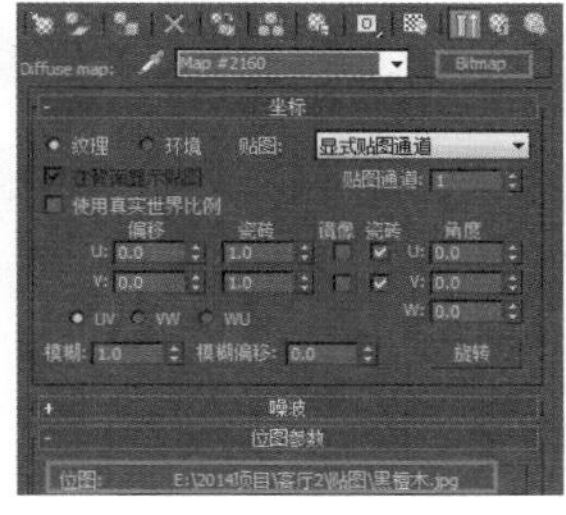

图9-43 黑檀木材质设置

（2）返回【VRayMtl材质】层级，调整反射程度，并调整高光光泽度和反射光泽度值，设置好之后将材质赋给“边几”和“沙发脚”，如图9-44所示。

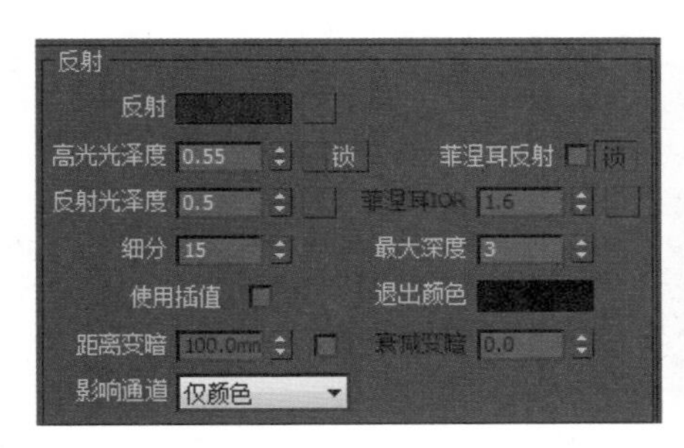

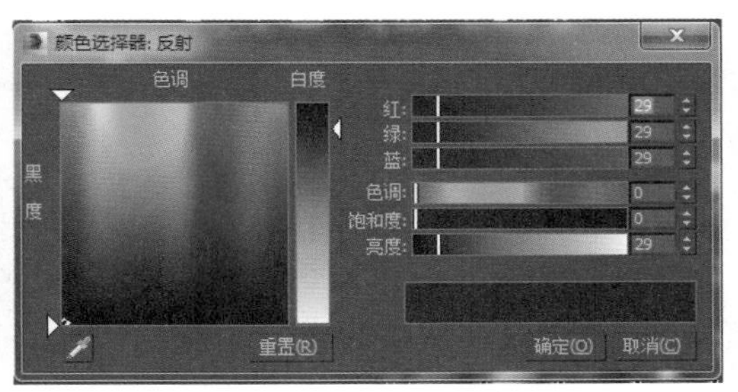

图9-44 黑檀木材质设置

（3）枯树枝材质设置。选择一个空白材质球，将其设置为【VRayMtl材质】并将其命名为“树枝装饰”，并进行参数设置，如图9-45所示。

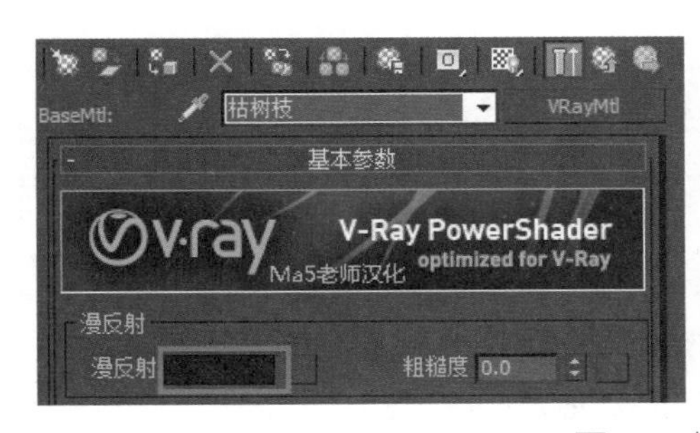

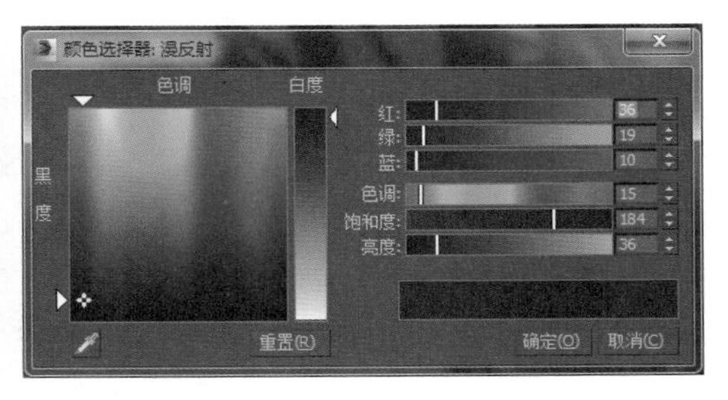

图9-45 枯树枝材质设置

（4）返回【VRayMtl材质】层级，添加【衰减】，并调整高光光泽度和反射光泽度值，设置好之后将材质赋给花瓶里面的“枯树枝”，如图9-46所示。

● 图9-46 枯树枝材质设置

6.茶镜材质设置

选择一个空白材质球，将其设置为【VRayMtl材质】，并将材质命名为“茶镜”。贴图文件为“茶镜.jpg”文件，如图9-47所示。

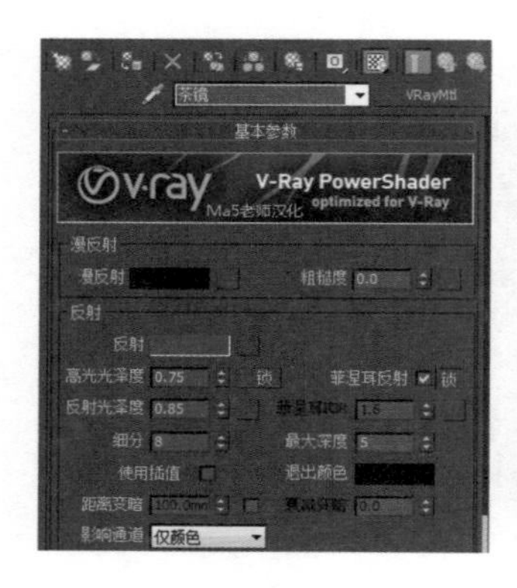

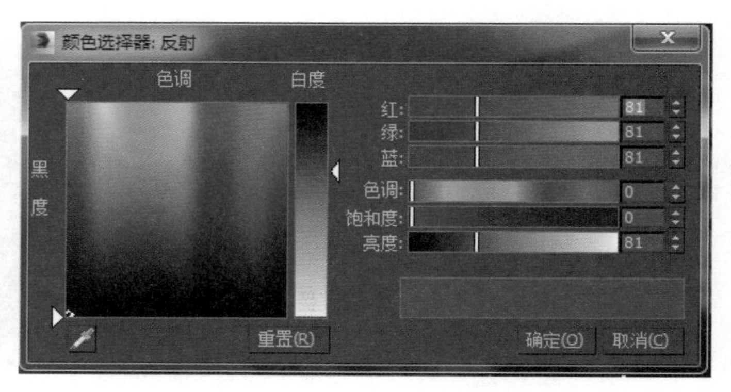

● 图9-47 茶镜材质设置

7.瓷器材质设置

（1）瓷器装饰品材质设置。选择一个空白材质球，将其设置为【VRayMtl】，并命名为“瓷器”，进行参数设置，如图9-48所示。

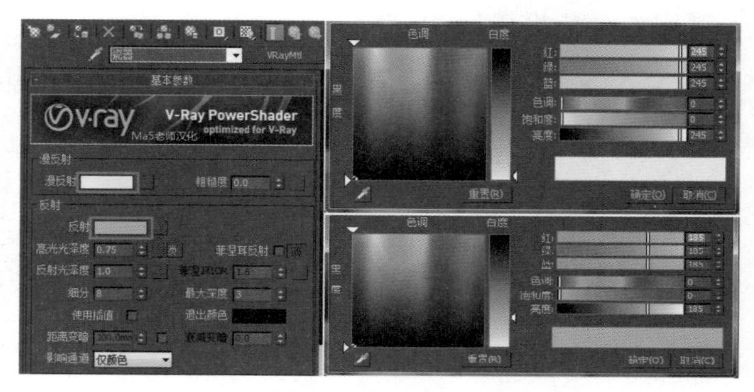

● 图9-48 瓷器材质设置

（2）台灯材质设置。台灯由“灯罩”和“灯座”两部分组成，其中“灯座”又是由两种材质共同组成，

因此分位置来给出相应的材质。“灯罩”部分，选择一个空白材质球，将其设置为【VRayMtl材质】，并将材质命名为“灯罩”，如图9-49所示。

图9-49 灯罩材质设置

8.金属材质的设置

金属灯座材质设置。选择一个空白材质球，将其设置为【VRayMtl材质】，并将材质命名为“金属灯座”，为其【漫反射】选出本身颜色，在【反射】通道中根据材质的反光度给出反射值，如图9-50所示。

图9-50 金属灯座材质设置

9.水晶灯材质设置

（1）灯座材质的设置。选择一个空白材质球，将其设置为【VRayMtl材质】，并将材质命名为“水晶灯座”，为其【漫反射】选出本身颜色，在【反射】通道中根据材质的反光度给出反射值，如图9-51所示。

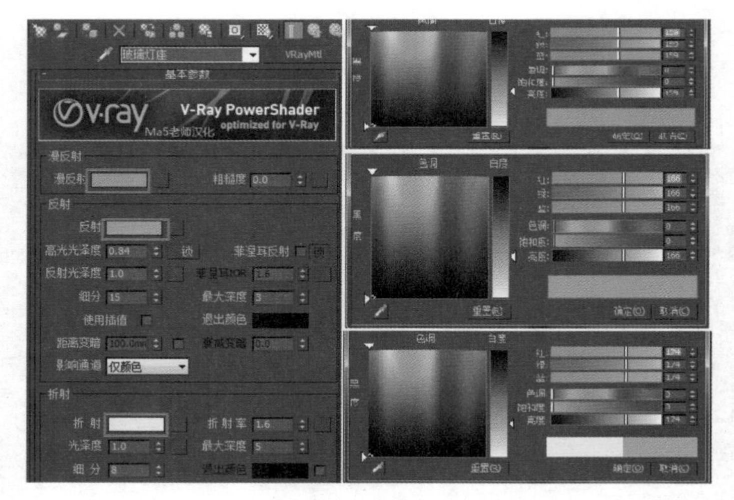

● 图9-51 水晶灯材质设置

（2）下面来设置水晶吊灯材质。选择一个空白材质球，将其设置为【VRayMtl材质】，并命名为“吊灯”，进行参数设置，如图9-52所示。

● 图9-52 水晶灯材质设置

（3）设置吊灯灯罩材质。选择一个空白材质球，将其设置为【VRayMtl材质】，并命名为“吊灯灯罩”，进行参数设置，如图9-53所示。

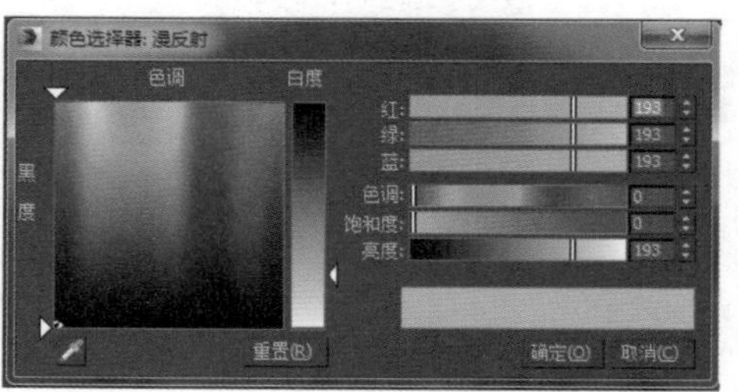

● 图9-53 水晶灯灯罩材质设置

（4）为其添加【衰减】，并调整高光光泽度和反射光泽度值，如图9-54所示。

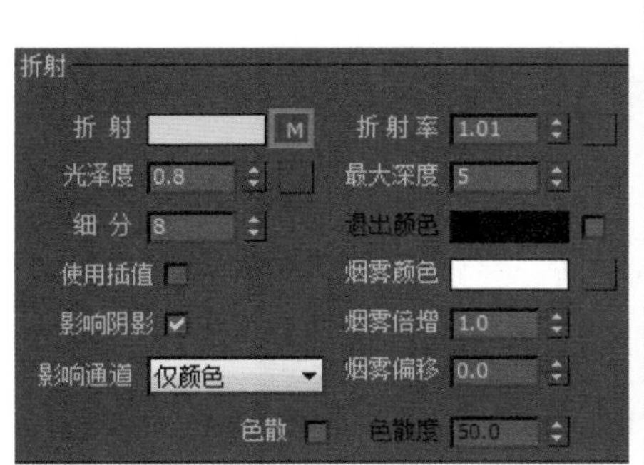

● 图9-54 水晶灯灯罩材质设置

至此，场景的灯光测试和材质设置都已经完成，下面将对场景进行最终渲染设置。最终渲染设置将决定图像的最终渲染品质。

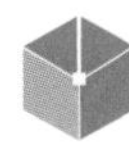

9.5 最终渲染设置

1.最终测试灯光效果

场景中材质设置完毕后需要对场景进行渲染，观察此时的场景效果，如图9-55所示。

● 图9-55 测试渲染效果

观察渲染效果，场景光线不需要再调整，接下来设置最终渲染参数。

2.灯光细分参数设置

将场景中的【VR光源】的灯光细分值设置为20，然后将【VRayLight】（平行光）的目标灯光的细分值设置为20，如图9-56所示。

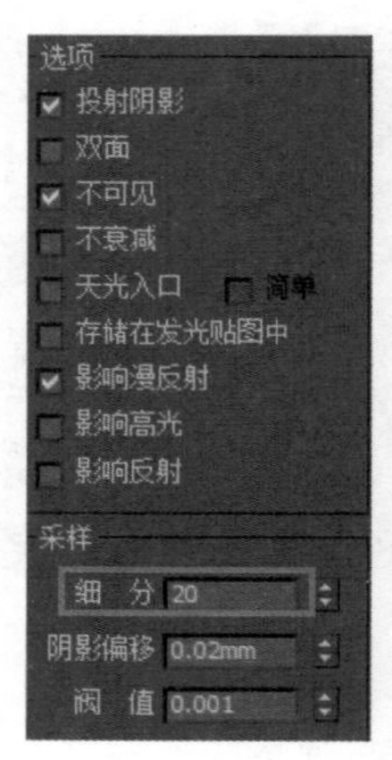

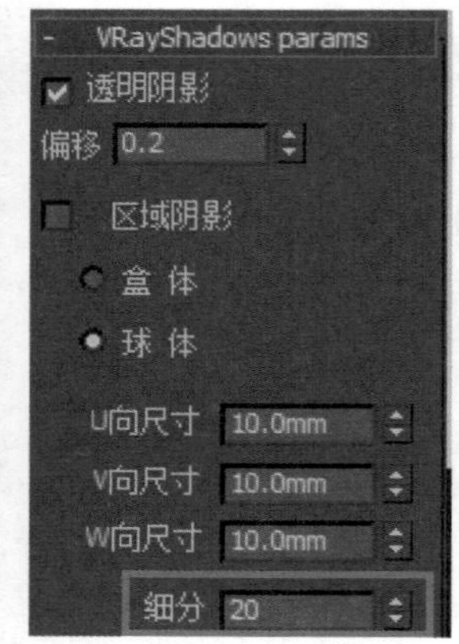

● 图9-56 灯光细分参数设定

3.设置光子图参数

为了让渲染速度更快，在渲染大图之前需出光子图，下面介绍光子图参数设置。

（1）在【公用】选项卡中设置参数，在设置输出大小时不许太大，不超过渲染大图尺寸的1/3即可，如图9-57所示。

● 图9-57 输出大小设置

（2）在【V-Ray】选项卡【Global switches】（全局开关）中勾选【不渲染最终图像】，如图9-58所示。

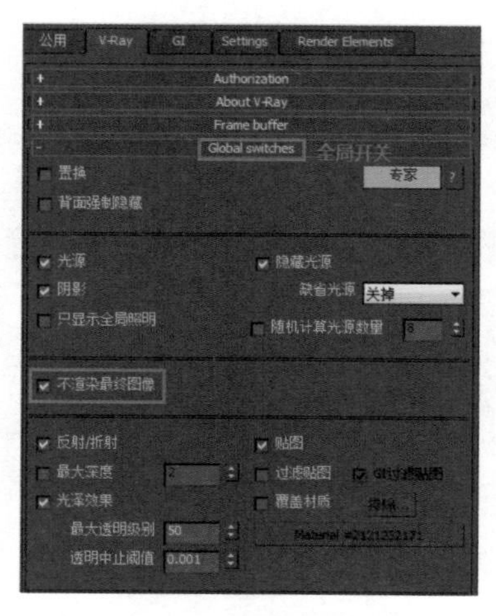

● 图9-58 VRay全局开关参数设定

（3）进入【V-Ray】选项卡【Image sampler（Antialiasing）】卷展栏，进行设置，如图9-59所示。

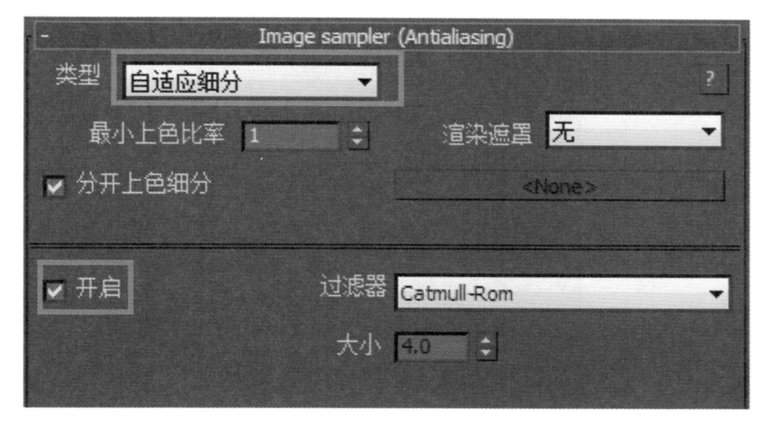

图9-59 Image sampler（图像采样器）参数设定

（4）进入【Global DMC】卷展栏，进行渲染级别参数设置，如图9-60所示。

图9-60 Global DMC参数设定

（5）进入【GI】卷展栏，进行设置，如图9-61所示。

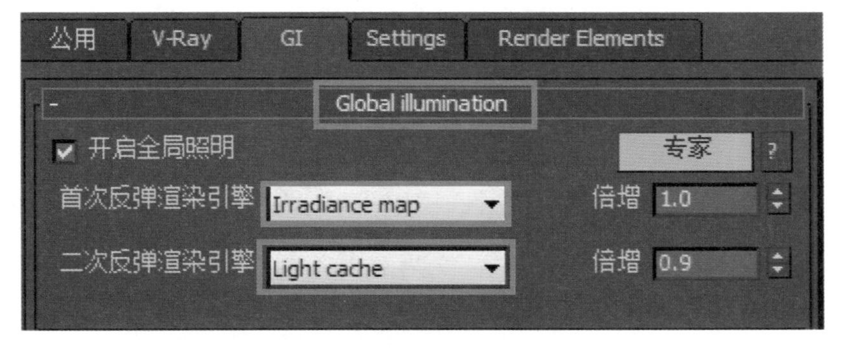

图9-61 GI（全局照明）参数设定

（6）进入【Irradiance map】卷展栏，进行参数设置，如图9-62所示。

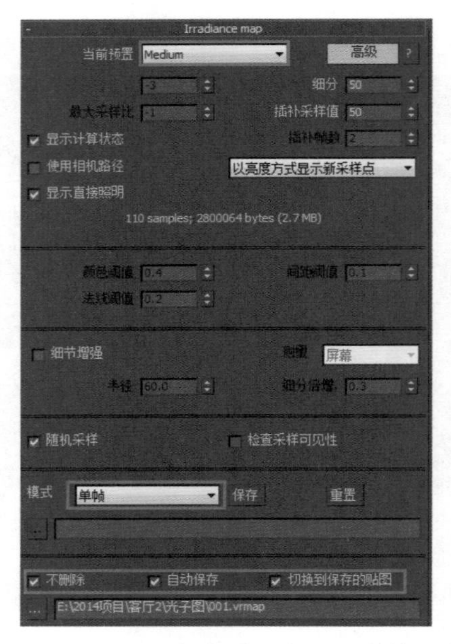

● 图9-62 VRay发光贴图光子图参数设定

（7）进入【Light cache】卷展栏，进行参数设置，如图9-63所示。

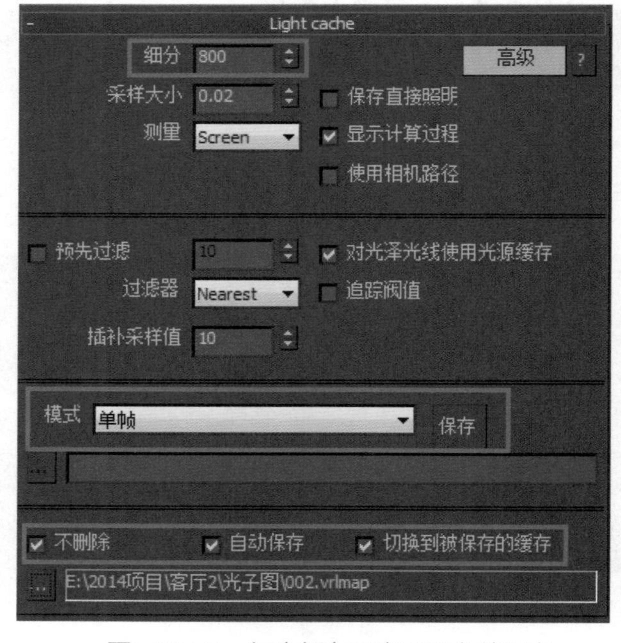

● 图9-63 VRay灯光缓存及光子图参数设定

由于勾选了【不渲染最终图像】，可以发现系统并没有渲染最终图像，渲染完毕发光贴图和灯光贴图自动保存到指定路径，并在下次渲染时自动调用。

4.最终成品渲染

最终成品渲染的参数设置如下。

（1）首先设置出图尺寸及抗锯齿参数。当发光贴图和灯光贴图计算完毕后，在“渲染场景”对话框的“公用”选项卡中设置最终渲染图像的输出尺寸，如图9-64所示。

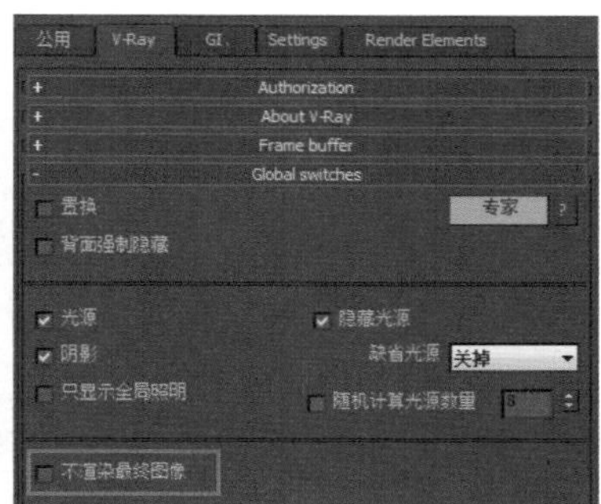

● 图9-64 最终渲染图像参数设定

（2）在【Global switches】中取消选中【不渲染最终图像】。

（3）在【Irradiance map】卷展栏中设置抗锯齿和过滤器，如图9-65所示。

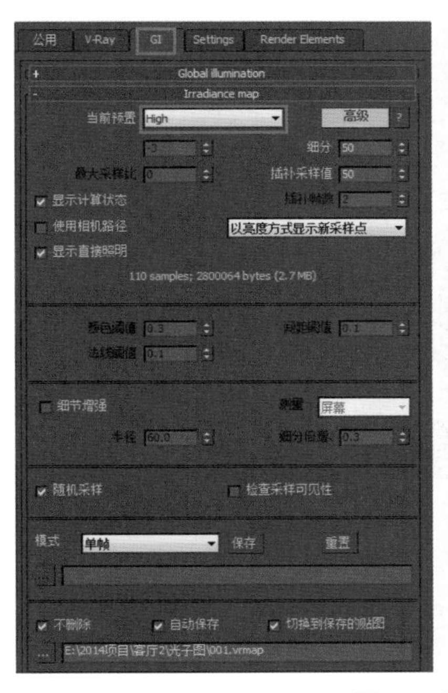

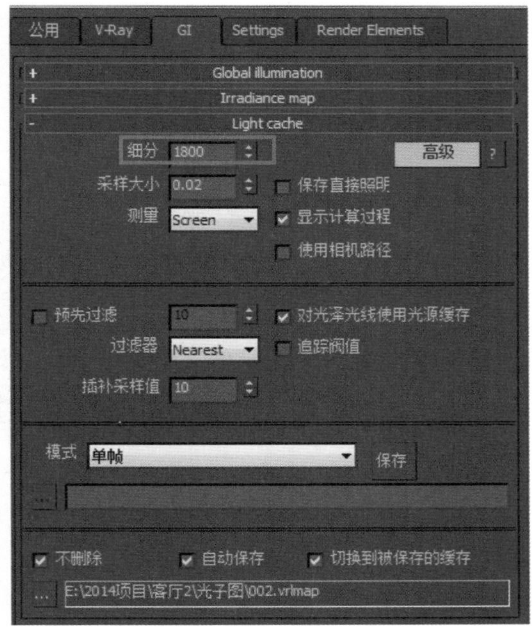

● 图9-65 最终渲染图像参数设定

（4）在【Light cache】卷展栏中设置细分值。

（5）分别在【Irradiance map】和【Light cache】卷展栏【光子图使用模式】中选择之前渲染的光子贴图。

（6）最后完成成品渲染，如图9-66所示。

图9-66 最终渲染效果

（7）最后使用Photoshop软件对图像的亮度、对比度及饱和度进行调整，使效果更加生动、逼真，如图9-67所示。

图9-67 Photoshop后期处理成品效果

本章小结

1.分析场景中的光源构成，进行VRay灯光的创建，并调整画面的明暗关系和冷暖关系。

2.分析场景中的材质构成，进行材质主次分析、色彩构成分析，并运用材质编辑器进行材质属性的调整。

3.理解测试渲染与最终渲染的区别，能熟练掌握测试渲染、光子渲染，最终渲染的参数选项设置。

拓展实训

参照第9章的拓展实训文件，设置渲染面板的参数，分别创建场景中的灯光与材质，最终完成效果图，如图9-68所示。

图9-68 拓展实训效果图

第10章 办公大堂空间效果图表现

本章以3ds Max建模得到的办公大堂三维模型为对象，通过对场景模型的材质属性分析和灯光构成分析，运用VRay for 3ds Max进行材质调整、灯光设定和渲染成图，最终完成办公大堂效果图的制作。

案例操作视频

课堂学习目标

- 掌握办公空间效果图绘制的制作流程及要点。
- 掌握办公空间效果图的灯光构成及灯光设置方法。
- 掌握办公空间效果图的常见材质的构成及设置方法。
- 掌握测试渲染和最终渲染的参数设定方法。

10.1 办公大堂空间效果图场景简介

本章实例演示案例是3ds Max软件结合VRay渲染器进行的。

本案例展现的是办公大堂空间效果图的表现过程。空间设计方案以实用性、安全性为原则，整个空间除灵动、清透、时尚、大气外，还表现出一种力度感和效率感。直线块体天花拓展人的视觉空间，冷暖灯光的协调点染空间的立体感。本场景模拟的光线属于上午时分，透过玻璃可以看到室外蓝天白

● 图10-1 办公空间客厅最终渲染效果

云，室内光线非常充足，效果如图10-1所示。

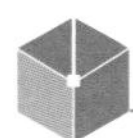

10.2 办公大堂空间场景测试渲染设置

打开办公大堂空间源文件，可以看到这是一个已经创建好的场景模型，并且场景中的摄影机已经创建好。

下面首先进行测试渲染参数设置，然后进行灯光设置。

测试渲染参数的设置步骤如下。

（1）按F10键打开【渲染场景】对话框，在【公用】选项卡的【指定渲染器】卷展栏中单击“产品级”右侧的 ... 按钮，然后在弹出的【选择渲染器】对话框中选择安装好的V-Ray Adv 3.00.03渲染器，如图10-2所示。

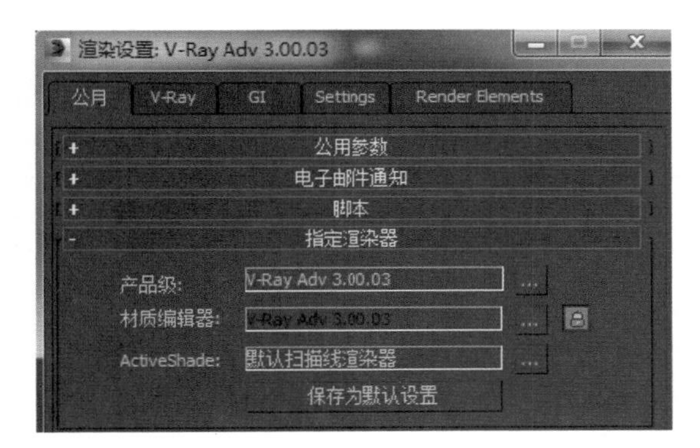

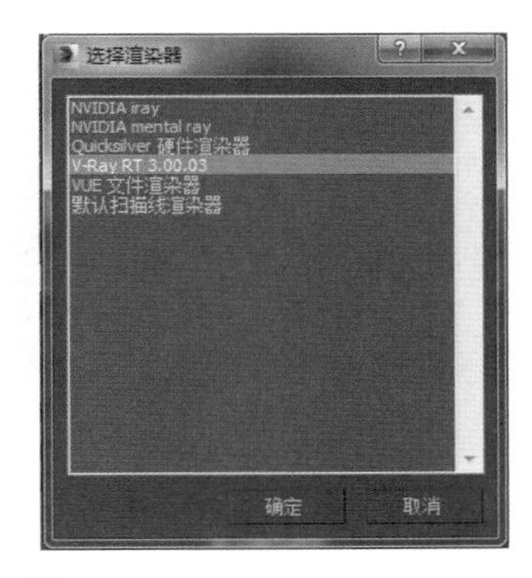

● 图10-2 V-Ray渲染器的选择

（2）在【公用】选项卡的【公用参数】卷展栏中设置较小的图像尺寸，如图10-3所示。

● 图10-3 测试渲染输出尺寸

（3）进入【V-Ray】选项卡，在【Global switches】卷展栏中进行参数设置，如图10-4所示。

（4）进入【Image sampler（Antialiasing）】卷展栏中进行参数设置图，如图10-5所示。

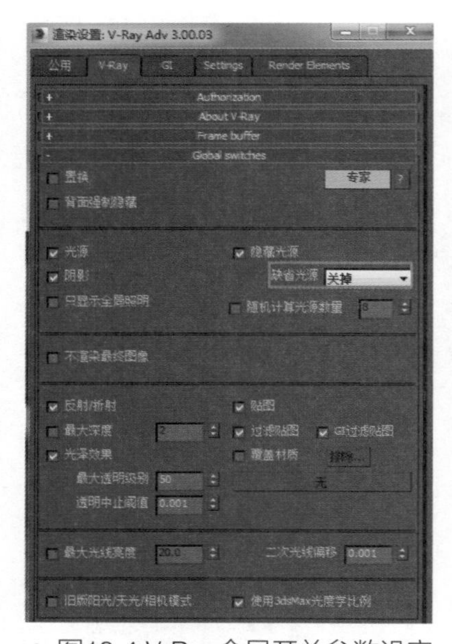

● 图10-4 V-Ray全局开关参数设定

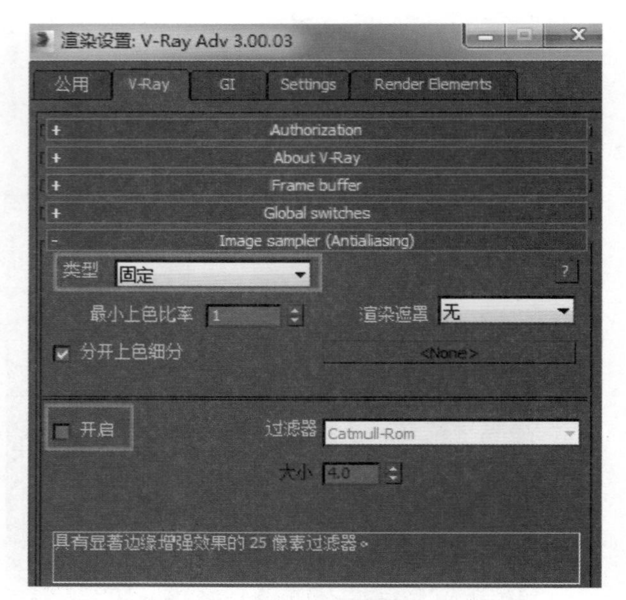

● 图10-5 V-Ray图像采样器参数设定

（5）打开【Environment】卷展栏，选中【全局照明环境】选项，如图10-6所示。

（6）在【GI】卷展栏中进行参数设置，如图10-7所示。

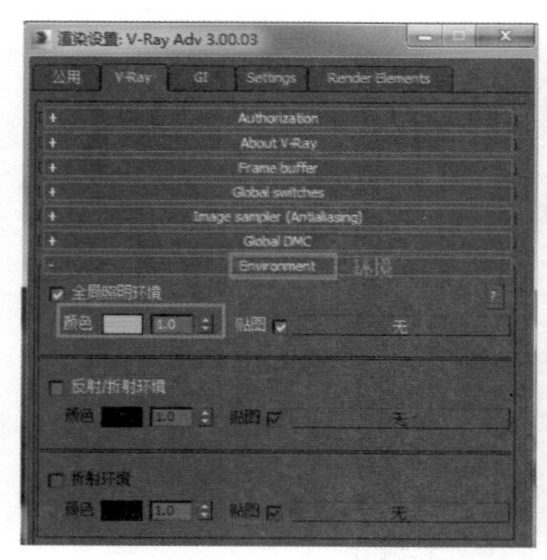

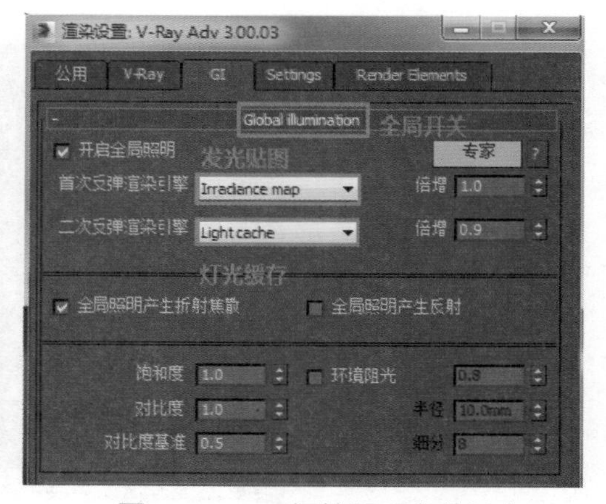

● 图10-6 V-Ray环境参数设定

● 图10-7 V-Ray间接照明参数设定

（7）在【Irradiance map】（发光贴图）卷展栏中进行参数设置，主要是为当前预设选择“低”或“中”渲染效果图质量，如图10-8所示。

（8）在【Light cache】（灯光缓存）卷展栏中进行参数设置，主要是针对“细分”值的大小进行改动，如图10-9所示。

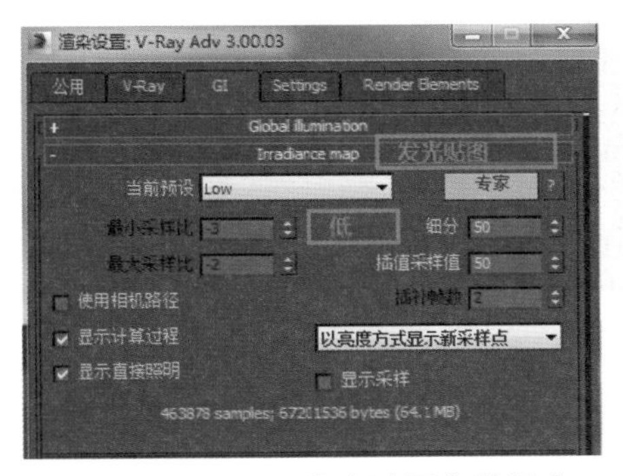

● 图10-8 V-Ray发光贴图参数设定

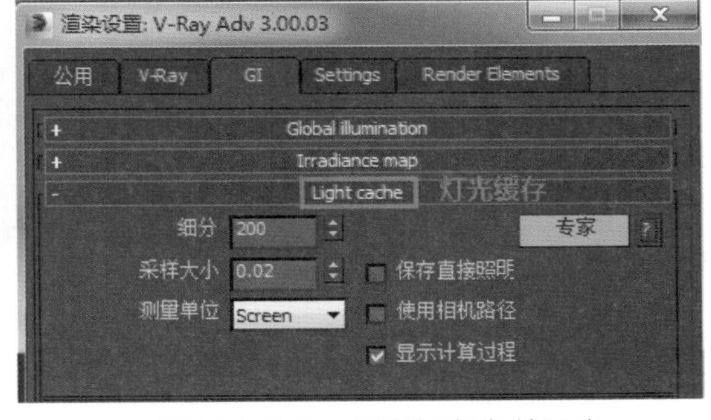

● 图10-9 V-Ray灯光缓存参数设定

其他“卷展栏”保持默认状态。

预设渲染参数是根据个人经验和计算机本身的硬件配置得到的一个相对比较低的渲染设置，书中所设置的参数可以作为参考，也可以尝试一些其他的参数设置。

10.3 布置场景灯光

该客厅场景的光线来自室外的太阳光和室内的人工照明，下面首先使用【VRayLight】的“球体”光模拟室外的太阳光，然后使用【VRayLight】模拟人工照明。

（1）单击 进入创建命令面板，单击 【灯光】按钮，在下拉菜单中选择“VRay”选项，然后在【对象类型】卷展栏中单击【VRayLight】按钮，在【参数】一栏中的“类型”拓展下面选择“球体”，效果如图10-10、图10-11所示。

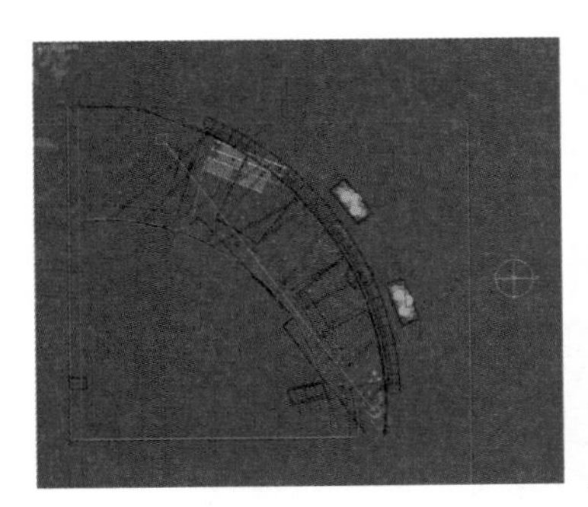

● 图10-10 创建VRayLight球体光

● 图10-11 VRayLight球体光参数设定

（2）将建筑外立面墙上的“玻璃”隐藏，然后对摄像机视图进行测试渲染，效果如图10-12所示。

● 图10-12 测试渲染效果

（3）为了让室内的光线更加均匀，围绕着建筑外墙布置一排“平面灯”。单击 进入创建命令面板，单击 【灯光】按钮，在下拉菜单中选择【VRay】选项，然后在【对象类型】卷展栏中单击【VRayLight】按钮，在【参数】一栏中的“类型”下选择“平面”，在前视图上沿建筑外墙处绘制平面光，顶视图旋转调整平面灯位置，参数如图10-13、图10-14所示。

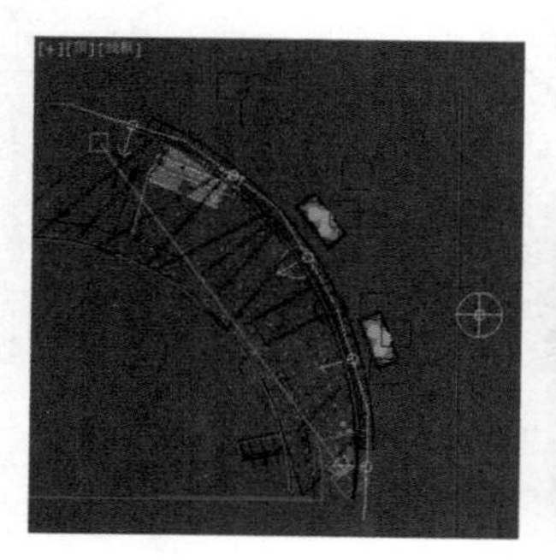
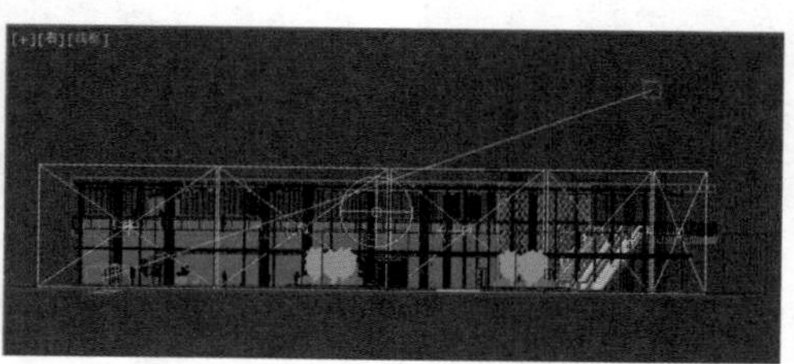

● 图10-13 创建VRayLight平面光标准光源

（4）对VRay光源进行参数设置，并进行测试渲染。

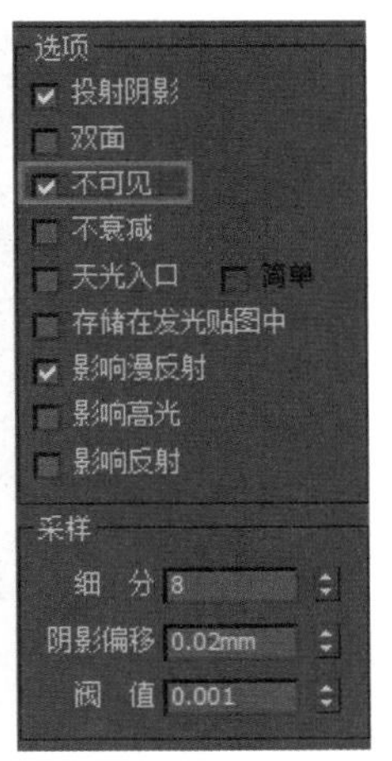

● 图10-14 VRayLight平面光光源参数设定

（5）对摄像机视图进行测试渲染，效果如图10-15所示。

● 图10-15 测试渲染效果

（6）空间整体光感已经亮起来了，现在开始由外至内布置局部照明。首先从建筑入口处开始布灯，单击 进入创建命令面板，单击 【VRay】在【对象类型】卷展栏选择【VR Light】（VRay平面光）按钮，在【参数】一栏中的“类型”中选择“平面”，回到顶视图，在建筑入口外檐处根据其造型绘制“平面灯”，再回到前视图调整高度，注意平面灯高度应不高于建筑外檐，参数如图10-16、图10-17所示。

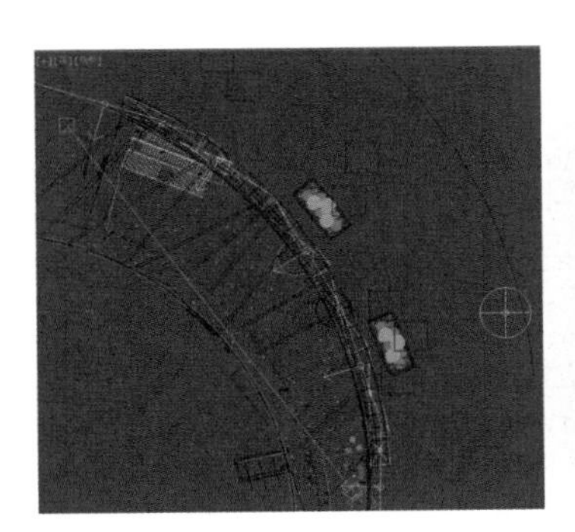

● 图10-16 建筑外檐VRayLight平面光设置

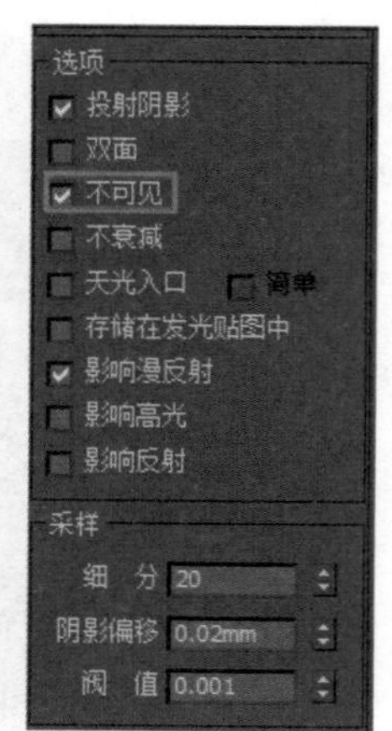

● 图10-17 建筑外檐VRayLight平面光参数设定

（7）进行渲染测试，效果如图10-18所示。

● 图10-18 测试渲染效果

（8）从上面的渲染图可以看出电梯通道处的光线偏暗，在这里布置一盏“平面灯”。单击 进入创建命令面板，单击 【VRay】在【对象类型】卷展栏中选择【VRayLight】，在【参数】下的“类型”中选择“平面”，回到顶视图绘制灯的大小，再在前视图调整其高度值，参数如图10-19所示。

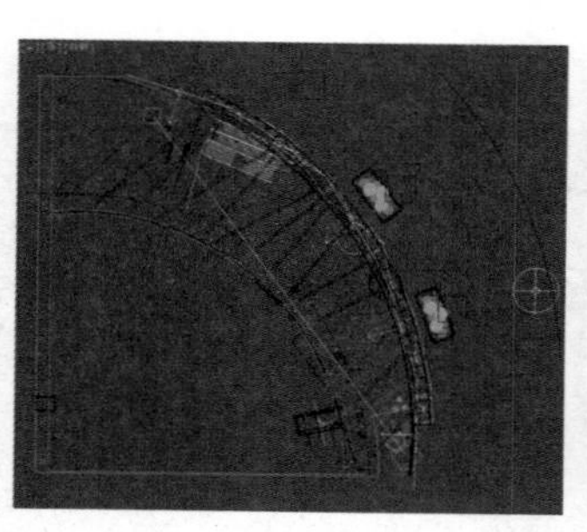

● 图10-19 在电梯处创建VRayLight平面光

（9）对泛光灯进行参数设置，并进行测试渲染，参数如图10-20所示。

● 图10-20 在电梯处创建VRayLight平面光参数设定

（10）此时渲染效果如图10-21所示。

● 图10-21 测试渲染效果

（11）下面为场景布置暗藏灯光。单击 进入创建命令面板，单击 【灯光】按钮，在下拉菜单中选择【VRay】选项，然后在【对象类型】卷展栏中，单击【VRayLight】按钮，在二层天花吊顶藏灯位创建一个VR平面光源，宽度不宜宽于藏灯位，其他两边关联过去即可，如图10-22所示。此处应避免两盏平面灯的两端相交，否则会造成阴影，暗藏的灯光色调可调暖一些，凸显出空间的温馨感。

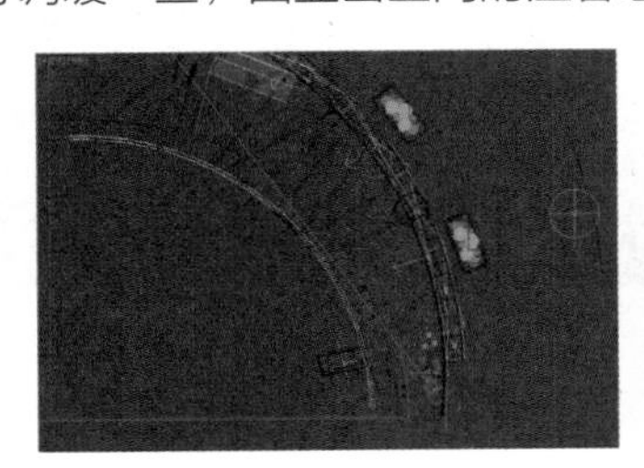

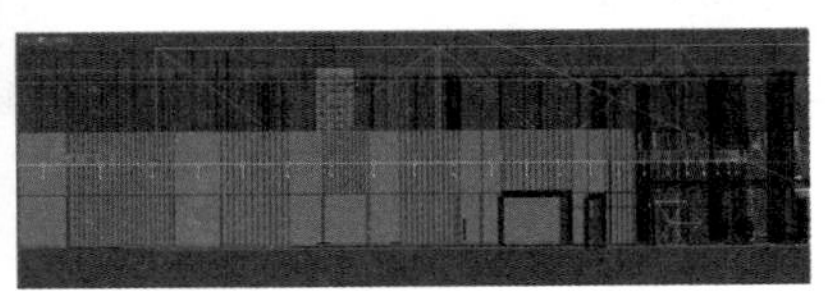

● 图10-22 创建VRayLight平面光

（12）对泛光灯进行参数设置，并进行测试渲染，参数如图10-23所示。

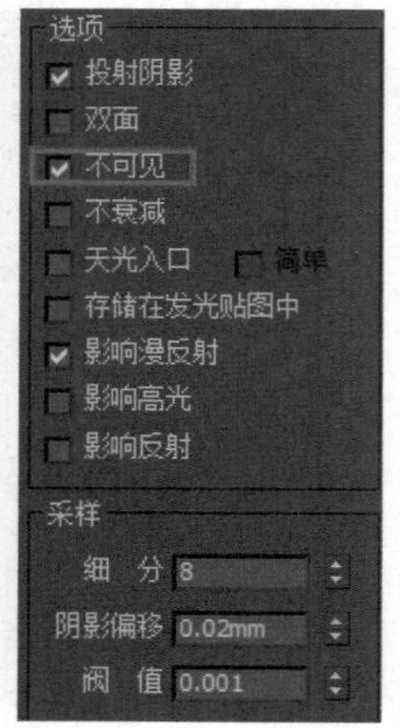

● 图10-23 创建VRayLight平面光参数设定

（13）此时渲染效果如图10-24所示。

● 图10-24 测试渲染效果

（14）现在整个空间稍显平均，为了打破这种平板感需要加强前面物体的光感。首先是针对花盆和沙发组进行布光。单击 进入创建命令面板，单击 【灯光】按钮，在下拉菜单中选择【光度学】选项，然后在【对象类型】卷展栏中单击【目标灯光】按钮，在【常规参数】中的【灯光分布（类型）】下拉菜单中选择【光度学Web】，回到前视图或左视图筒灯的位置下从上往下拉出目标灯光的距离，顶视图核对目标灯光的位置是否正确，再回到修改面板中调整高度，如图10-25所示。

● 图10-25 创建目标灯光

（15）对泛光灯进行参数设置，并进行测试渲染，参数设置如图10-26所示。

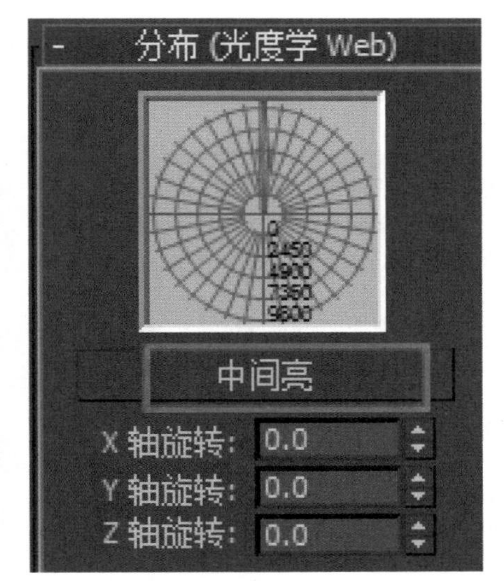

● 图10-26 目标灯光参数设定

（16）此时渲染效果如图10-27所示。

● 图10-27 测试渲染效果

上面分别对灯光进行了测试，最终测试结果比较满意。测试完灯光效果后，下面进行材质设置。

10.4 设置场景材质

1.主体材质设置

（1）首先设置建筑外立面的支撑钢材材质，按M键打开【材质编辑器】对话框，选择一个空白材质球，将其设置为VRayMtl材质，并将材质命名为“烤漆钢材”，将【漫反射】

颜色设置为白色，调整其【反射】的【高光光泽度】和【反射光泽度】值，参数如图10-28所示。

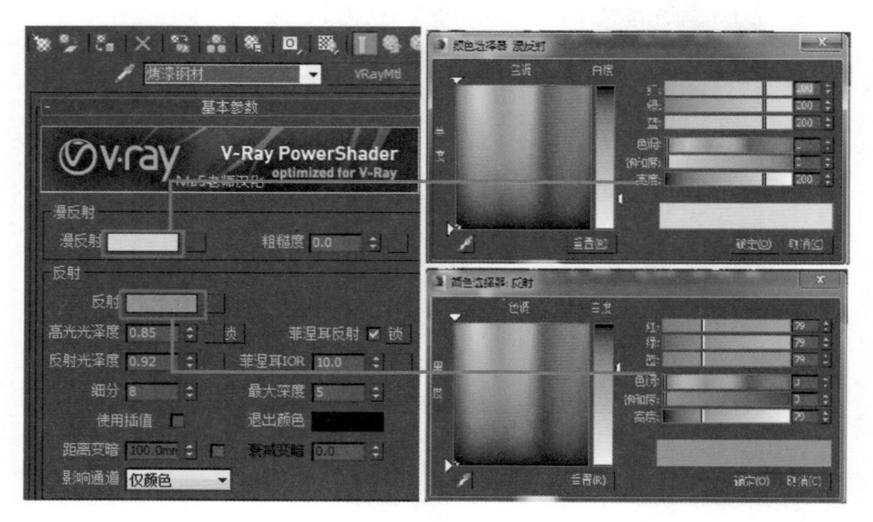

● 图10-28 烤漆钢材材质设置

（2）设置天花和柱子材质。按M键打开【材质编辑器】对话框，选择一个空白材质球，将其设置为VRayMtl材质，并将材质命名为“白色乳胶漆”，单击【漫反射】右侧的贴图按钮，为其添加一个【输出】贴图，并将漫反射颜色设置为白色，参数如图10-29所示。

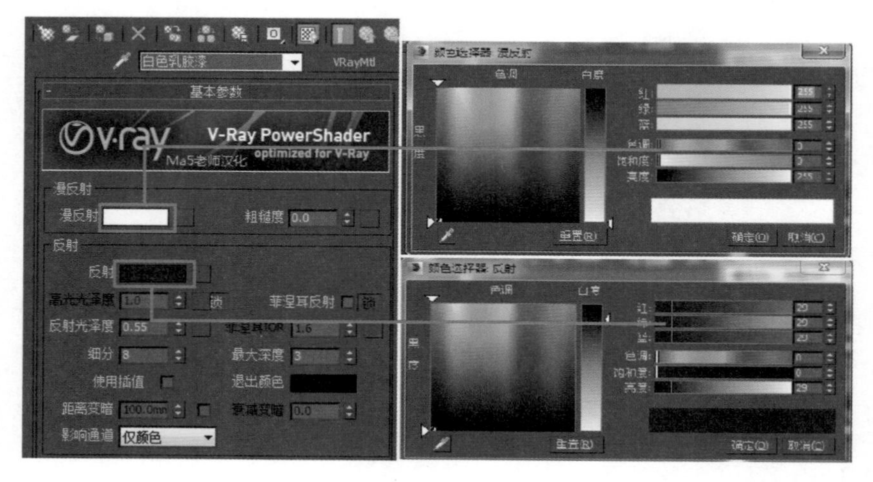

● 图10-29 白色乳胶漆材质设置

（3）波纹墙体设置。选择一个空白材质球，将其设置为VRayMtl材质，并将材质命名为“波纹墙体”，参数如图10-30所示。

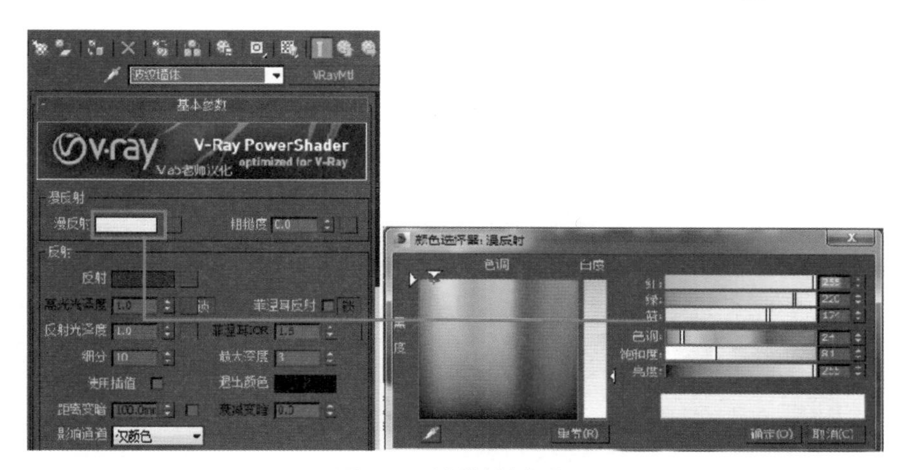

● 图10-30 波纹墙材质设置

（4）地面材质的设置，按M键打开【材质编辑器】对话框，选择一个空白材质球，将其设置为VRayMtl材质，并将材质命名为“地面”，单击【漫反射】右侧的贴图按钮，为其添加一个Bitmap贴图，贴图文件为“地面石材.jpg”文件，参数如图10-31所示。

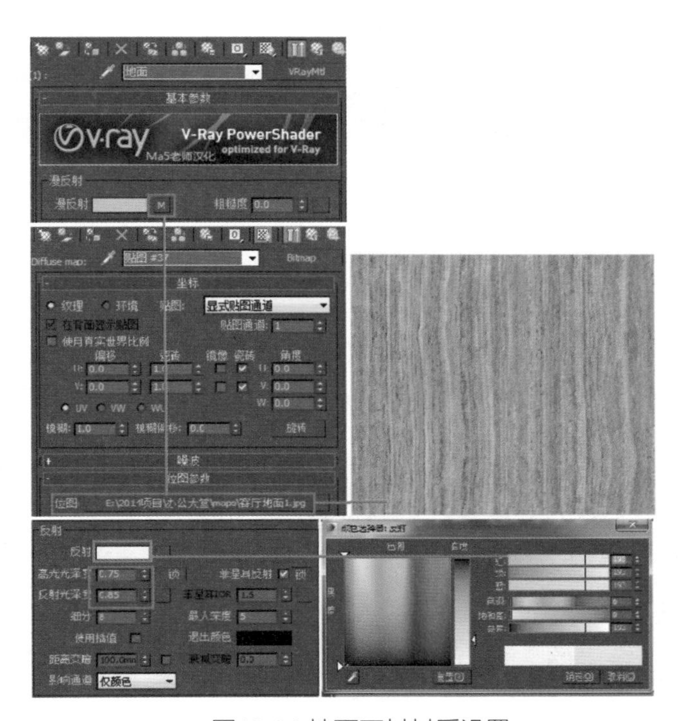

● 图10-31 地面石材材质设置

（5）下面设置玻璃材质。选择一个空白材质球，将其设置为VRayMtl材质，并将其命名为“玻璃”，单击【漫反射】设置玻璃的颜色，参数如图10-32所示。

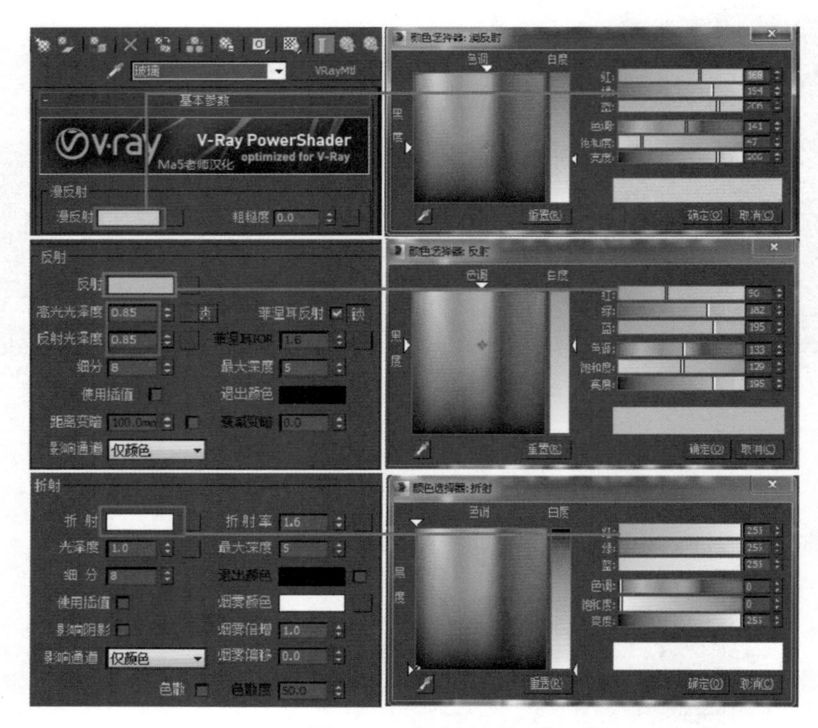

● 图10-32 玻璃材质设置

2.布艺材质设置

（1）设置沙发材质。按M键打开【材质编辑器】对话框，选择一个空白材质球，将其设置为VRayMtl材质，并将材质命名为“弧形沙发”，单击【漫反射】右侧的贴图按钮，为其添加一个【衰减】，将材质指定给单体沙发，如图10-33所示。

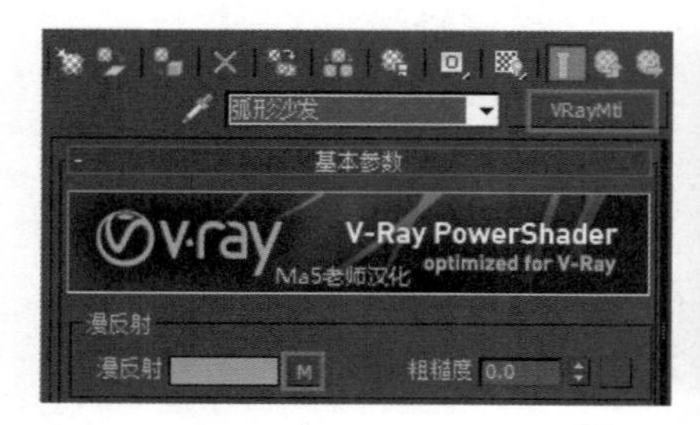
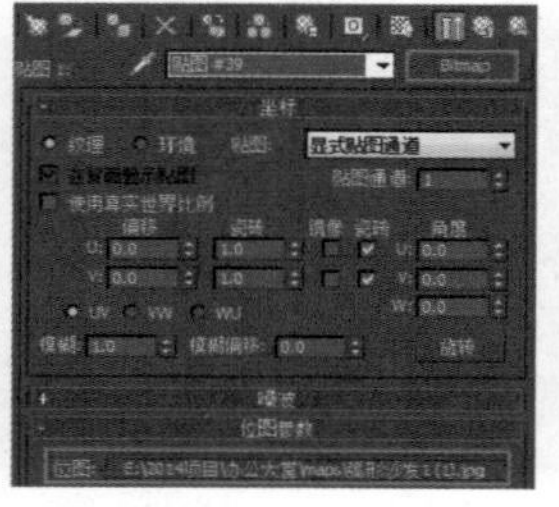

● 图10-33 弧形沙发材质设置（1）

（2）返回VRayMtl材质层级，单击【贴图】下方的凹凸通道按钮，为其添加一个Bitmap贴图，参数如图10-34所示。

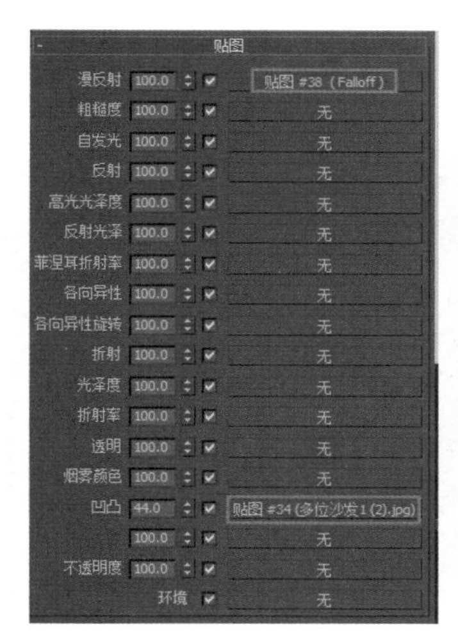

● 图10-34 弧形沙发材质设置（2）

（3）设置沙发材质。按M键打开【材质编辑器】对话框，选择一个空白材质球，将其设置为VRayMtl材质，并将材质命名为“单体沙发”，单击【漫反射】右侧的贴图按钮，为其添加一个【衰减】，将材质指定给单体沙发，参数如图10-35所示。

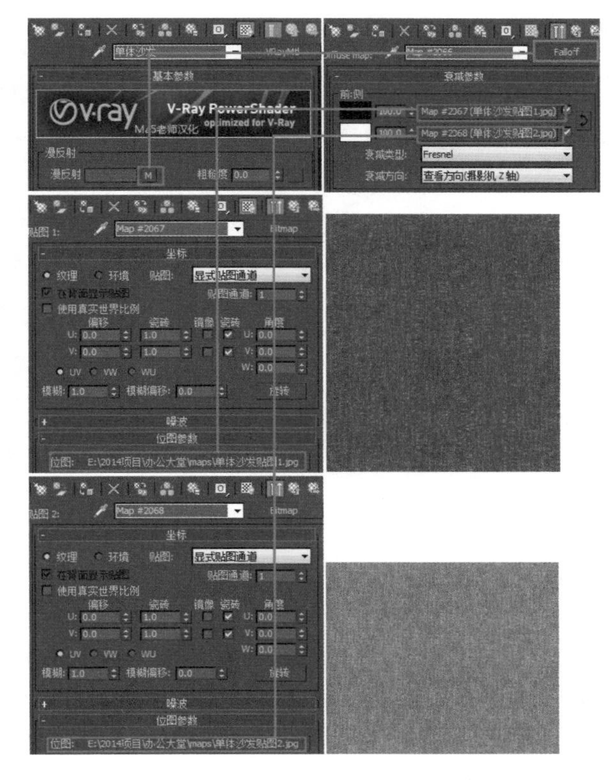

● 图10-35 单体沙发材质设置（1）

（4）返回VRayMtl材质【反射】层级，调整反射程度，并调整高光光泽度和反射光泽度值，参数如图10-36所示。

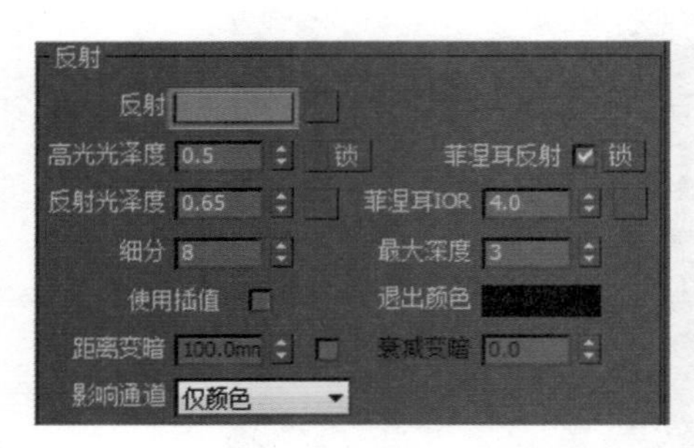

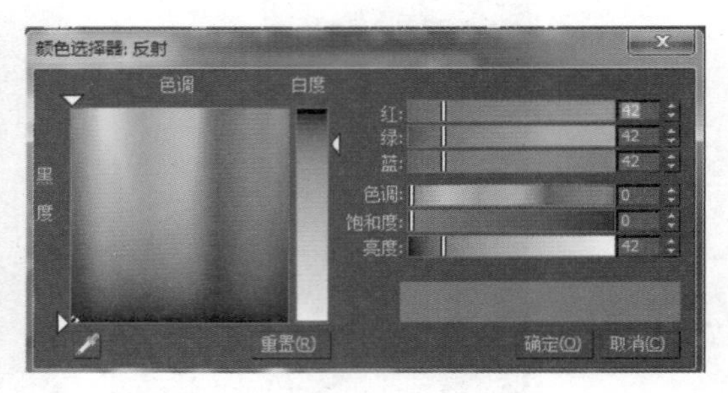

● 图10-36 单体沙发材质设置（2）

（5）返回VRayMtl材质层级，单击【贴图】下方的凹凸通道按钮，为其添加一个Bitmap贴图，参数如图10-37所示。

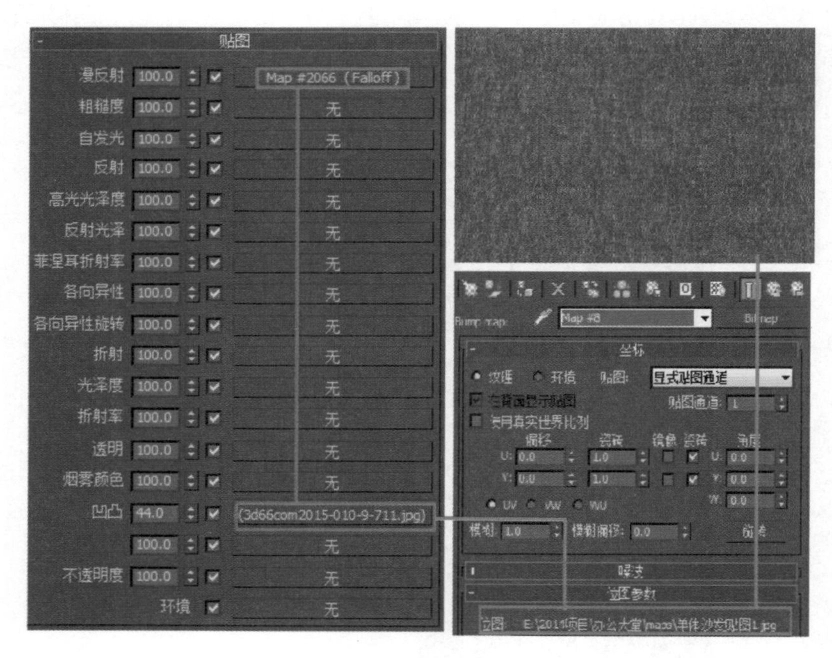

● 图10-37 单体沙发材质设置（3）

3.皮革材质设置

（1）白色皮革单体沙发材质设置，按M键打开【材质编辑器】对话框，选择一个空白材质球，将其设置为VRayMtl材质，并将材质命名为“白色单体沙发”，单击【漫反射】右侧的贴图按钮，将材质指定给单体沙发，参数如图10-38所示。

● 图10-38 皮革沙发材质设置（1）

（2）白色沙发脚材质设置，按M键打开【材质编辑器】对话框，选择一个空白材质球，将其设置为VRayMtl材质，并将材质命名为“沙钢”，单击【漫反射】为其赋予一个灰色，调整【反射】值，参数如图10-39所示。

● 图10-39 皮革沙发材质设置（2）

4.茶几材质设置

选择一个空白材质球，将其设置为VRayMtl材质，并将材质命名为“白漆”，参数如图10-40所示。

● 图10-40 镀锌白色茶几材质设置

5.天花白色发光板材质设置

按M键打开【材质编辑器】对话框，选择一个空白材质球，将其设置为VRayLightMtl材质，并将材质命名为“发光板”，调整颜色为全白，参数如图10-41所示。

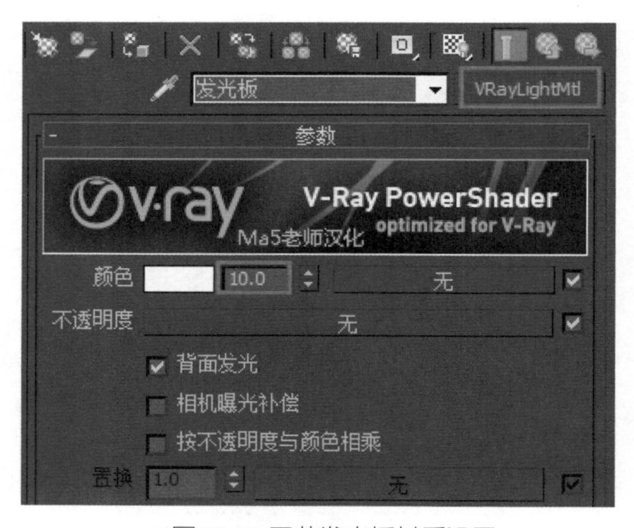

● 图10-41 天花发光板材质设置

6.线性柱子材质设置

按M键打开【材质编辑器】对话框，选择一个空白材质球，将其设置为VRayMtl材质，并将材质命名为“可渲染线柱”，在【漫反射】通道中添加【VRayEdgesTex】，参数如图10-42所示。

● 图10-42 线性柱子材质设置

7.室外背景贴图材质设置

按M键打开【材质编辑器】对话框，选择一个空白材质球，将其设置为VRayLightMtl材质，并将材质命名为“室外背景图”，在【无】通道中添加所需的背景图片，参数如图10-43所示。

● 图10-43 室外背景天空材质设置

至此，场景的灯光测试和材质设置都已经完成，下面将对场景进行最终渲染设置。最终渲染设置将决定图像的最终渲染品质。

 10.5 最终渲染设置

1.最终测试灯光效果

场景中材质设置完毕后需要对场景进行渲染，观察此时的场景效果，效果如图10-44所示。

● 图10-44 测试渲染效果

观察渲染效果，场景光线不需要再调整，接下来设置最终渲染参数。

2.灯光细分参数设置

将场景中【VR光源】的灯光细分值设置为20，然后将【VRayLight】（平行光）的目标灯光细分值设置为20，参数如图10-45所示。

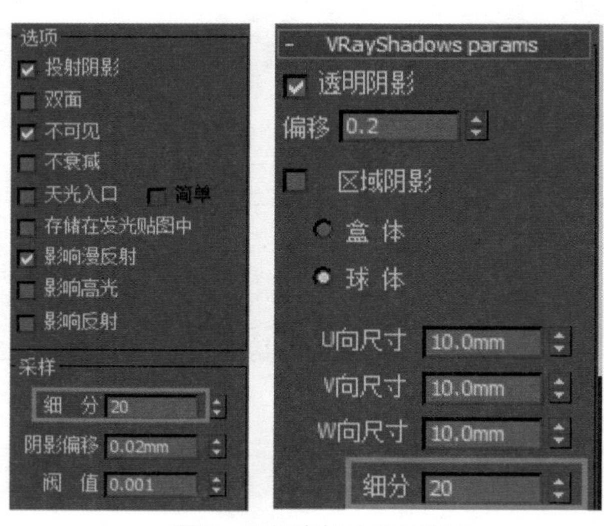

● 图10-45 灯光细分参数设定

3.设置光子图参数

为了让渲染速度更快，在渲染大图之前需出光子图，下面的内容就是光子图参数设置步骤。

（1）在【公用】选项卡中设置参数，在设置输出大小时不可过大，不超过渲染大图尺寸的1/3即可，效果如图10-46所示。

● 图10-46 输出大小设置

（2）在【V-Ray】的【Global switches】（全局开关）中勾选【不渲染最终图像】，如图10-47所示。

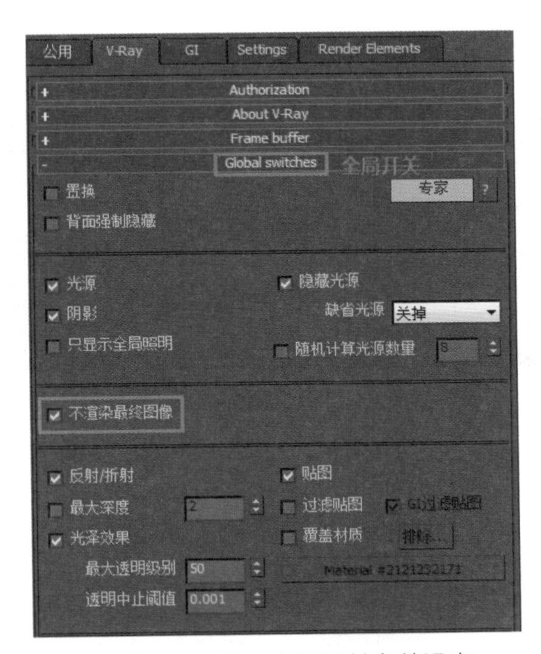

● 图10-47 VRay全局开关参数设定

（3）进入【Image sampler（Antialiasing）】卷展栏，进行参数设置，如图10-48所示。

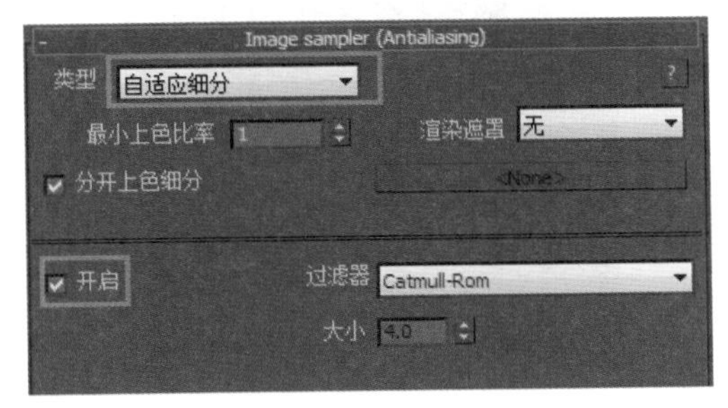

● 图10-48 Image sampler（Antialiasing）参数设定

（4）进行渲染级别参数设置，进入【Global DMC】卷展栏，进行参数设置，如图10-49所示。

● 图10-49 Global DMC参数设定

（5）进行全局照明参数设置，进入【Global illumination】卷展栏，进行参数设置，如图10-50所示。

● 图10-50 GI（全局照明）参数设定

（6）进入【Irradiance map】卷展栏，进行参数设置，如图10-51所示。

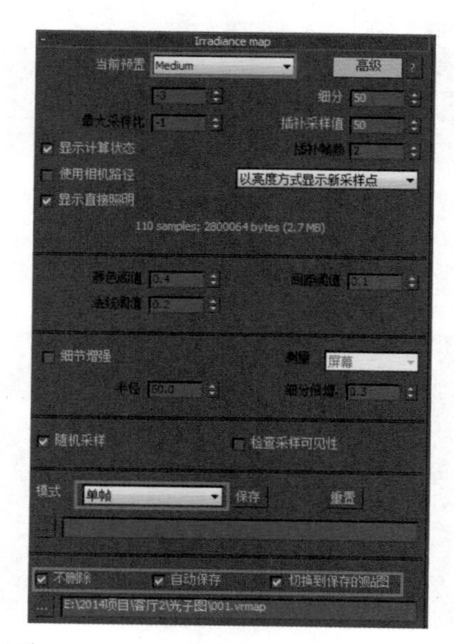

● 图10-51 VRay发光贴图光子图参数设定

（7）进入【Light cache】卷展栏，进行参数设置，效果如图10-52所示。

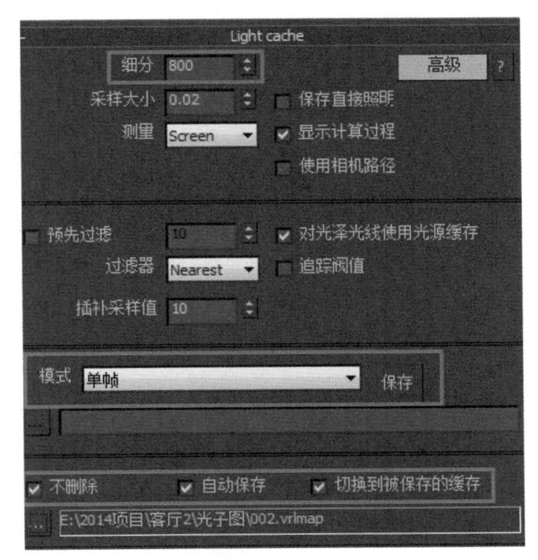

● 图10-52 VRay灯光缓存及光子图参数设定

由于勾选了【不渲染最终图像】，可以发现系统并没有渲染最终图像，渲染完发光贴图和灯光贴图后自动保存到指定路径，并在下次渲染时自动调用。

4.最终成品渲染

最终成品渲染的参数设置如下。

（1）首先设置出图尺寸及抗锯齿参数。当发光贴图和灯光贴图计算完毕后，在“渲染场景”对话框的【公用】选项卡中设置最终渲染图像的输出尺寸，如图10-53所示。

● 图10-53 最终渲染图像参数设定（1）

（2）在【Global switches】中把【不渲染最终图像】前面的勾取消，效果如图10-54所示。

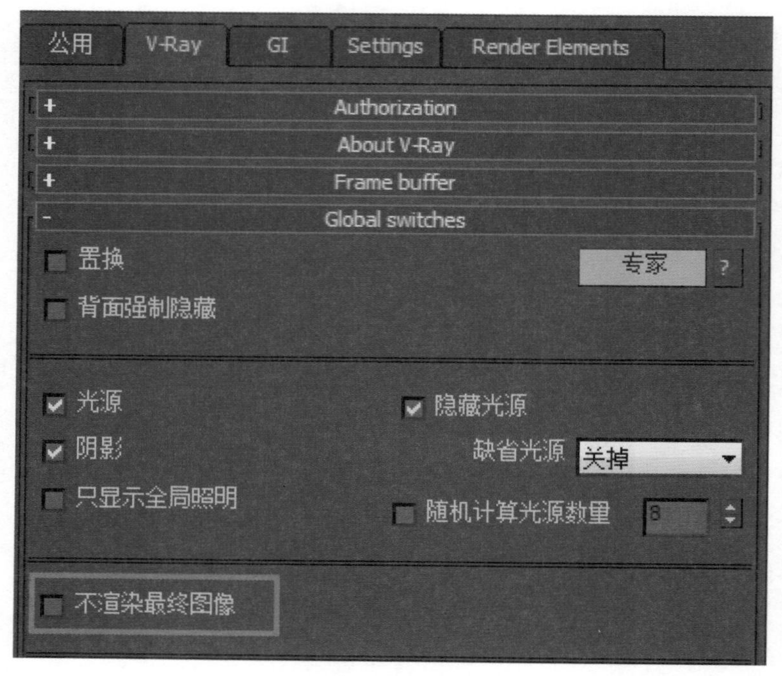

图10-54 最终渲染图像参数设定（2）

（3）在【Irradiance map】卷展栏设置抗锯齿和过滤器，如图10-55所示。

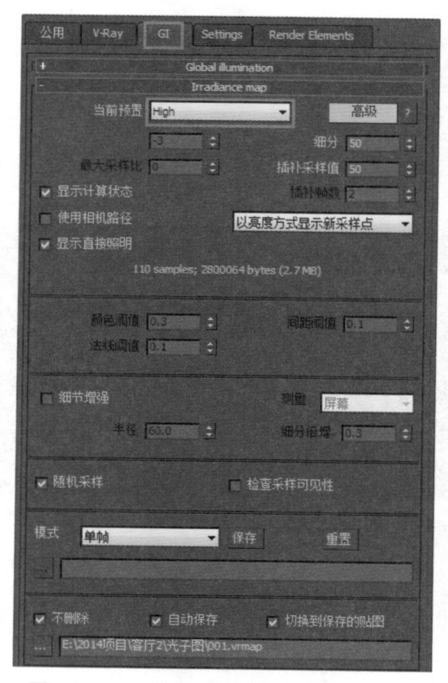

图10-55 最终渲染图像参数设定（3）

（4）在【Light cache】卷展栏设置细分值，如图10-56所示。

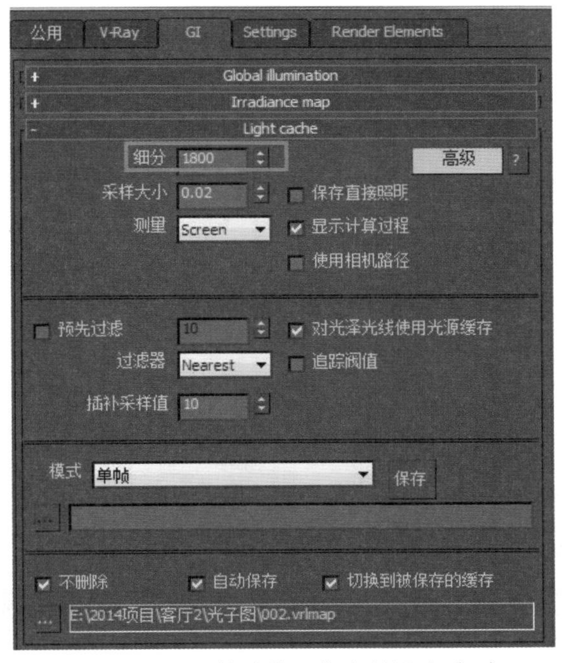

● 图10-56 最终渲染图像参数设定（4）

（5）分别在【Irradiance map】和【Light cache】卷展栏【光子图使用模式】中选择之前渲染的光子贴图。

最终成品渲染，效果如图10-57所示。

● 图10-57 最终渲染效果

最后使用Photoshop软件对图像的亮度、对比度及饱和度进行调整，使效果更加生动、逼真，如图10-58所示。

● 图10-58 Photoshop后期处理成品效果

本章小结

1.分析场景中的光源构成，进行VRay灯光的创建，并调整画面的明暗关系和冷暖关系。

2.分析场景中的材质构成，进行材质主次分析、色彩构成分析，并运用材质编辑器进行材质属性的调整。

3.理解测试渲染与最终渲染的区别，能熟练掌握测试渲染、光子渲染、最终渲染的参数选项设置。

拓展实训

参照第10章的拓展实训文件，设置渲染面板的参数，分别创建场景中的灯光与材质，最终完成效果图制作，如图10-59所示。

● 图10-59 拓展实训案例效果图

第11章 现代风格酒店大堂空间效果图表现

本章以3ds Max建模得到的现代简约风格酒店大堂三维模型为对象，通过对场景模型的材质属性分析和灯光构成分析，运用VRay for 3ds Max进行材质调整、灯光设定和渲染成图，最终完成酒店大堂效果图的制作。

案例操作视频
材质部分

案例操作视频
灯光部分

课堂学习目标

- 掌握酒店空间效果图绘制的制作流程及要点。
- 掌握酒店空间效果图的灯光构成及灯光设置方法。
- 掌握酒店空间效果图的常见材质构成及设置方法。
- 掌握测试渲染和最终渲染的参数设定方法。

11.1 现代酒店大堂场景简介

本章实例演示案例运用3ds Max软件结合VRay渲染器进行。

案例展现的是现代酒店大堂空间效果图的表现过程，空间中采用具有现代简约风格的装饰元素，很容易使人感受到时尚与休闲的气息。本场景模拟的光线属于上午时分，此时的阳光并不十分强烈，加上整个空间采用了落地窗透光，因此整个场景内的光线很通透，如图11-1所示。

● 图11-1 现代风格酒店大堂最终渲染效果

11.2 场景测试渲染设置

打开现代简约风格酒店大堂源文件，可以看到一个模型已经创建好的卧室场景，并且场景中的摄影机已经创建好。

下面首先进行测试渲染参数设置，然后进行灯光设置。灯光布置包括室外天光和日光的建立。

11.3 布置场景灯光

该酒店大堂场景的光线来自室外的太阳光和天光。下面首先使用【目标平行光】模拟太阳光，然后使用VR光源模拟天光照明。

（1）单击 进入创建命令面板，单击 【灯光】按钮，在下拉菜单中选择“标准”选项，然后在【对象类型】卷展栏中单击【目标平行光】按钮，创建一个目标平行光，如图11-2所示。

● 图11-2 创建目标平行光

（2）对目标平行光进行参数设置，如图11-3所示。

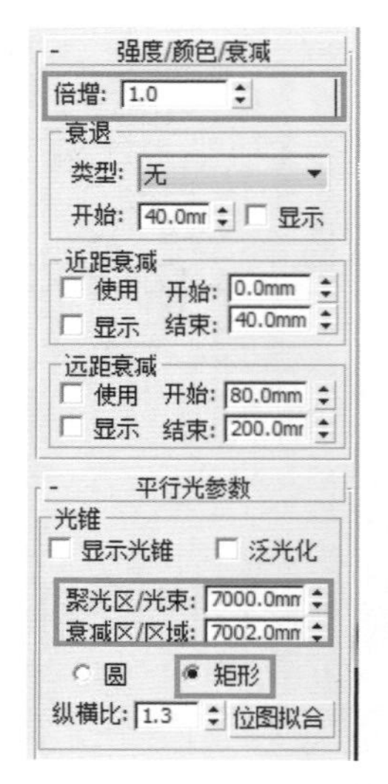

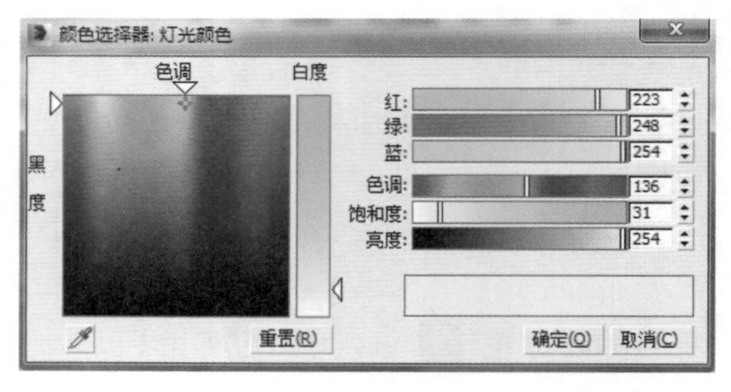

● 图11-3 目标平行光光参数设定

（3）对摄像机视图进行测试渲染，如图11-4所示。

● 图11-4 测试渲染效果

（4）下面为场景布置室外天光。单击 进入创建命令面板，单击 【灯光】按钮，在下拉菜单中选择【VRay】选项，然后在【对象类型】卷展栏中单击【VR灯光】按钮，在入口及接待区的落地窗处创建VRay标准光源，如图11-5所示。

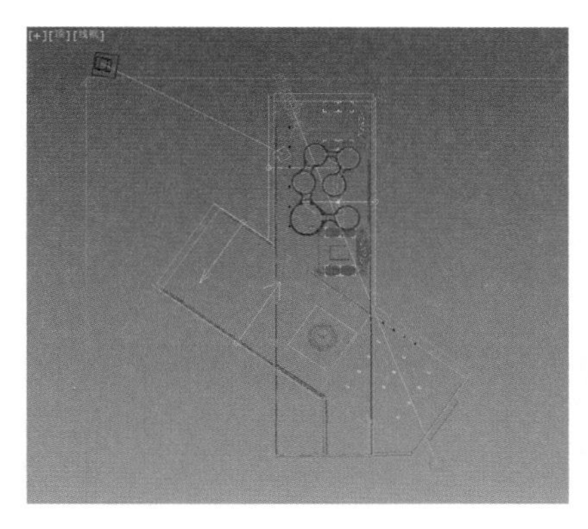

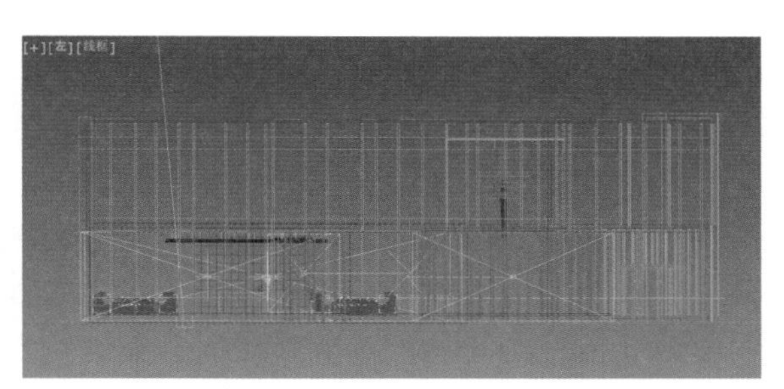

● 图11-5 创建VRay标准光源

（5）对VRay光源进行参数设置，并进行测试渲染，如图11-6、图11-7所示。

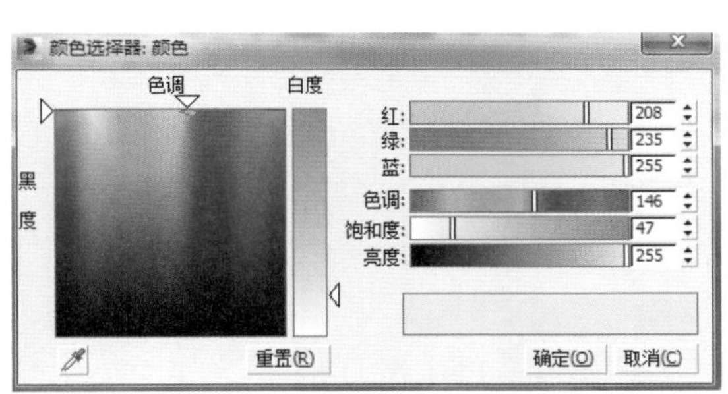

● 图11-6 VRay标准光源参数设定

● 图11-7 测试渲染效果

（6）在进入包房通道及二楼走廊的落地窗处创建VRay光源，作为大堂天光的补光，如图11-8所示。

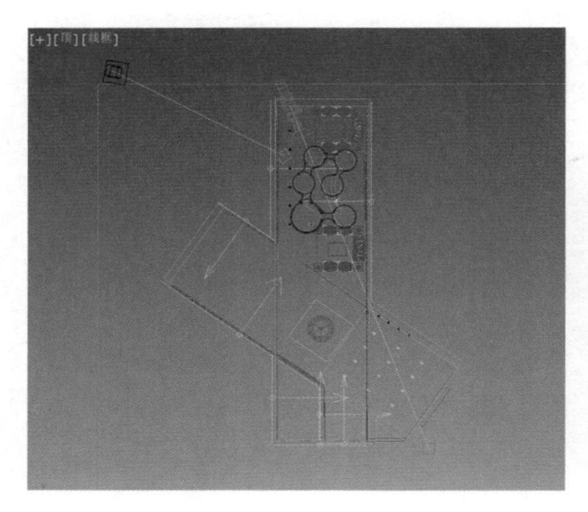

● 图11-8 创建VRay标准光源

（7）对VR光源进行参数设置，并进行测试渲染，如图11-9、图11-10所示。

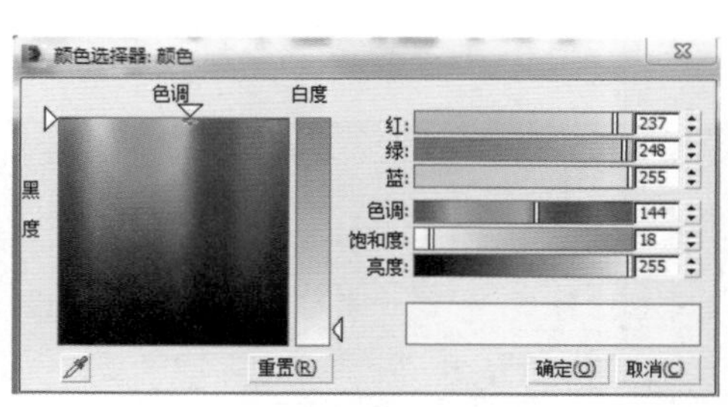

● 图11-9 VRay标准光源参数设定

● 图11-10 测试渲染效果

（8）经过渲染测试发现场景整体偏暗，下面在【V-Ray颜色映射】卷展栏中进行曝光控制，并进行测试渲染，如图11-11、图11-12所示。

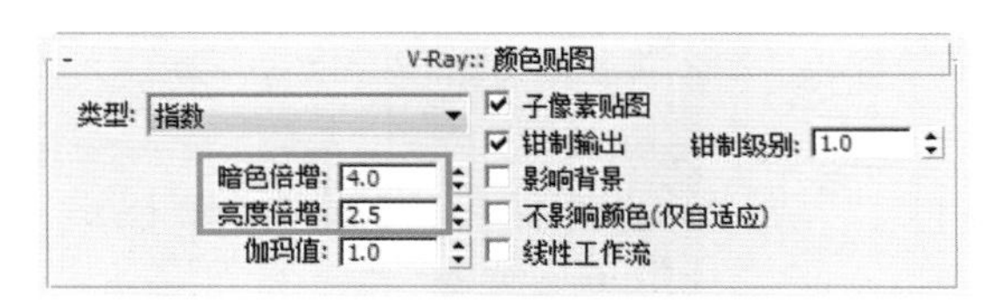

● 图11-11 VRay颜色映射参数设定

● 图11-12 测试渲染效果

（9）下面为场景布置室内氛围光。单击 进入创建命令面板，单击 【灯光】按钮，在下拉菜单中选择【光度学】选项，然后在【对象类型】卷展栏中单击【目标灯光】按钮，最后在大堂接待处造型灯与家具的位置使用【IES灯光文件】创建“光域网”作为灯具照明效果，如图11-13、图11-14所示。

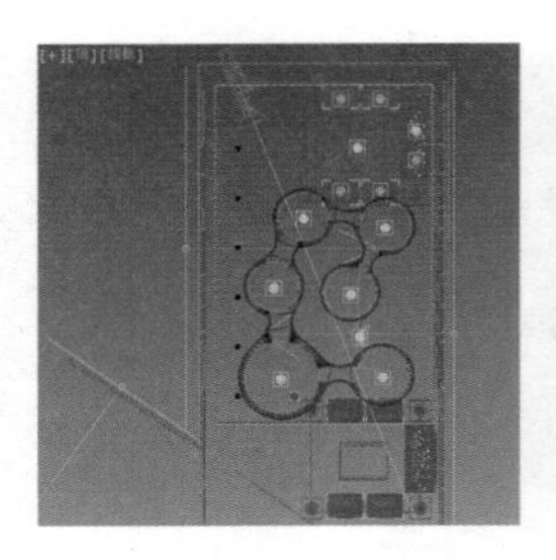
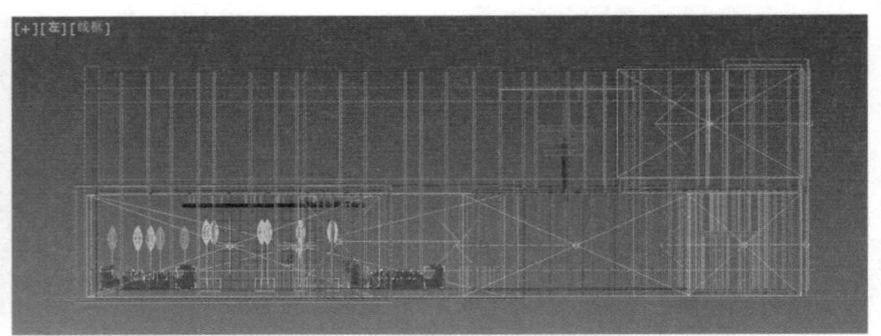

● 图11-13 创建光度学标准光源

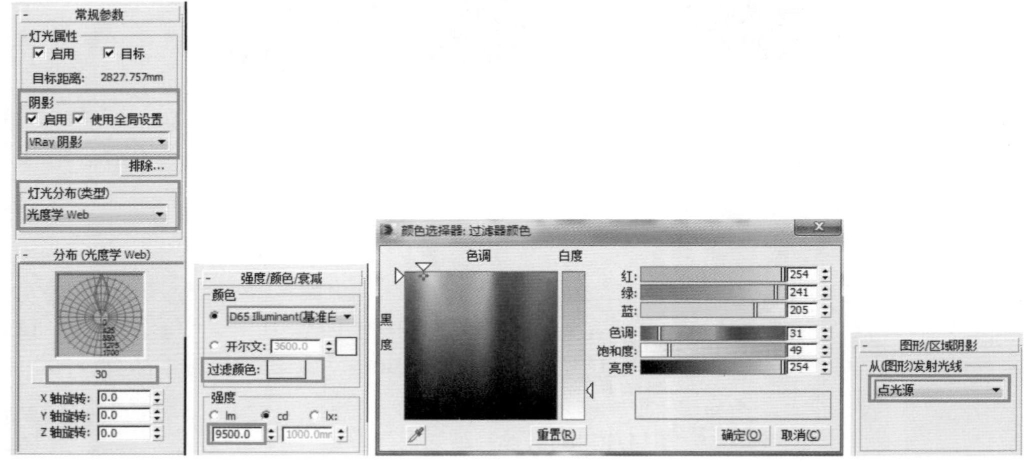

● 图11-14 光度学标准光源参数设定

（10）此时渲染效果如图11-15所示。

● 图11-15 测试渲染效果

（11）再次单击【目标灯光】按钮，在大堂入口处家具的位置使用【IES灯光文件】创建“光域网”作为大堂的环境补光，如图11-16、图11-17所示。

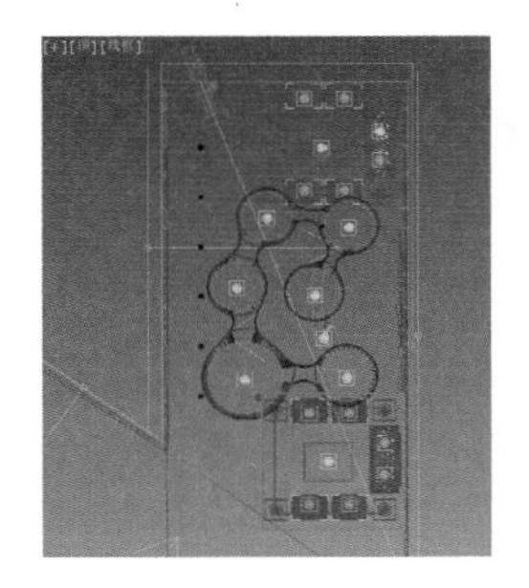

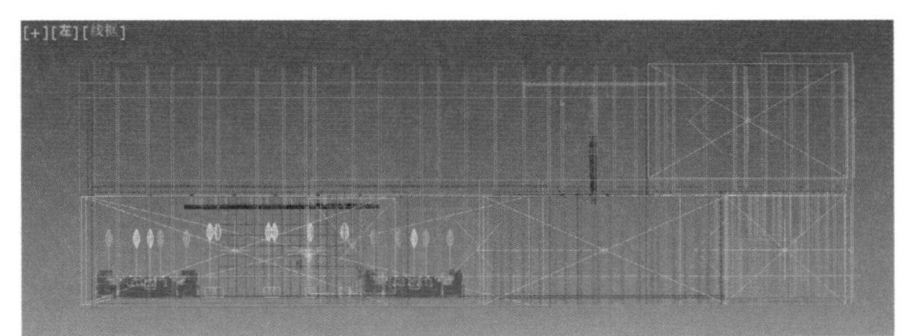

● 图11-16 创建光度学标准光源

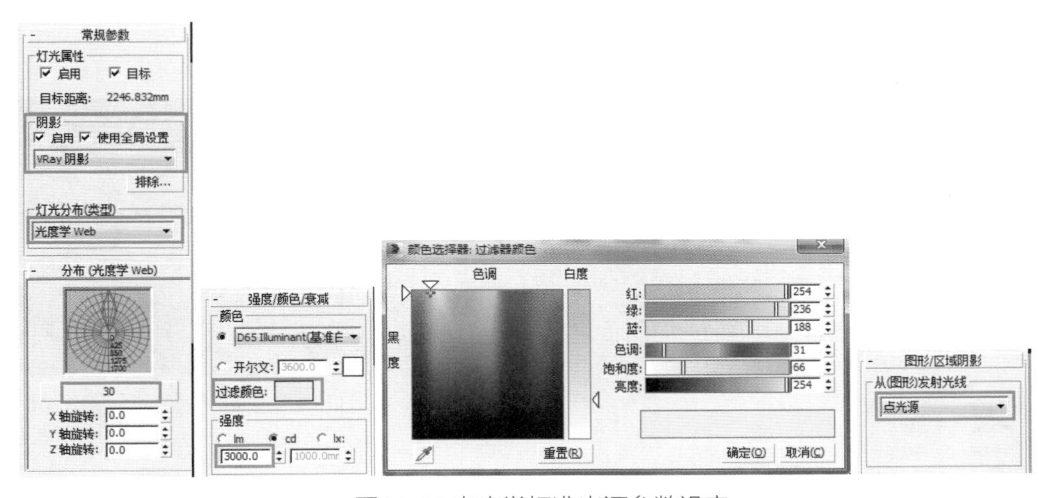

● 图11-17 光度学标准光源参数设定

（12）将以上光度学标准光源复制（不关联复制）到大堂入口处，再添加另一个层次的环境补光，如图11-18、图11-19所示。

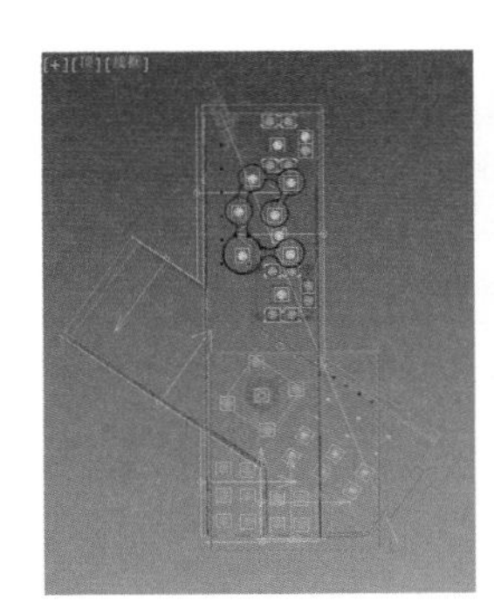

● 图11-18 创建光度学标准光源

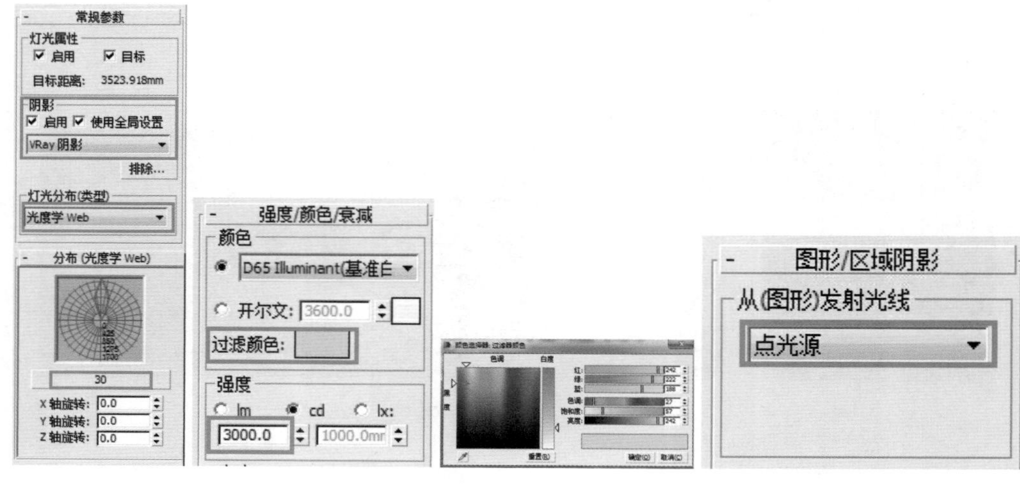

● 图11-19 光度学标准光源参数设定

（13）下面为场景中墙体布置装饰光。单击 进入创建命令面板，单击 【灯光】按钮，在下拉菜单中选择【光度学】选项，然后在【对象类型】卷展栏中单击【目标灯光】按钮，最后在前台形象墙的位置使用【IES灯光文件】创建“光域网”作为墙体装饰光，如图11-20、图11-21所示。

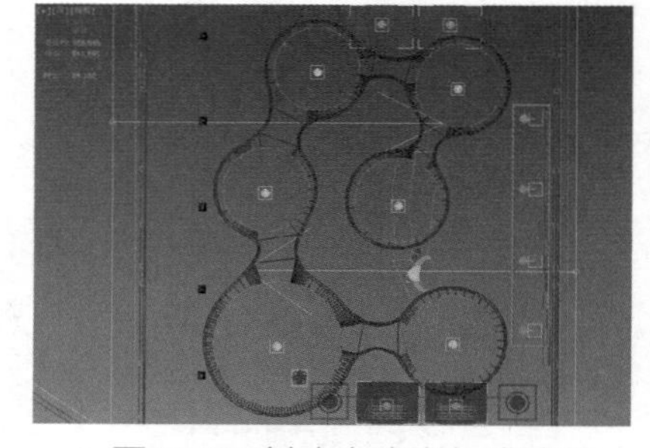

● 图11-20 创建光度学标准光源

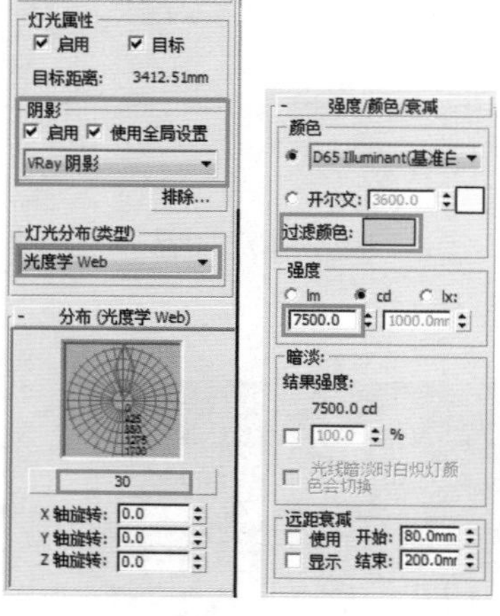

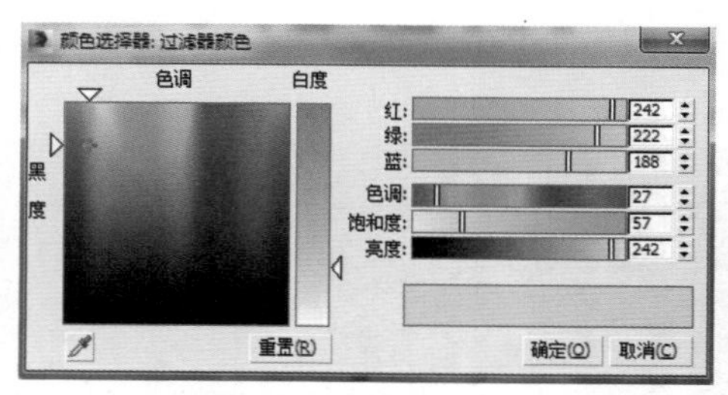

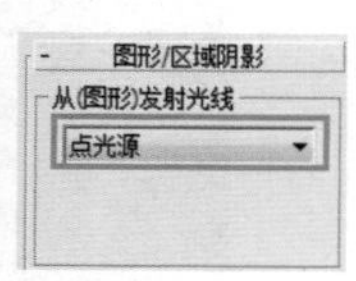

● 图11-21 光度学标准光源参数设定

（14）此时渲染效果如图11-22所示。

● 图11-22 测试渲染效果

（15）下面为场景布置室内点缀光。单击 进入创建命令面板，单击 【灯光】按钮，在下拉菜单中选择【VRay】选项，然后在【对象类型】卷展栏中单击【VR光源】按钮，在接待区台灯中创建VRay灯光，灯光设置参数如图11-23、图11-24所示。

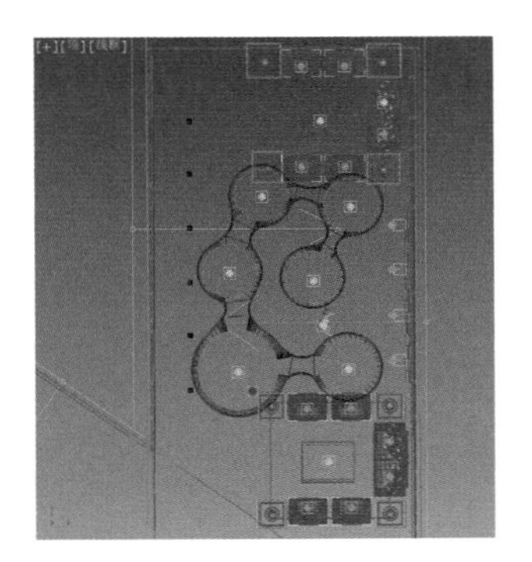

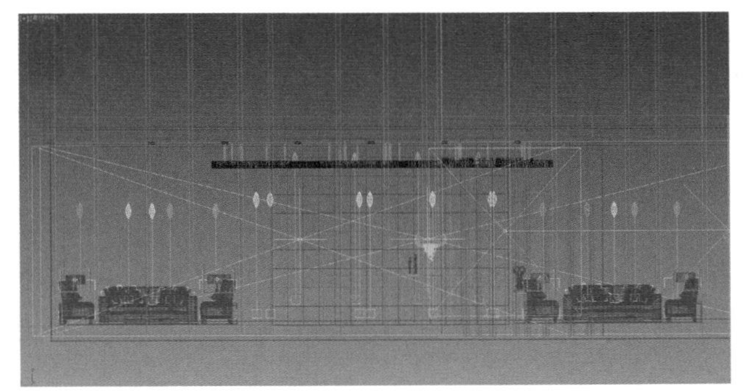

● 图11-23 创建VRay标准光源

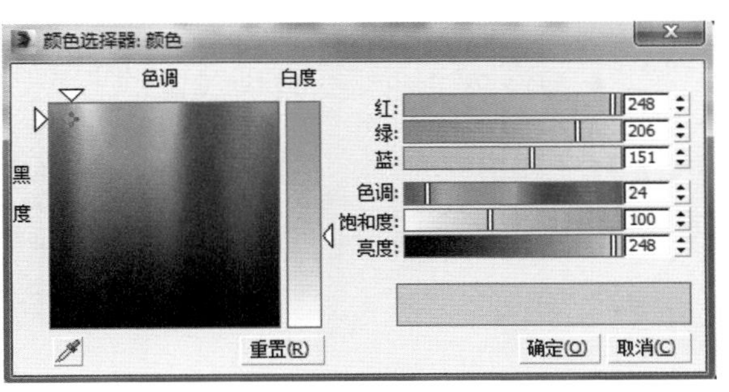

● 图11-24 VRay标准光源参数设定

（16）此时渲染效果如图11-25所示。

● 图11-25 测试渲染效果

上面分别对灯光进行了测试，最终测试结果比较满意。测试完灯光效果后，下面进行材质设置。

11.4 设置场景材质

1.主体材质设置

（1）首先设置墙体材质。按M键打开【材质编辑器】对话框，选择一个空白材质球，将其设置为“VRayMtl材质”，并将材质命名为“白色乳胶漆”，单击【漫反射】右侧的贴图按钮，为其添加一个【输出】贴图，并将漫反射颜色设置为白色。将材质指定给物体“墙体”，如图11-26所示。

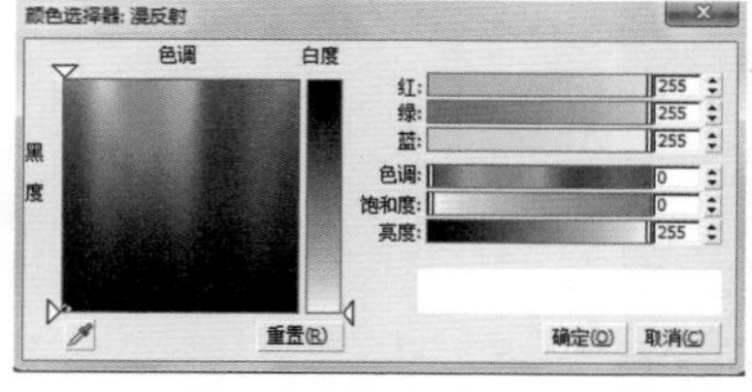

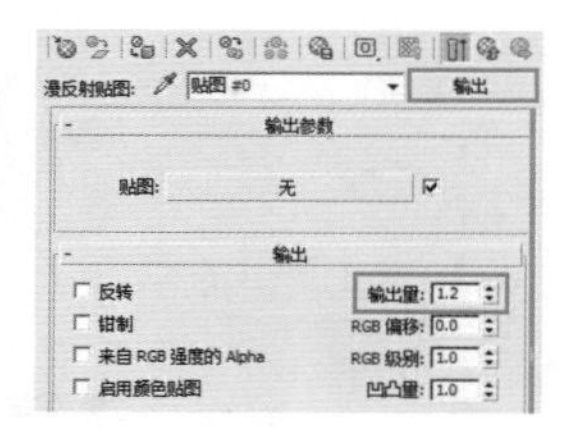

● 图11-26 白色乳胶漆材质设置

（2）清玻材质设置。选择一个空白材质球，将其设置为“VRayMtl材质”，并将材质命名为“清玻”，设置参数如图11-27所示。

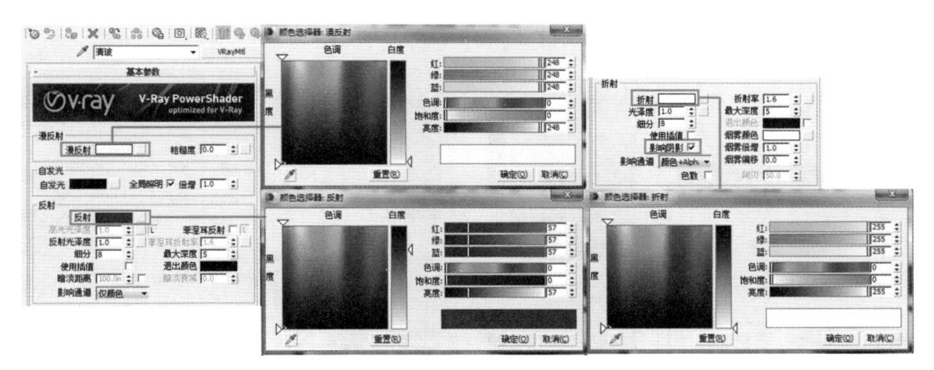

● 图11-27 清玻材质设置

（3）下面来制作黑色金属窗框。选择一个空白材质球，将其设置为“VRayMtl材质”，并将材质命名为“黑色金属”。单击【漫反射】颜色按钮，设置漫反射参数如图11-28所示。

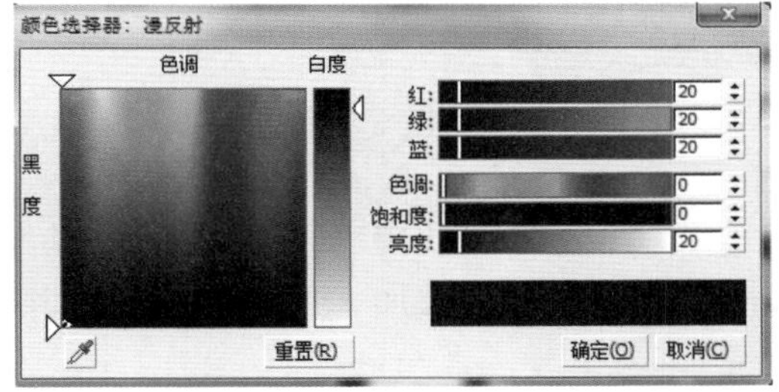

● 图11-28 金属窗框材质设置（1）

（4）返回【VRayMtl材质】层级，单击【反射】颜色按钮，设置反射参数。最后将材质指定给场景中的“窗框”，设置参数如图11-29所示。

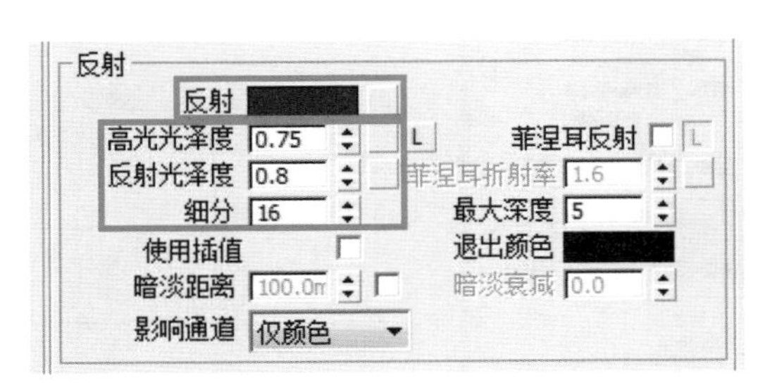

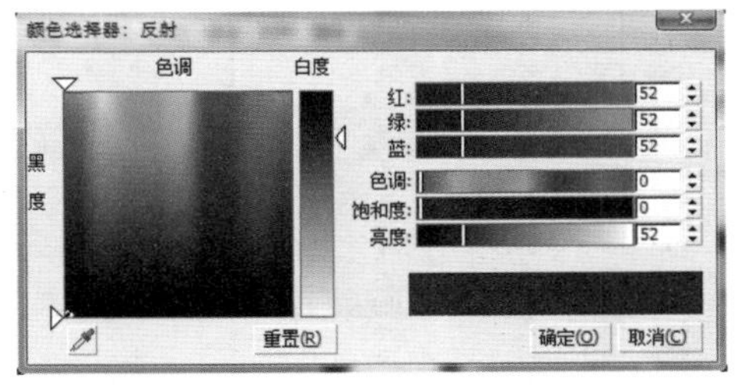

● 图11-29 金属窗框材质设置（2）

（5）接下来设置地面材质。选择一个空白材质球，将其设置为“VRayMtl材质”，并将其命名为“地面”，单击【漫反射】右侧的贴图按钮，为其添加一个Bitmap贴图。贴图文件为“地砖.jpg”文件。返回【VRayMtl材质】层级，单击【反射】右侧的贴图按钮，为其添加一个【衰减】贴图，并设置反射参数，参数设置如图11-30所示，最后将材质指定给物体“地面”。

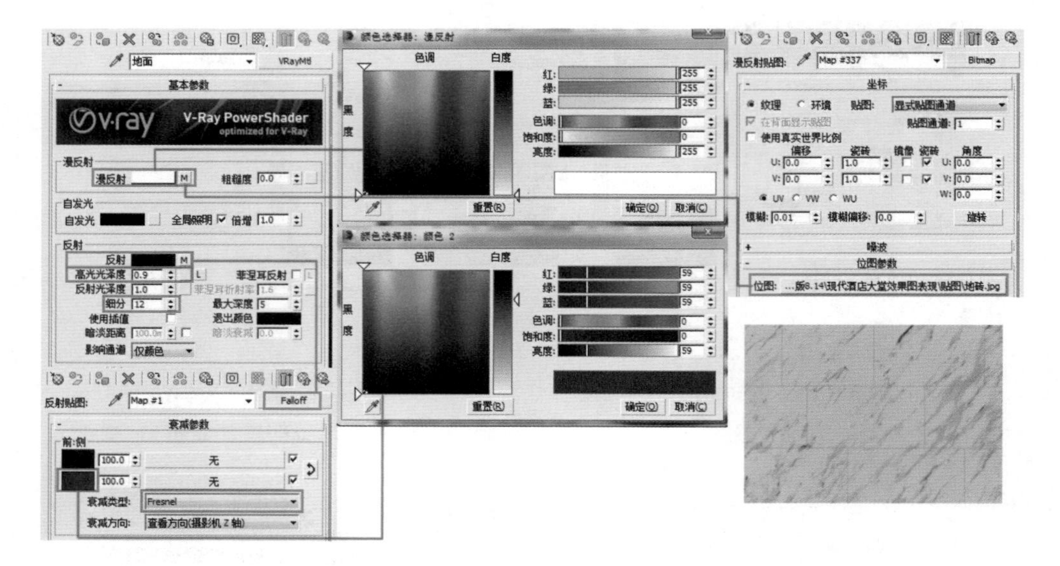

● 图11-30 瓷砖地面材质设置

（6）再次返回【VRayMtl材质】层级，进入【贴图】卷展栏，在【凹凸】右侧的【无】贴图按钮为其添加一个Bitmap贴图，并调整参数，参数设置如图11-31所示。贴图文件为“地砖黑白.jpg”文件。

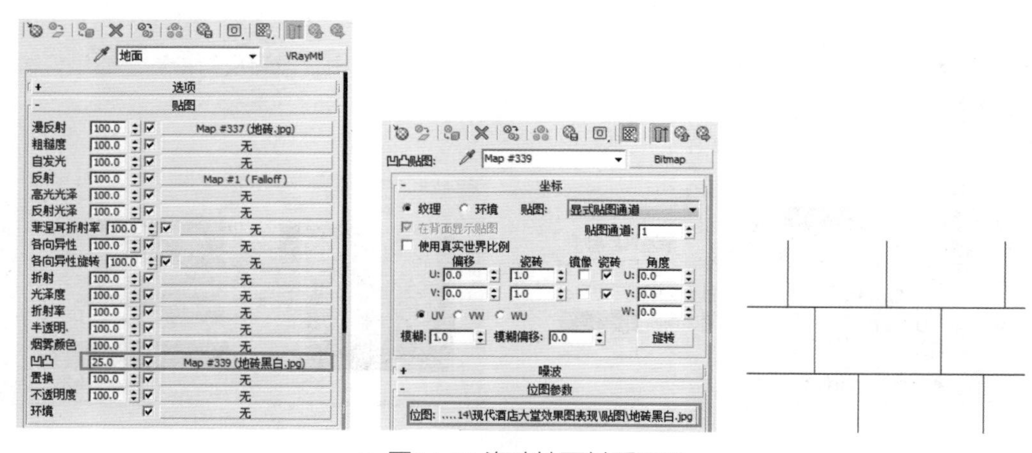

● 图11-31 瓷砖地面材质设置

（7）天花木质材质设置。首先将天花木质材质设置为“VRayMtl材质”，并将材质命名为“木饰面”，单击【漫反射】右侧的贴图按钮，为其添加一个Bitmap贴图，参数设置如图11-32所示。贴图文件为本书“泰柚.jpg”文件。

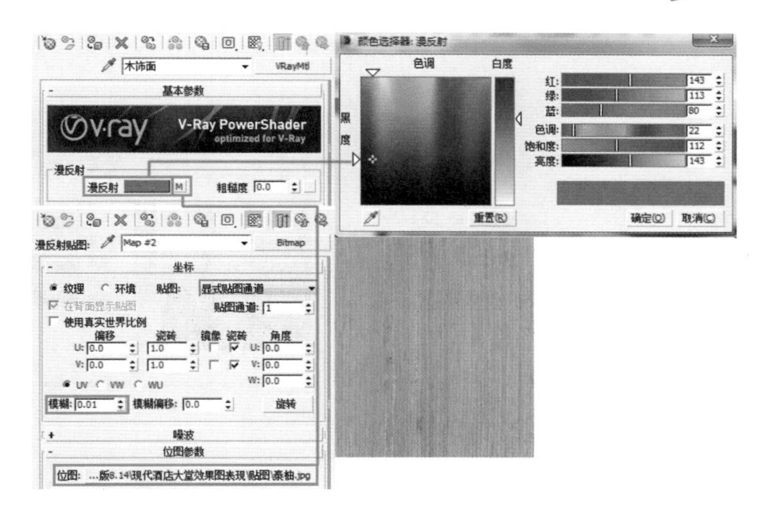

● 图11-32 木质天花材质设置

（8）返回【VRayMtl材质】层级，单击【反射】右侧的贴图通道按钮，为其添加一个【衰减】贴图，并设置反射参数。最后将材质指定给物体“木质天花”，参数设置如图11-33所示。

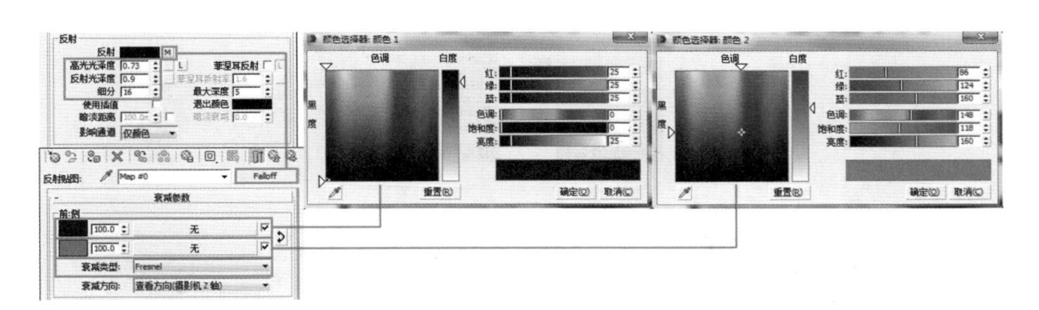

● 图11-33 木质天花材质设置

（9）前台形象墙材质设置。将形象墙材质设置为“VRayMtl材质”，并将材质命名为“白色混油”。单击【漫反射】右侧的颜色按钮，设置漫反射参数，如图11-34所示。

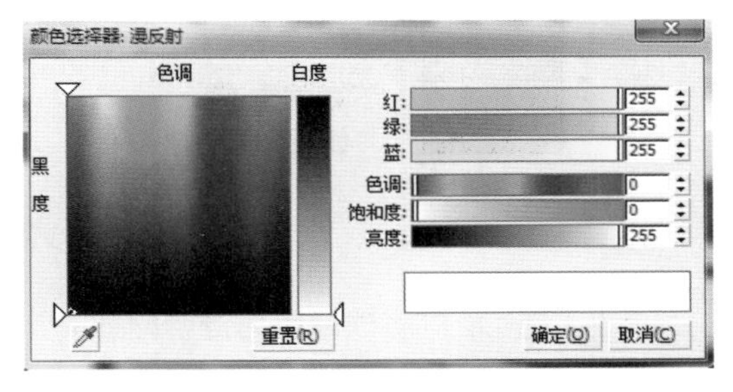

● 图11-34 形象墙材质设置

（10）返回【VRayMtl】层级，单击【反射】右侧的颜色按钮，并设置反射参数，如图11-35所示。将材质指定给物体“形象墙”。

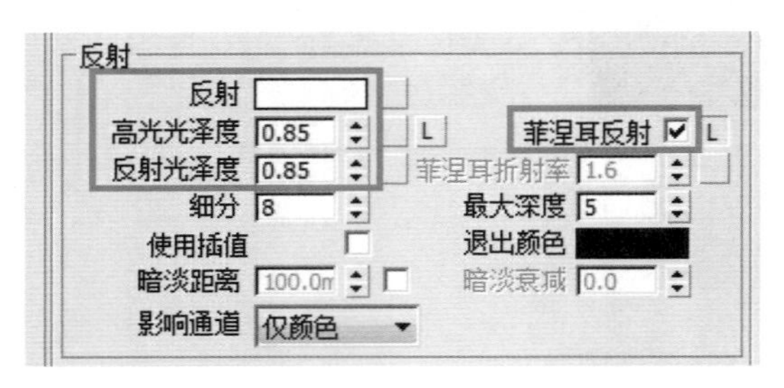

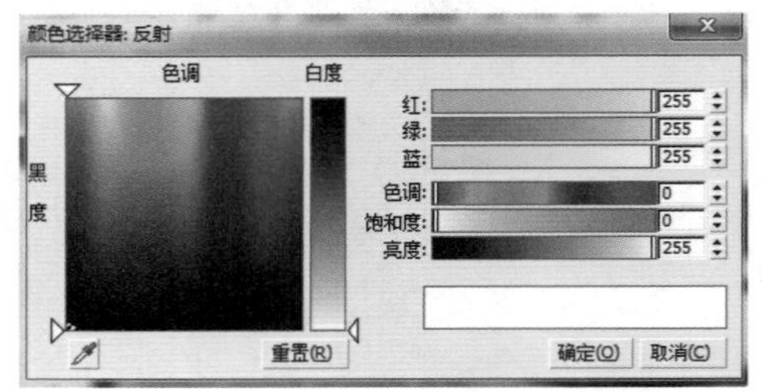

● 图11-35 形象墙材质设置

（11）将刚刚制作的“白色混油”材质指定给物体“接待台”与“造型灯”。

2.布艺制品材质设置

（1）首先制作沙发材质。选择一个空白材质球，将其设置为“多维/子对象材质”，并将材质命名为“沙发材质”，分别设置ID编号为1和2的2个材质球，设置参数如图11-36所示。

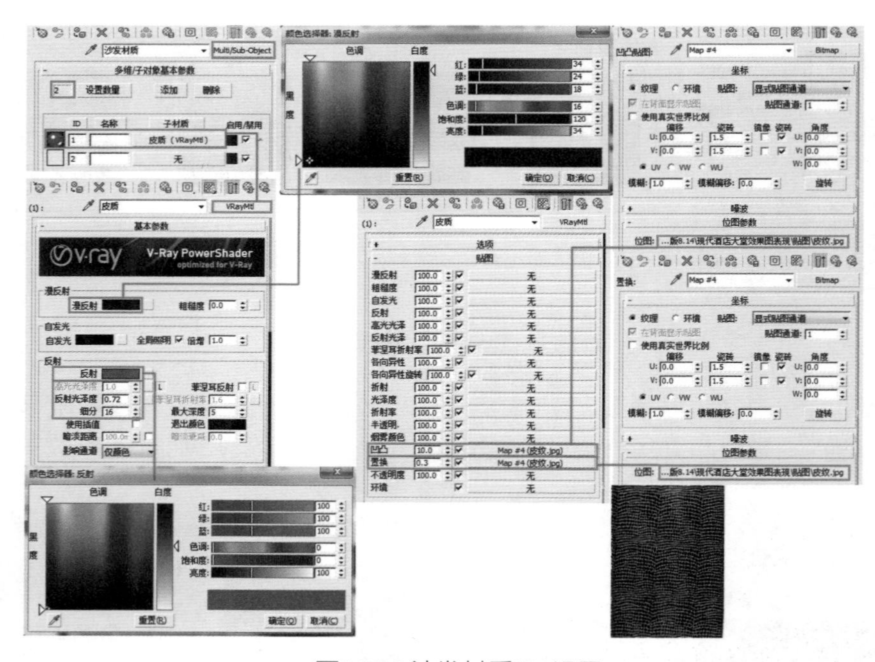

● 图11-36 沙发材质ID1设置

（2）把ID2材质球设置为混合材质。选择一个空白材质球，将其设置为“混合材质”，并将材质命名为“布艺”，参数设置如图11-37、图11-38所示。

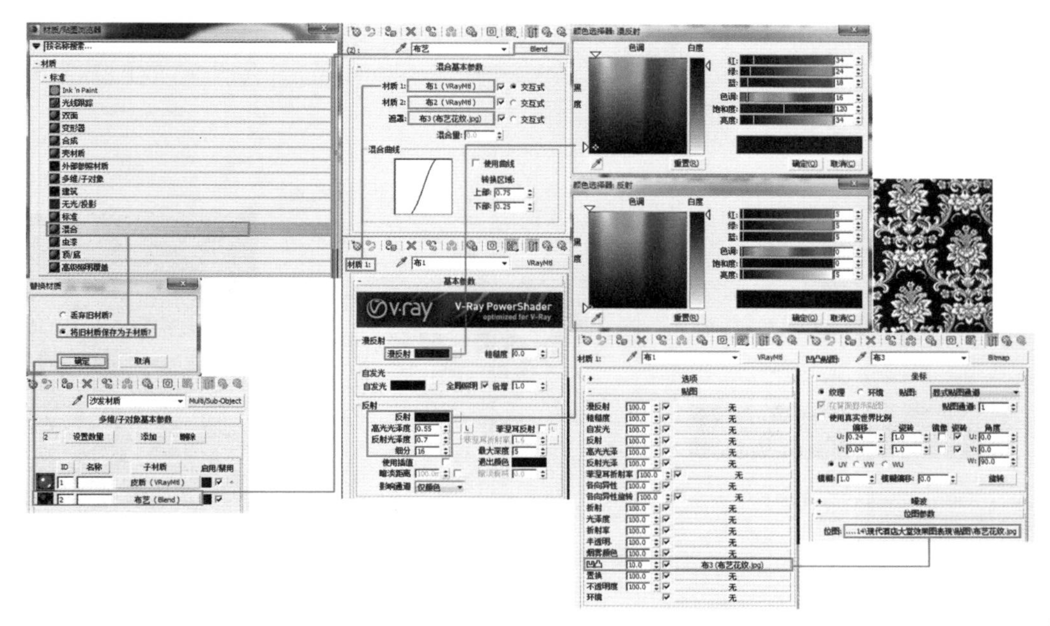

● 图11-37 沙发材质ID2设置

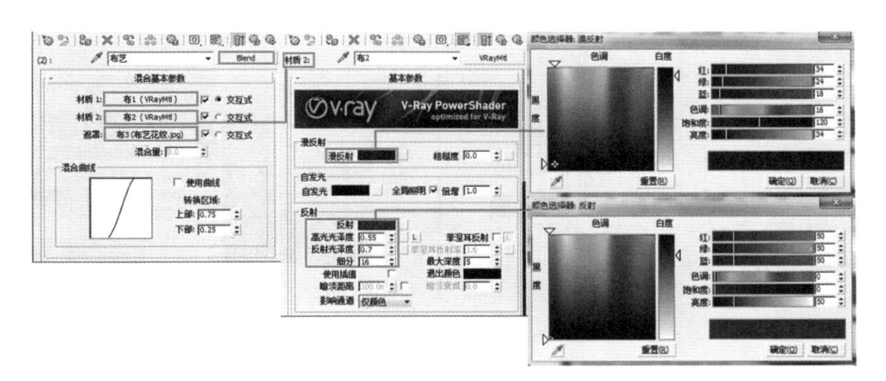

● 图11-38 沙发材质ID2设置

（3）返回【Blend】层级，单击【遮罩】右侧的贴图通道按钮，为其添加一个Bitmap贴图，最后将材质指定给物体“沙发”，参数设置如图11-39所示。

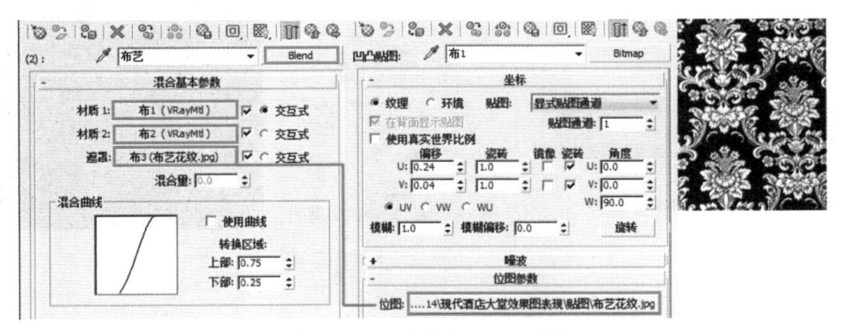

● 图11-39 沙发材质ID2设置

（4）靠垫材质设置。首先设置靠垫材质为VRayMtl材质，并将材质命名为“靠垫材质”，单击【漫反射】右侧的贴图按钮，为其添加一个Bitmap贴图。贴图文件为“靠垫布艺.jpg”，参数设置如图11-40所示。

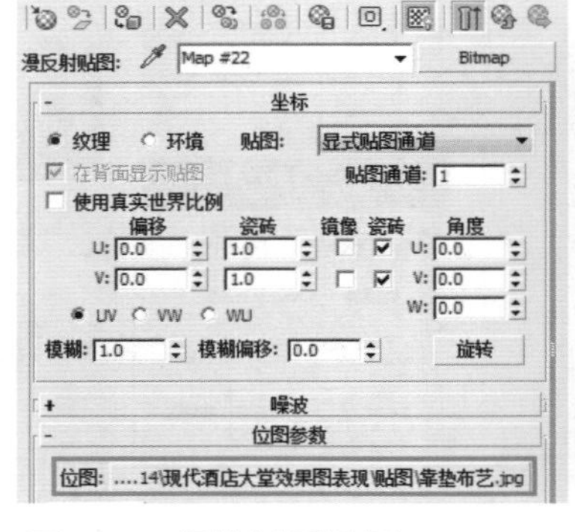

● 图11-40 靠垫材质设置

（5）返回【VRayMtl材质】层级，单击【反射】右侧的颜色按钮，并设置反射参数。将材质指定给物体“靠垫”，参数设置如图11-41所示。

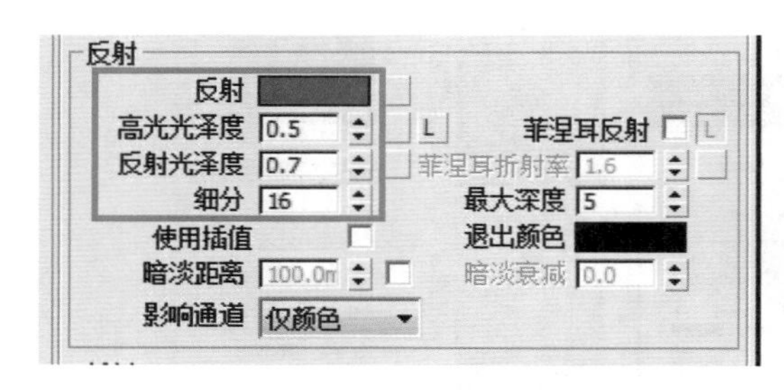

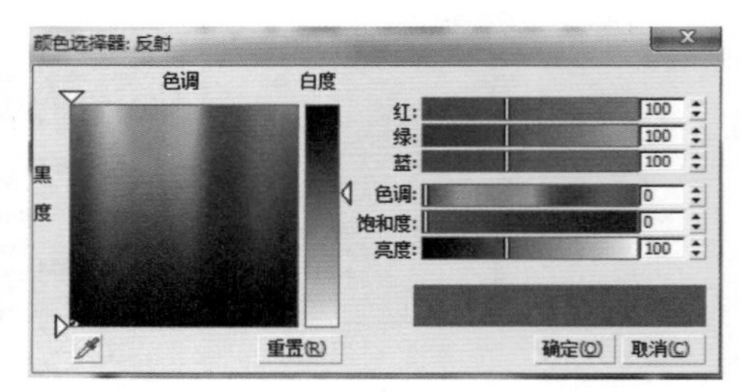

● 图11-41 靠垫材质设置

（6）下面为地毯制作材质。选择一个空白材质球，将其设置为“VRayMtl材质”，并将材质命名为“地毯”。单击【漫反射】右侧的贴图按钮，为其添加一个Bitmap贴图。贴图文件为“绒毛地毯.jpg”文件，参数设置如图11-42所示。

● 图11-42 地毯材质设置

（7）返回【VRayMtl材质】层级，单击【反射】右侧的颜色按钮，参数设置如图11-43所示。

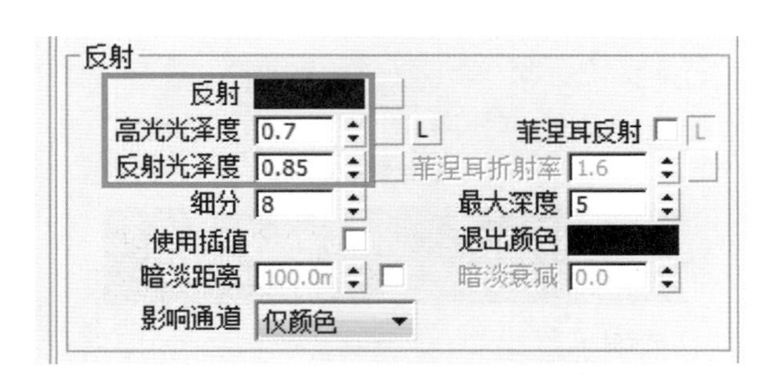

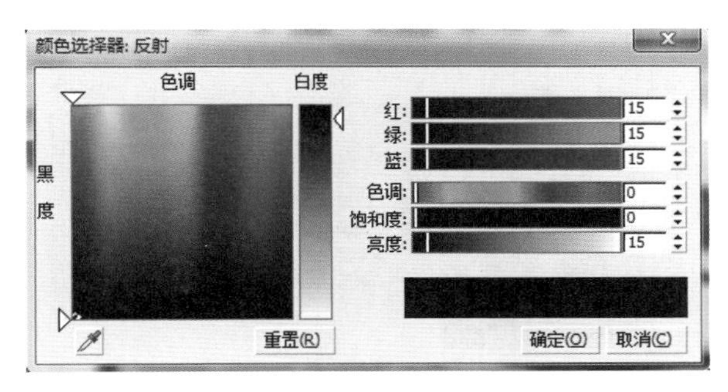

● 图11-43 地毯材质设置

（8）再次返回【VRayMtl材质】层级，进入【贴图】卷展栏，单击【置换】右侧的贴图按钮，为其添加一个Bitmap贴图，并调整参数。贴图文件为“绒毛纹理.jpg”文件。最后将材质指定给物体“方形地毯”，参数设置如图11-44所示。

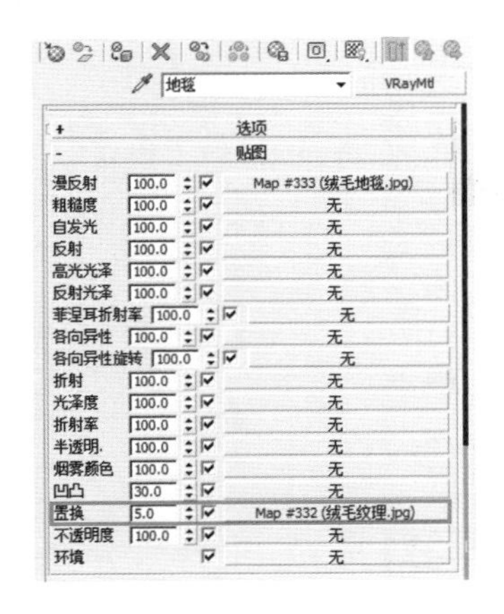

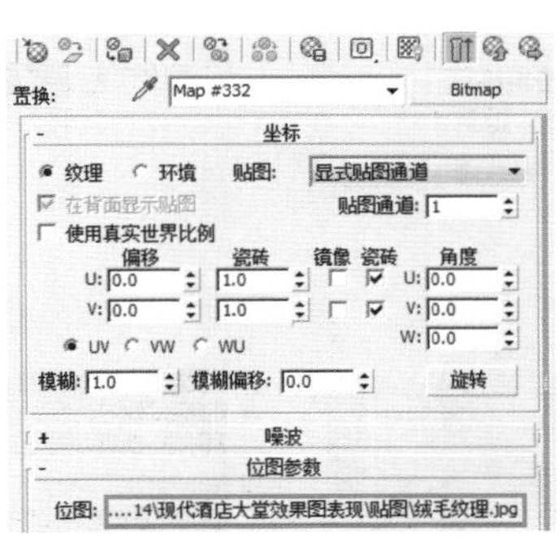

● 图11-44 地毯材质设置

（9）灯罩材质设置。选择一个空白材质球，将其设置为“VRayMtl材质”，并将材质命名为“透明灯罩”。单击【漫反射】右侧的颜色按钮，并调整参数，参数设置如图11-45所示。将材质指定给物体“灯罩”。

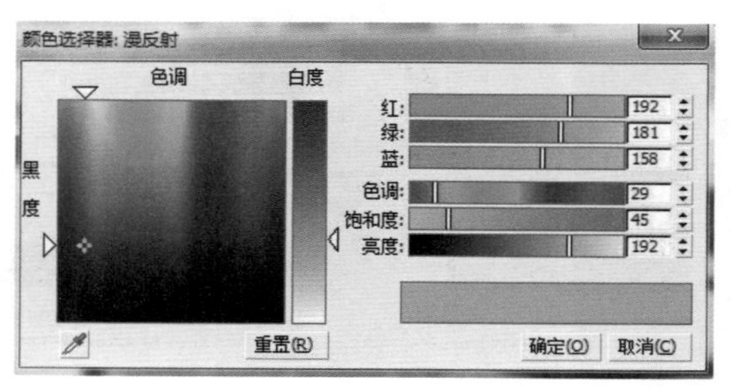

● 图11-45 灯罩材质设置

（10）返回【VRayMtl材质】层级，单击【反射】右侧的颜色按钮，并设置反射参数，参数设置如图11-46所示。

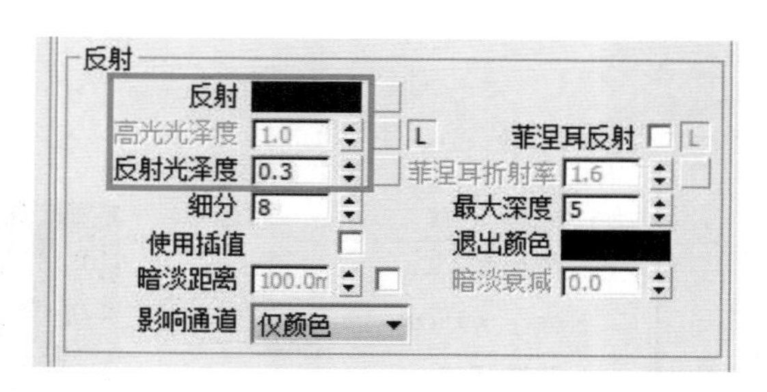

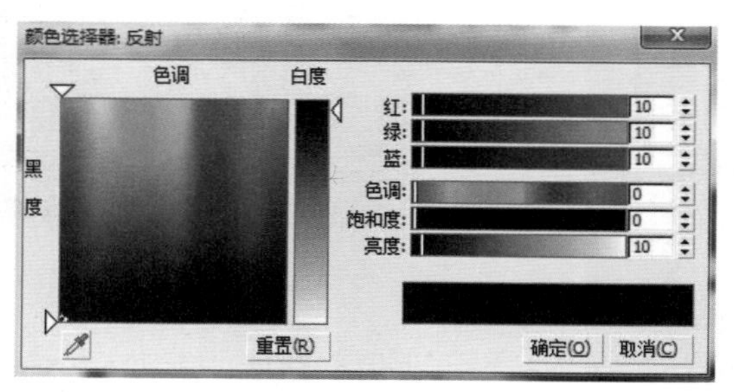

● 图11-46 灯罩材质设置

（11）返回【VRayMtl材质】层级，单击【折射】右侧的颜色按钮，并设置折射参数。最后将材质指定给物体“灯罩”，参数设置如图11-47所示。

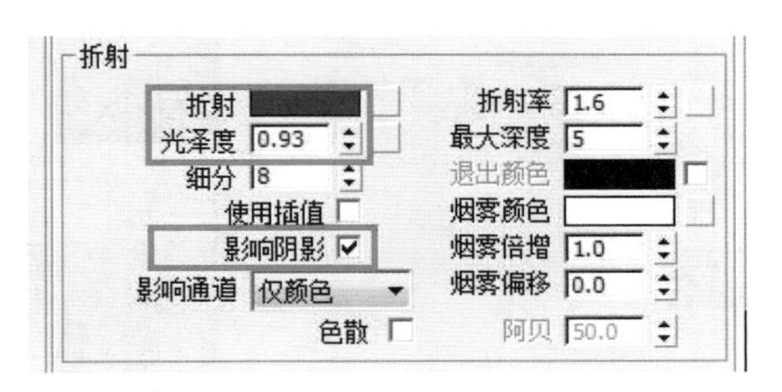

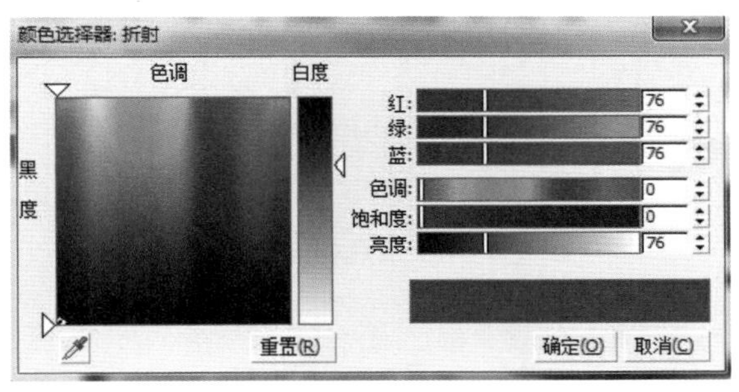

● 图11-47 灯罩材质设置

3.其他摆设品材质设置

最后制作茶几材质。选择一个空白材质球，将其设置为“多维/子对象材质”，并将材质命名为“茶几材质”，分别设置ID编号为1和2的2个材质球，参数设置如图11-48、图11-49所示。

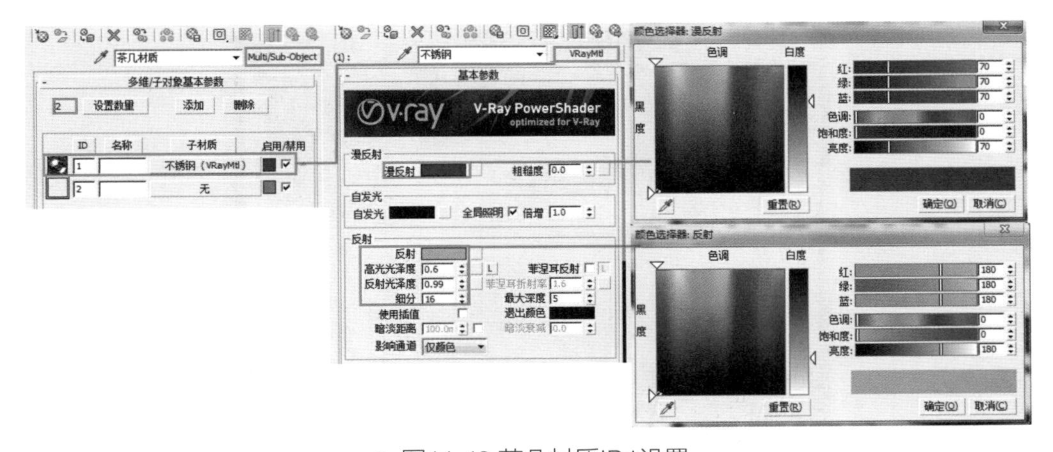

● 图11-48 茶几材质ID1设置

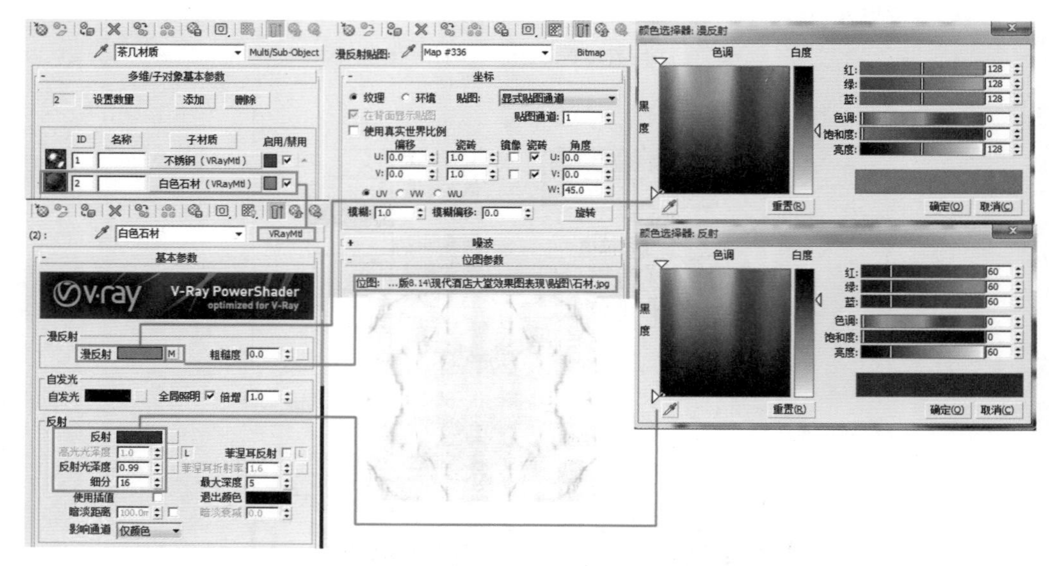

● 图11-49 茶几材质ID2设置

至此，场景的灯光测试和材质设置都已经完成，下面将对场景进行最终渲染设置。最终渲染设置将决定图像的最终渲染品质。

11.5 最终渲染设置

1.最终测试灯光效果

场景中材质设置完毕后需要对场景进行渲染，观察此时的场景效果如图11-50所示。

● 图11-50 测试渲染效果

观察渲染效果可以发现场景整体偏暗，下面将通过提高曝光参数来提高场景亮度。在【V-Ray::颜色贴图】卷展栏中调整【暗色倍增】和【亮度倍增】参数，参数设置如图11-51所示，再进行渲染，效果如图11-52所示。

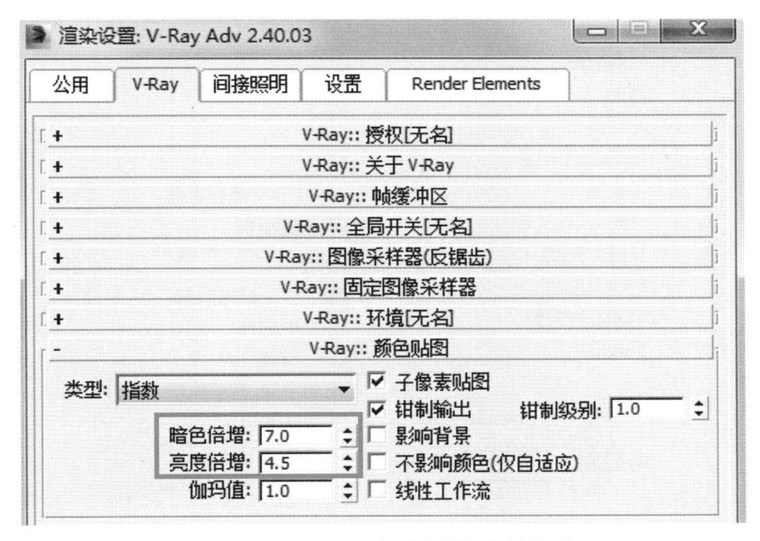

● 图11-51 VRay颜色贴图参数设定

● 图11-52 测试渲染效果

2.灯光细分参数设置

将场景中【VR光源】的灯光细分值设置为20，然后将模拟太阳光的目标平行光的灯光细分值设置为20，参数设置如图11-53所示。

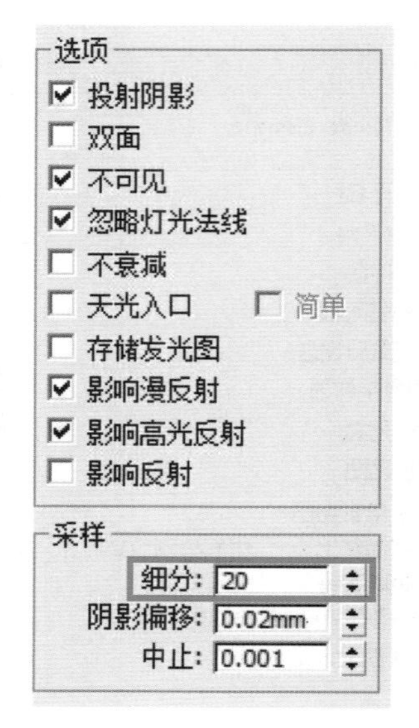

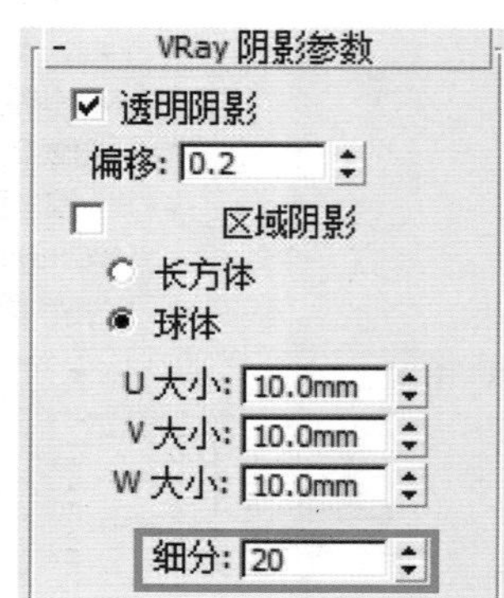

● 图11-53 灯光细分参数设定

3.设置保存发光贴图和灯光缓存的渲染参数

（1）首先在【V-Ray::全局开关［无名］】中勾选【不渲染最终的图像】，如图11-54所示。

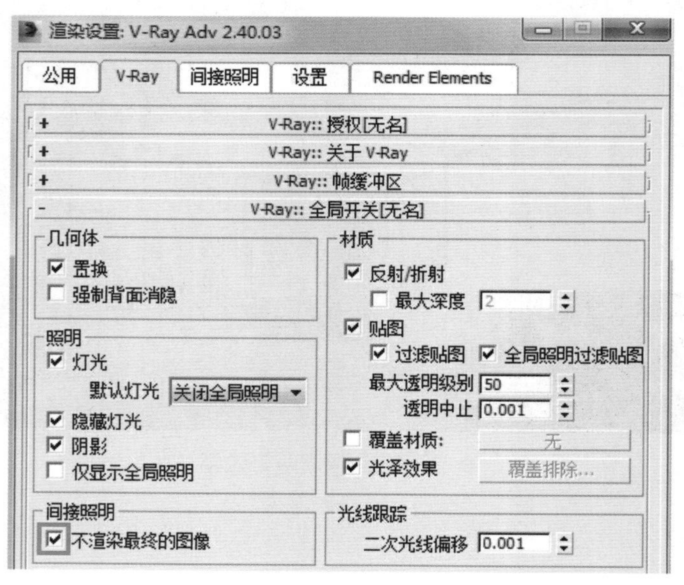

● 图11-54 VRay全局开关参数设定

（2）进入【V-Ray::DMC采样器】卷展栏，参数设置如图11-55所示。

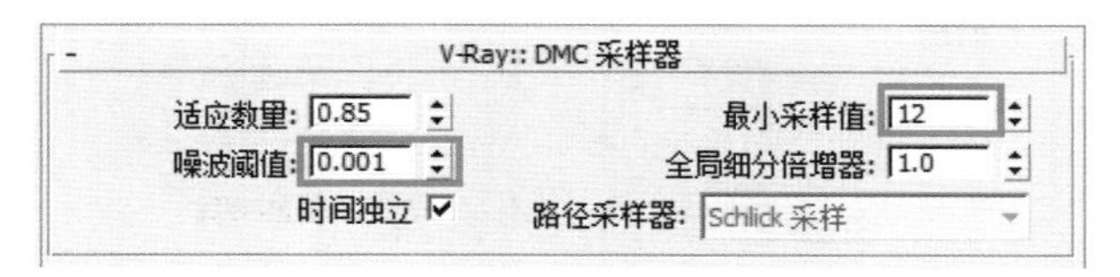

● 图11-55 VRayDMC采样器参数设定

（3）进行渲染级别参数设置，进入【V-Ray::发光图［无名］】卷展栏，参数设置如图11-56所示。

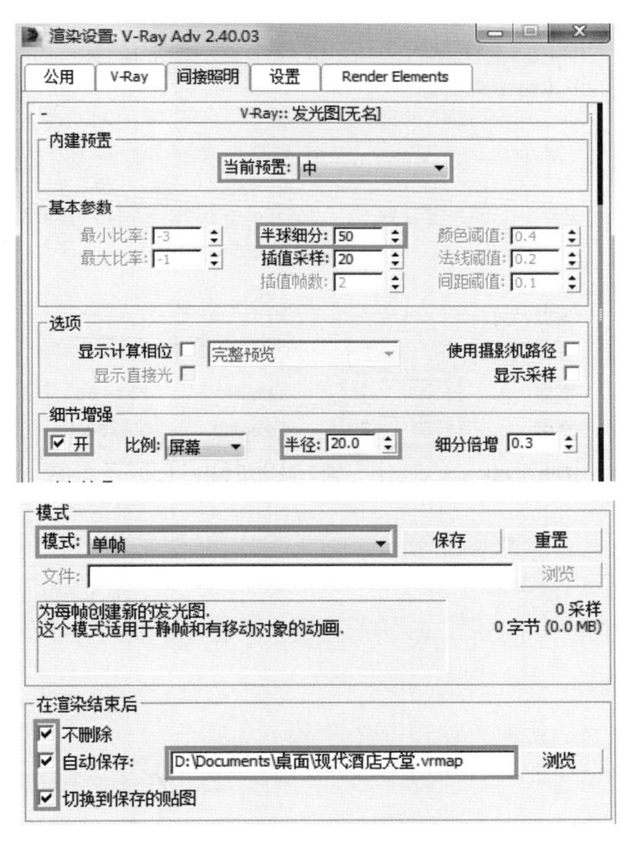

● 图11-56 VRay发光贴图参数设定

（4）进入【V-Ray::灯光缓存】卷展栏，参数设置如图11-57所示。

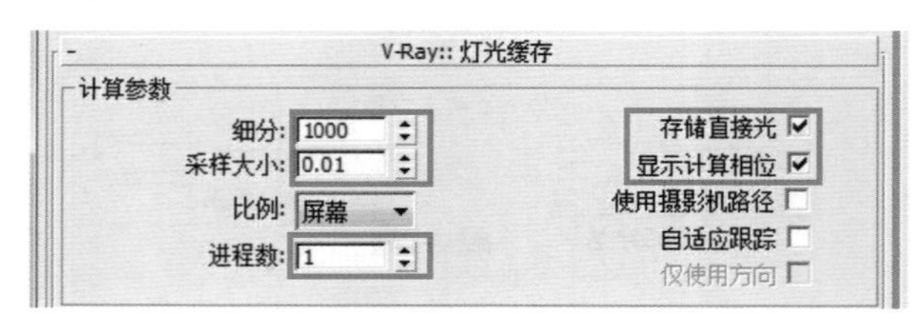

● 图11-57 VRay灯光缓存及光子图参数设定

（5）在【公用】选项卡中设置参数，光子图宽度与高度的尺寸分别是最终成图宽度与高度的1/3，如图11-58所示。

● 图11-58 渲染光子图尺寸参数设定

由于勾选了【不渲染最终的图像】，可以发现系统并没有渲染最终图像，渲染完毕发光贴图和灯光贴图自动保存到指定路径，并在下次渲染时自动调用。

4.最终成品渲染

最终成品渲染的参数设置如下。

（1）首先设置出图尺寸及抗锯齿参数。当发光贴图和灯光贴图计算完毕后，在【渲染场景】对话框的【公用】选项卡中设置最终渲染图像的输出尺寸，如图11-59所示。

● 图11-59 最终渲染图像参数设定（1）

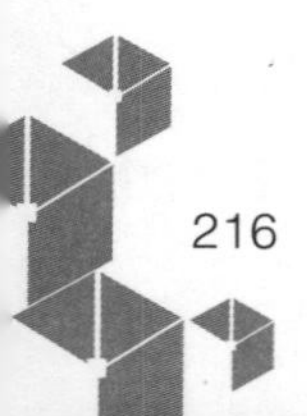

（2）在【V-Ray::全局开关［无名］】中取消勾选【不渲染最终的图像】，如图11-60所示。

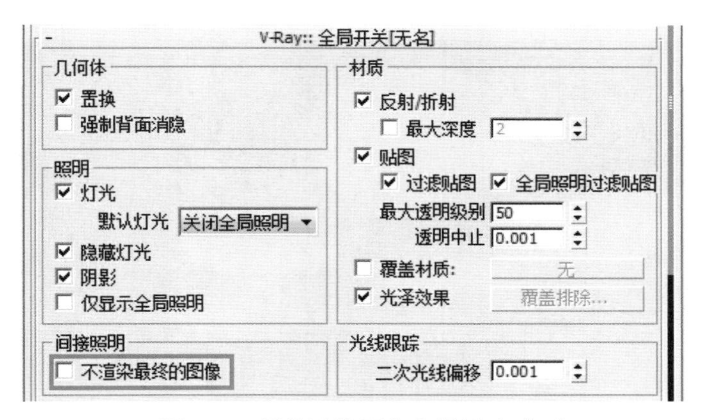

● 图11-60 最终渲染图像参数设定（2）

（3）在【V-Ray::图像采样器（反锯齿）】卷展栏设置抗锯齿过滤器，如图11-61所示。

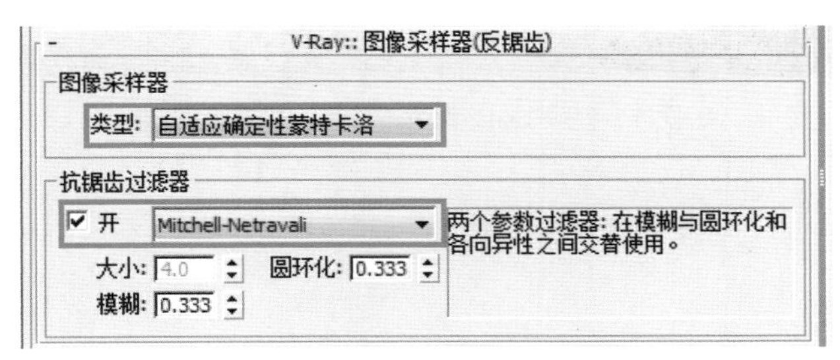

● 图11-61 最终渲染图像参数设定（3）

（4）最终成品渲染效果如图11-62所示。

● 图11-62 最终渲染效果

（5）最后使用Photoshop软件对图像的亮度、对比度及饱和度进行调整，使效果更加生动、逼真，最终效果如图11-63所示。

图11-63 Photoshop后期处理成品效果

本章小结

1.分析场景中的光源构成，进行VRay灯光的创建，并调整画面的明暗关系和冷暖关系。

2.分析场景中的材质构成，进行材质主次分析、色彩构成分析，并运用材质编辑器进行材质属性的调整。

3.理解测试渲染与最终渲染的区别，能熟练掌握测试渲染、光子渲染、最终渲染的参数选项设置。

拓展实训

参照第11章的拓展实训文件，设置渲染面板的参数，分别创建场景中的灯光与材质，最终完成效果图制作，如图11-64所示。

● 图11-64 酒店大厅效果